U0352882

锑·资源与环境

主　编　蔡练兵
副主编　韩俊伟　郭海军
　　　　李　栋　娄永刚

北　京
冶金工业出版社
2023

内 容 提 要

本书主要介绍了锑工业发展的历程、锑冶金工艺和技术、锑污染环境治理以及锑二次资源的未来，基础点放在锑冶炼新技术，重点分析和阐述了锑富氧底吹熔池熔炼新技术、新工艺的开发与应用，并通过实验数据，详细介绍了这一技术的实验和分析结论，这是本书的核心内容和亮点。

本书可供从事锑冶金及锑材料研究开发的科研人员和工程技术人员阅读，也可供高等院校有关专业的师生参考。

图书在版编目（CIP）数据

锑·资源与环境／蔡练兵主编．—北京：冶金工业出版社，2023.8
ISBN 978-7-5024-9374-5

Ⅰ.①锑… Ⅱ.①蔡… Ⅲ.①锑—矿产资源—地质勘探 ②炼锑—环境管理 Ⅳ.①P618.660.8 ②X758

中国国家版本馆 CIP 数据核字（2023）第 025270 号

锑·资源与环境

出版发行	冶金工业出版社		电　话	（010）64027926
地　址	北京市东城区嵩祝院北巷 39 号		邮　编	100009
网　址	www.mip1953.com		电子信箱	service@ mip1953.com

责任编辑　郭冬艳　美术编辑　燕展疆　版式设计　郑小利
责任校对　范天娇　责任印制　禹　蕊
北京捷迅佳彩印刷有限公司印刷
2023 年 8 月第 1 版，2023 年 8 月第 1 次印刷
710mm×1000mm　1/16；15 印张；291 千字；226 页
定价 **80.00** 元

投稿电话　（010）64027932　投稿信箱　tougao@cnmip.com.cn
营销中心电话　（010）64044283
冶金工业出版社天猫旗舰店　yjgycbs.tmall.com
（本书如有印装质量问题，本社营销中心负责退换）

序

锑是全球稀缺的战略小金属，是现代工业生产不可或缺的重要原材料之一。锑被广泛应用于材料阻燃、合金材料、化工生产、电子工业及国防军工领域，对保障国民经济的持续发展发挥着重要作用。

我国锑工业发展始于1897年湖南锡矿山开采，至今已有126年的历史。新中国成立后，经过70多年的发展，我国已成为全球最大的生产国、消费国和贸易国，成为全球最具影响力的锑业大国。

当前，我国锑产业正面临转型升级的关键时期。必须坚持科技创新引领产业发展，要加强传统采、选、冶，加速技术改造，加强污染防治，强化节能减排，促进绿色低碳智能发展，推动锑工业由大国向强国的转变。

蔡练兵编写团队从锑的工业发展史入手，简述锑工业发展过程，对锑矿床等问题进行剖析，从锑矿的采矿、选矿和冶金工艺，到重点突出锑精矿富氧底吹熔池熔炼新技术，用大量工业实践数据论证这一先进技术的优越性；从锑工业环境治理进行分析，论述了环境中锑的污染源、污染途径以及污染过程中存在的问题，提出锑工业的绿色发展方向；引入锑二次资源开发，以锑资源综合利用面临的困境和问题入手，最后描述锑工业的未来发展和前瞻性的思考。

衷心祝愿本书能够为锑工业的高质量发展提供技术支持，成为行业专家、学者和同行们学习的工具书，为锑矿的开采、选矿、冶炼和资源再利用提供有益的参考。

　　本书内容全面、数据翔实、论据充分、论点清晰，为锑工业环境治理和智能化提供了理论基础。

康羿

2023 年 3 月

前　　言

锑在国民经济中发挥着越来越重要的作用，被誉为"灭火防火的功臣、战略金属、金属硬化剂、荧光管和电子管的保护剂"等。锑以"工业味精"性能扎根于战略合金、高科技和阻燃剂等相关产业，而阻燃剂则是锑的主要应用领域之一。

本书详细阐述了锑的工业发展史、锑矿采选、锑冶金工艺和技术、锑污染防治与我国锑工业环境治理、锑二次资源以及锑工业的未来，本书详细论述了锑工业的整体面貌，以时间为引线，细数锑的由来、发现、制备和工业基础，着眼锑矿资源的开采、选矿、冶金和矿外二次资源的再利用，再对锑采选技术、冶金技术做了重点剖析和逐一描述。

本书共分7章，第1章描写锑工业史与资源勘探内容，由发现起步，既是章节起点，也是本书总领开篇，在对锑的工业来源进行简洁说明的基础上，对锑化合物的种类进行了详细的概括，重点放在锑资源的成因、矿床类型和区域分布等读者关注的焦点问题上。第2章描写锑资源的开采与选矿部分，以锑矿开采的方式、方法入手，对地质条件、矿源基础、开采装备和工艺进行剖析，从机械采矿时代到智能化矿山做了讲解，同时对锑矿选矿技术、工艺和流程进行了详细阐述。第3章描述锑冶金工业的发展与现状，首先对国内外锑冶金工业史进行了介绍，继而引入火法炼锑工艺和湿法炼锑工艺，再对锑冶金技术进行详细分析，落脚点放在锑精矿富氧侧吹挥发熔池熔炼、锑精矿富氧底吹熔池熔炼、锑精矿富氧顶吹挥发熔池熔炼、粗氧化锑粉还原熔池熔炼、复杂含锑物料处理技术的发展、氯化-隔膜电积新技术和矿浆电解处理技术的发展方面。第4章以锑冶炼新技术为切入点，重点分析和阐述了锑富氧底吹熔池熔炼新技术、新工艺的开发与应用，利用实验数据加工业实效的数据参数，认真、详细地介绍了这一技术的试验、分析结论，采用对比传统工艺的方式，对锑精矿富氧底吹熔池熔炼新技术立足于节能减排的理念给出了最终答案，这也是本书的核心内容和中心亮点。第 5 章阐述锑污染防治与我国锑工业环境治理，说明了环境中锑的污染与来源、污染途径以及污染过程中存在的形态，详细介绍了锑对人类及其生态环境的影响，告诫人类要做好锑的污染防治与环境保护，同时介绍了我国锑工业的环境影响和绿色发展。第 6 章是锑的二次资源开发，开门见山式的讲述了锑矿二次资源及其分类，再生锑，锑二次资源的富集与回收，具体介绍了重有色冶金过程中锑二次资源的富集与回收，低品位、复杂多金属伴生矿中锑的富集与回收，我国锑资源综合利用以及面临的困境和问题的思考。第 7 章以锑工业的未来为主题，标新立异地推出了锑的工业价值、发展需求和未来预期。

　　本书章节清晰、观点明确，是锑工业领域的重要参考资料，也是锑工业践行实践的知识积累，更是 21 世纪锑工业的知识财富传承。作为第一作者，发起并倡导编撰本书，是为了把近年来在锑工业中的经验做一个总结，同时将锑冶金的新技术重点描述和传播，为有色金属行业，特别是锑行业的发展添砖加瓦，补充和增加学术积累。

　　本书在编著过程中参考了有关文献，除了引用国内外锑领域多名专家和学者的观点外，还博采众长吸纳了其中的一些数据，在此，深表感谢！

　　丰功伟绩筑锑魂，不为文章泣学堂；

　　只求点滴积跬步，致敬前者凯尔康。

　　向在锑工业发展和进步中做出卓越贡献的先行者致敬，致敬先行者的激情澎湃和勇于奉献，致敬先行者铸就出我国锑工业鲜活的旅程和不朽的丰碑！

　　本书既可以作为锑工作者的研读资料，也可以为国家"十四五"期间基础创新战略在锑工业中的创新提供参考，更是锑应用领域广大学者充分掌握和了解锑性能的便捷渠道。

　　由于作者水平所限，书中难免出现遗漏和不妥之处，恳请读者批评指正。

蔡练兵

2022 年 10 月 29 日

目　　录

1 锑工业史与资源勘探

1.1 锑的发现

锑是一种银白色金属，在我国一般把它归入有色重金属类，元素符号 Sb，在元素周期表中为 VA 族，相对原子质量 121.75，菱形晶体，常见化合价为 +3、+5 和 -3。锑在地壳中的平均丰度仅为千万分之二至千万分之五。我国是世界上锑资源储量最大的国家，占全球锑资源总量的五分之二，锑也是我国的四大战略金属资源之一。同时我国也是世界上锑资源出口最大的国家，占整个锑交易额的 90% 左右。作为一种性脆但无延展性的金属，其性质在有色金属中极为特殊。按密度大小划分，锑通常称为重金属，但与其他有色重金属相比，世界年产锑量不超过 10 万吨，因此，锑实际上也属于稀有金属资源。在社会经济发展和工业应用中，锑化合物的消费量大大超过锑金属，故又称为化学金属。锑的导电性和导热性都很差，在元素性能上常认为是半金属。

早在数千年前人类已开始使用锑。据考证，公元 4000 年前在迦勒底挖掘出的古瓶铸件碎片中含有锑；在 3000 年前，古希腊人曾用钢灰色的辉锑矿作药物和制作眉笔或眼影等化妆品，而直至公元 50 年，人们仍然将硫化矿误认为金属锑，称为 Stibium 或 antimonium；埃及发现了公元前 2200～公元前 2500 年的嵌有金属锑的古铜器。16 世纪初期，德国僧人万伦廷著书辨析金属锑及其硫化物，并较详细地介绍了金属锑的性质、用途及提取方法；16 世纪中叶，阿格里科拉等曾详细地介绍了锑的熔析技术，之后莱默雷也发表了关于锑的专论。这些都是锑冶金方面最早出现的文献资料，曾对炼锑工业的发展起到启蒙作用。

由于金属锑性脆，长期来在工业上未得到广泛的应用，其生产技术发展因此受到阻碍。自 19 世纪起，随着机械、印刷、交通运输业的发展，锑在工业上的应用才开始显露其重要性。据统计：1899 年世界锑的总产量仅有 7980t，进入 20 世纪，由于两次世界战争的需要，1916 年和 1943 年分别增至 6.2 万吨和 5.5 万吨，20 世纪 50 年代和 60 年代，锑的世界年产量仍波动于 4.1 万～6.5 万吨，20 世纪 70 年代，国际形势又趋于紧张，年产量曾超过 7 万吨。19～20 世纪世界锑工业技术发展大事见表 1-1。

表 1-1　1896～1991 年锑生产技术发展的大事摘要

时间	大事摘要
1839 年	美国巴比特发明含锑 Sb 7.5% 左右的耐磨铅锑合金，为锑开阔了工业上的用途
1846 年	在中国湖南锡矿山首先发现锑矿，当时误认为锡矿，遂有锡矿山之名，沿称至今。1896 年发现益阳板溪的辉锑矿石后，才确认为锑矿
1850 年	开始采用铅锑合金作为铅酸蓄电池的极板
1876 年	赫仑士密特和博思威克采用回转窑处理含金的锑矿
1878 年	开始采用鼓风炉直接熔炼中等品位的硫化锑矿石及其他含金锑物料
1880 年	鲁埃寇首先提出由硫代锑酸盐溶液产出金属锑的可能性
1881 年	采用鼓风炉作为挥发焙烧炉
1884 年	博比厄雷等首先提出挥发焙烧法
1887 年	博彻恩第一次采用挥发焙烧法进行了试生产
1896 年	国外市场上出现电解锑
1897 年	清政府设立湖南矿务局，管理锡矿山和板溪生产的锑
1901 年	法国赫氏采用了扩大的高效凝收系统
1905 年	开始在锡矿山附近冷水江设厂炼生锑
1908 年	湖南省资本家李国钦在长沙设立了华昌公司，由王宠佑、梁鼎甫赴法国购买了挥发炼锑法专利，当时在清政府立案取得专利权，在长沙南门外建立了冶炼厂，设立了赫氏烧炉 24 座，用来炼制三氧化锑，反射炉 15 座，由生锑炼制四氧化锑
1909 年	王宠佑博士出版了世界第一部英文版《锑》专著
1916 年	美国华盛顿大学矿冶学院建立了辉锑矿浮选中心，对阿拉斯加的辉锑矿进行了浮选试验，使用煤焦油作为浮选剂
1925 年	加拿大使用煤焦油和硫酸进行工业规模的浮选试验，证明对含锑 60% 的高品位辉锑矿除砷有一定效果
1935 年	"民国政府资源委员会"选矿室进行了辉锑矿的浮选试验
1936 年	苏联卡达姆朱依斯基联合企业对辉锑矿重选遗留的泥矿进行了浮选试验
1941 年	在中国湖南零陵县冷水滩先后建立了纯锑精炼厂和锑产品制造厂，首次将金属锑品位提高到 99.8%，并用间接法开始工业规模生产三氧化二锑（锑白），产品进入国际市场
1942 年	美国爱达荷州邦克·希尔沙利文采矿和选矿公司共同首先建成湿法电解厂生产电解锑
1956 年	中南矿冶学院与锡矿山矿务局合作用该局硫化锑矿进行了系统的浮选试验，取得重大成果
1958 年	锡矿山矿务局对间接法生产锑白的设备做了重大改进，产品大量出口
1959 年	锡矿山矿务局建成了我国第一座锑矿石浮选厂
1962 年	捷克斯洛伐克利用本国达布蜡伐和佩济诺克的锑精矿进行了漩涡熔炼的初步试验，接着又用玻利维亚的富锑精矿进行了半工业试验

时间	大事摘要
1963 年	锡矿山矿务局研制成功鼓风炉挥发熔炼，并投入生产，为中国火法炼锑开创了新纪元
1975 年	玻利维亚利用本国生产的含锑 Sb 63.2% 的锑精矿，采用捷克斯洛伐克研制成功的漩涡熔炼技术，建成了年产锑 6000t 的文托炼锑厂
1977 年	苏联冶金出版社出版了俄文第一部《锑》专著
1981 年	在中国有色金属工业总公司科技协作网的领导下成立了全国锑协作组，开展锑业界学术交流
1985 年	锡矿山矿务局经过 10 年建设和不断改进建成年产精锑 11kt 规模的湿法炼锑厂，开始试生产
1986 年	中南工业大学研制成功可由 30% 品位硫化锑精矿直接生产优质锑白的氯化-水解法，首先在湖南株洲市投入工业生产
1987 年	10 月，在锡矿山举行了中国锑矿开采 90 周年（1897~1987）庆祝会，同时召开了锑冶金学术组首届学术研讨会，出版了论文专著；12 月，冶金工业出版社出版了《锑》专著，附有中、英、俄等文参考文献 1075 篇
1988 年	中南工业大学出版社在中文《锑》的基础上出版了《The Metallurgy of Atimony》
1991 年	在桂林召开了由中国有色金属工业总公司科技工作协作组、中国有色金属学会采矿学术委员会及重有色金属冶金学术委员会锑专业委员会联合组织的《全国锑业发展专题研讨会》，出版了论文集

1.2 世界锑主要生产加工国

世界上现有 30 个国家生产锑产品，主要的公司和生产企业已超过 50 家。中国是世界上最大的锑生产国和出口国，其次是俄罗斯、玻利维亚和南非。这些国家与中国一样，也以生产锑的初级产品为主，大量向美国、日本和欧洲国家出口。美国、日本和欧洲等工业发达国家虽然缺少或没有锑资源，但却拥有锑深加工产品的技术开发优势和广阔市场。这些国家进口初级锑产品进行再加工，除大部分就地消费外，还有一部分被重新出口到国际市场。

1.3 我国锑工业史

人类很早以前就开始使用锑。我国于明朝（1541 年）发现湖南锡矿山锑矿，最初认为是锡矿，故称为锡矿山。清朝光绪 22 年才确认为锑矿。1908 年湖南华昌公司从德国买进挥发焙烧炼锑专利技术开始冶炼锑，炼锑工业随之遍布云南、贵州、广西、广东、江西和浙江等省，而湖南最盛。当时中国锑产量占世界产量的 50%，最高时达 80%。

我国冶金专家王宠佑撰写了世界上第一部锑冶金专著《ANTIMONY》于1919年在英国出版，该书深受国际学术界的欢迎，曾在国外出版发行三版。赵天从教授总结了新中国成立30多年来国内外锑的采、选、冶和锑制品方面的新技术、新成就，于1987年出版《锑》著作，在国际上具有很大的影响。锡矿山从1897年开采到1949年共产出锑42万吨，占比达到我国总锑产量的77%。1937年后锑采炼工业进入衰败期，1946~1949年年均产锑仅1727t。1949年新中国成立后，锑工业得到了恢复和发展，1998年我国产锑量达8.2万吨。

1.4 锑化合物

锑的原子价态有+3、+4、+5和−3，但主要是+3价，而+4价化合物是+3价和+5价的结合体。

锑有无机化合物和有机化合物。无机化合物主要有锑硫化物、锑氧化物、锑卤化物、锑氢化物、锑金属间化合物及锑无机盐。有机化合物主要是具有Sb—C链化合物，三价锑中有SbR_3、R_2SbX和$RSbX_2$，五价的有SbR_5、R_4SbX、R_3SbX_2、R_2SbX_3和$RSbX_4$。

1.4.1 锑硫化物

锑硫化物最主要的是三硫化二锑，五硫化锑在工业上也有一定用途。三硫化二锑的主要物理和化学性质见表1-2，其在不同温度下的蒸气压列于表1-3。

表1-2 三硫化二锑的主要物理和化学性质

主要物理性质	主要化学性质
密度：4.64g/cm³	常温下，几乎不溶于水
硬度：2~2.5HB	易氧化
熔点：550℃	在沸水中可缓慢氧化为Sb_2O_3
沸点：1080~1090℃	受热易分解
熔化热：23430~28950J/mol	用Cl_2或$FeCl_3$可氧化为$SbCl_3$，析出元素硫，是氯化-水解法制取锑白的基础
蒸发热：61296J/mol	能与Na_2S形成Na_3SbS_3，是碱性浸出湿法炼锑的基础
生成热：$\Delta H_{298} = -149.369$J/mol	能与Sb_2O_3交互反应转化为Sb和SO_2
摩尔分子热熔按下式计算：$C_p = 101.3 + 55.2 \times 10^{-3}T$（298~821）kJ/mol	能被铁置换析出金属锑，此反应是沉淀熔炼的基础

表 1-3　三硫化二锑在不同温度下的蒸气压

温度/K	673	723	773	873
蒸气压/Pa	0.0107	0.1514	5.907	65.884
蒸气压/mmHg	8.03×10^{-5}	1.135×10^{-3}	0.044	0.494
温度/K	973	1023	1173	1223
蒸气压/Pa	447.58	2127.46	7752.19	13670.00
蒸气压/mmHg	3.357	15.96	58.15	102.53

注：1mmHg=133.322Pa

锑矿床在自然界中普遍存在于辉锑矿，主要成分为三硫化二锑（Sb_2S_3），呈钢灰色斜方结晶，具有放射状、针状、柱状、半圆形晶粒集合体等多种晶族形态，表面呈金属光泽。人工制造无定形三硫化二锑的方法一般用 H_2S 通过卤化锑溶液获得，视形成条件和粒度大小而有黑、灰、红、黄、棕、紫等不同颜色，可作为颜料使用。含锑不小于70%的三硫化二锑或高品位辉锑矿（青砂）磨细后主要用于安全火柴、弹药、鞭炮和橡胶工业。

三硫化二锑受热较易分解，600℃时有显著的分解压，880℃时其分解压可达 2452.09Pa。

五硫化二锑为黄色无定形粉末，商业上称为金黄锑，分子式为 $Sb_2S_3·2S$，相对分子质量：403.82，含锑60.3%；密度 4.12~4.2g/cm³。五硫化二锑在空气中易自燃，加热至85~90℃即开始分解，达到120~170℃时，可全部分解为三硫化二锑和元素硫。

工业上多采用硫酸或盐酸与硫代锑酸钠作用制备 Sb_2S_5。五硫化二锑多用于橡胶工业（含游离硫7%），既为硬化剂又可作为红色染料。五硫化二锑在氢气流中加热时，可不经三硫化二锑而直接还原为金属锑。

$$Sb_2S_5 + 5H_2 \Longrightarrow 2Sb + 5H_2S\uparrow$$

1.4.2　锑氧化物

锑与氧反应可生成一系列化合物，如 Sb_2O_5、Sb_6O_{13}、Sb_2O_4、Sb_2O_3、Sb_2O、SbO_2 和气态 SbO 等。锑高价氧化物不稳定，随着温度升高可依次转化为低价氧化物。三氧化二锑是锑最稳定氧化物，是挥发焙烧-还原熔炼炼锑法的中间产物，同时也是锑化合物的主要产品之一。一般认为，Sb_2O_5、Sb_2O_4、Sb_2O_3 三种锑的氧化物具有工业生产意义，其他氧化物多为锑的不同生产过程中的过渡产物。氧化锑的物理和化学性质列于表 1-4，氧化锑在不同温度下的蒸气压列于表 1-5。

表 1-4 氧化锑的物理和化学性质

种类	物理性质	化学性质
三氧化二锑（Sb_2O_3）	在常温下为白色粉末，受热时为黄色，有立方和斜方两种晶型，立方转变为斜方的温度为 570℃。立方晶体为 Sb_4O_6 分子组成，密度为 $5.28g/cm^3$。斜方晶体为 $5.67g/cm^3$，熔点为 656℃，蒸发热 $36.33 \sim 37.29kJ/mol$。根据不同资料沸点为 1327℃ 或 1435℃	锑或硫化锑在空气中加热挥发出来的 Sb_2O_3，主要为立方晶体；由 $SbCl_3$ 水解生成的 Sb_2O_3 为斜方晶体。Sb_2O_3 为两性氧化物，在水中的溶解度仅为 0.01g/L，也难溶于稀硫酸和稀硝酸，浓硫酸可使其氧化为高价氧化物。易溶于碱金属硫化物形成硫代亚锑酸盐，能完全溶于酒石酸，如溶于酒石酸钾，形成酒石酸锑钾，即吐酒石。Sb_2O_3 易被 C 或 CO 还原为金属锑
四氧化二锑（Sb_2O_4）	白色结晶，属立方晶系，密度 $6.59 \sim 7.5g/cm^3$，生成热 $-895.811kJ/mol$	具有不熔化和不挥发的特点。最适宜的生成温度为 $500 \sim 900℃$，超过 900℃ 开始离解，达 1030℃ 可以完全离解。微溶于水，溶于盐酸，溶于碱溶液，不溶于其他酸类
五氧化二锑（Sb_2O_5）	棕黄色粉末，可由 $SbCl_5$ 水解获得，加热至 700℃，即变为白色粉末	一般认为是一种水合物胶体，稍溶于水，溶于碱性溶液，不溶于硝酸

表 1-5 氧化锑在不同温度下的蒸气压

温度/℃	400	500	569	600	700
蒸气压/Pa	0.1	8.4	105.9	273.3	2613
蒸气压/mmHg	0.0	0.06	0.79	2.05	19.6
温度/K	800	900	1000	1100	1200
蒸气压/Pa	6173	12572	22931	38263	101324
蒸气压/mmHg	46.3	94.3	172	287	760

注：1mmHg=133.322Pa。

1.4.3 锑卤化物

锑能直接与卤素化合生成各种 SbX_3 和 SbX_5 型化合物，但不生成 $SbBr_5$ 和 SbI_5。在锑的各种卤素化合物中，工业生产上最重要的是三价锑卤化物，如 SbF_3 和 $SbCl_3$ 等。锑的各种卤素化合物主要物理性质见表 1-6。

表 1-6　锑的各种卤素化合物的主要物理性质

性质		锑的卤素化合物					
		SbF_3	$SbCl_3$	$SbBr_3$	SbI_3	SbF_5	$SbCl_5$
相对分子质量		178.75	228.11	361.48	502.46	216.74	299.02
存在形态			斜方晶系			油状液体	
颜色		无色		白色	红色	无色	
密度/$g \cdot cm^{-3}$		4.379	3.060	4.148	4.850	2.993	2.336
熔点/℃		280±1	73.4	96.0±0.5	170.5	6	3.2±0.1
沸点/℃		346±10	222.6	287	401	150	68（1.82kPa）
$\Delta H_{298}^{\ominus}$/kJ·mol^{-1}		-915.5	-382.2	-259	-100		-45.8±6.2
$\Delta S_{298}^{\ominus}$/kJ·$(mol \cdot K)^{-1}$		127	184	207	216±1		263±12
$\Delta H_{熔化}$/kJ·mol^{-1}		21.4			22.7±0.2		
$\Delta S_{熔化}$/J·$(mol \cdot K)^{-1}$		38.2			51.5±0.14（444℃）		
$\Delta H_{蒸发}$/kJ·mol^{-1}		102.8±1.3（298℃）	46.72（496℃）	53.2（540℃）			43.45（449℃）
$\Delta S_{熔化}$/J·$(mol \cdot K)^{-1}$		175.8±2.5（298℃）	93.6（496℃）	94.9（560℃）			95.44（449℃）
C_p/J·$(mol \cdot K)^{-1}$	固体	—	108		96		
	液体				144		

三氟化锑（SbF_3）：易溶于水，易升华，在熔点时的蒸气压达 26344.427Pa（197.6mmHg）；在氢氟酸存在时，其溶解度可进一步增加，并且不容易水解；在稀溶液和浓溶液中都很稳定，能与无机化合物形成配合物，在工业生产中可作为氟化剂取代氯。

五氟化锑（SbF_5）：是锑的卤化物中熔点较低的物质，在室温下为油状液体，易潮解；在潮湿空气中会发烟吸潮而生成 $SbF_5 \cdot 2H_2O$，易溶于水，呈无色黏性液体，能与许多无机物形成配合物，是很好的氧化剂和氟化剂。

三氯化锑（$SbCl_3$）：常温下为无色斜方结晶，熔化后为无色透明油状液体，商业上称为"锑油"；具有强烈腐蚀性，可用于涂镀钢铁和阻燃剂；在潮湿空气中水解，产生 SbOCl 烟雾，易溶于水，但过量的水又使其在水解时产生 SbOCl 或 $Sb_4O_5Cl_2$，可溶于苯、二硫化碳、丙酮和酒精中。

五氯化锑（$SbCl_5$）：常温下为无色或稍带浅黄色液体，沸腾时即发生分解，放出氯气，转变为 $SbCl_3$；反之，如通氯气于 $SbCl_3$ 中，也可获得 $SbCl_5$，可溶于盐酸和氯仿内，与无机和有机物质反应生成一系列配合物，与水作用生成锑酸。

三溴化锑（$SbBr_3$）：为黄色晶体，容易潮解，遇水立即分解，可溶于二氧化碳、氢溴酸和氨，主要用于媒染剂。

三碘化锑（SbI_3）：为红色结晶晶体，容易水解而生成复杂配合物离子，在高温下则挥发，可溶于酒精、二硫化碳、盐酸和碘化钾溶液，不溶于氯仿，在有机溶剂内可用锑与碘或硫化锑反应制取，主要用于医药。

氯氧化锑（$SbOCl$ 或 $Sb_4O_5Cl_2$）：为白色单斜晶体，可溶于盐酸、CS_2 及热水中，170℃时分解。其制取方法是将三氯化锑溶于水并稀释至发生水解反应，沉淀产物即为氯氧化锑，其成分视稀释程度分别为 $SbOCl$ 或 $Sb_4O_5Cl_2$。

1.4.4 锑氢化物

锑氢化物即锑化氢（SbH_3），为无色剧毒气体，有邪臭味，其主要物理、化学性质见表1-7。

表1-7 锑化氢的主要物理、化学性质

名称	物理、化学性质
熔点/℃	−88
沸点/℃	−17
密度/g·cm^{-3}	2.204（沸点时的液态密度），15℃时的密度是空气的 4.344 倍
$\Delta H^{\ominus}_{298}$/kJ·mol^{-1}	（1）微溶于水，稍溶于酒精和二硫化碳； （2）室温可缓慢分解为锑和氢，200℃时分解很快； （3）具有强还原性，当有空气或氧存在时，在低温即可分解为锑和水，温度提高时会着火燃烧，产生三氧化二锑和水； （4）卤素、硫及大多数氧化物均可使其分解； （5）能被苏打—石灰（氢氧化钠与氧化钙的等量混合物）吸收； （6）与砷化氢一样，易发生在有"初生氢"与锑化物接触的场合； （7）高纯锑化氢可用于制造 N 型硅半导体时的气相掺杂物
制备方法	（1）用酸处理金属锑化物； （2）用锌在酸性溶液中还原高价锑的化合物，也可制备锑化氢； （3）用锑阴极电解酸性或碱性溶液，在锑阴极上析出"初生氢"时，即与锑作用，生成锑化氢

1.4.5 锑金属间化合物

锑与元素周期表中许多族的金属容易生成金属间化合物，简称锑化物。它们分别如下：

第Ⅰ族金属有：Li_3Sb、Na_3Sb、K_3Sb、KSb、Cu_3Sb、Cu_2Sb、Ag_3Sb；

第Ⅱ族金属有：Mg_3Sb_2、Ca_3Sb_2、$ZnSb$、$CdSb$ 和 $CaSb$；

第Ⅲ族金属有：BSb、$AlSb$、$GaSb$ 和 $InSb$；

第Ⅵ族金属有：Sb_2S_3、Sb_2Se_3、Sb_2Te_3；

第Ⅷ族金属有：$FeSb_2$、Ni_2Sb_3、$NiSb$。

这些金属间化合物大部分具有半导体性质，其中最重要的是锑与第Ⅲ族和第Ⅵ族金属形成的锑化物。

目前已有研究，锑的半导体化合物主要有：BSb、$AlSb$、$GaSb$、$CsSb$、$InSb$、Mg_3Sb_2、$ZnSb$、$CdSb$、$CaSb$、Li_3Sb、Na_3Sb、K_3Sb、KSb、Rb_3Sb、$CsSb$、Sb_2S_3、Sb_2Se_3、Sb_2Te_3等，而研究较多的是$AlSb$、$GaSb$和$InSb$。这些金属间化合物属混合键型。用红外光晶格吸收法推算的有效电荷数值：$AlSb$为0.48，$GaSb$为0.30，$InSb$为0.34。$InSb$的载流子有效质量小，载流子迁移较高，同时也较容易制备，是制作霍尔器件与磁阻器件的好材料。

1.4.6 锑无机盐和有机盐类化合物

锑无机盐及有机盐类，除上述已介绍的卤素化合物外，在工业上和医药上有较大意义的还有硫酸锑、锑酸钾、锑酸钠、锑酸铅、乳酸锑、酒石酸锑氧钾、酒石酸锑氧钠以及硫代锑酸钠等，其主要物理、化学性质和制备方法见表1-8。

表1-8　锑的无机盐的主要物理、化学性质和制备方法

种类	物理性质	化学性质	用途
硫酸锑 $Sb_2(SO_4)_3$	相对分子质量为531.63，含锑45.8%，无色闪光针状结晶，密度3.62g/cm³	在空气中易潮解，不溶于水，与少量水可形成水合硫酸锑晶体，进一步稀释时即可部分水解	用于制造炸药、焰火，在锑的水解精炼时，用于配制电解质，以增大电导率
锑酸钾 $K[Sb(OH)_6]$ 锑酸钠 $Na_2[Sb(OH)_6]$	由五氧化二锑和过量的氧化钾共熔后，溶于少量水中结晶获得，精制的锑酸钾是白色晶体	仅稍溶于热水中，锑酸钠的溶解度远比钾盐的小，可作为钠盐的沉淀剂	用作化学试剂，纺织品和塑料制品的阻燃剂，显像管、光学玻璃和各种高级玻璃的澄清剂等
锑酸钠 $NaSbO_3$	三价锑的偏亚锑酸、亚锑酸和焦亚锑酸及五价锑的偏锑酸、锑酸和焦锑酸与氢氧化钠作用时皆可生成相应的锑酸钠	各种锑酸钠均可略溶于水、无机酸和酒石酸中	用作遮盖剂及耐酸性的搪瓷配料。焦锑酸钠可用于电视机显像管的玻璃澄清剂
锑酸铅 $Pb_3(SbO_4)_2$	商品名为"拿浦黄"，简称"锑黄"，为橘黄色结晶；由硝酸铅和锑酸钾反应制成，再结晶提纯，呈橘黄色结晶	不溶于水	用作陶瓷的黄色颜料

种类	物理性质	化学性质	用途
乳酸锑 $Sb(C_3H_5O)_3$	棕黄色粉末，由富氧化锑和乳酸制得	可溶于水	用作织物的媒染剂
酒石酸锑钾 $K(SbO)C_4H_4O_6 \cdot 1/2H_2O$	医药上称为吐酒石，为白色无味结晶，由三氧化二锑溶于酒石酸氧钾结晶制得	溶于水和丙三醇，不溶于乙醇	用于医药，织物和皮革的媒染剂、香料和杀虫剂的制造
酒石酸锑钠 $Na(SbO)C_4H_4O_6 \cdot 1/2H_2O$	白色收湿性晶体或有甜味的粉末，毒性较吐酒石小，由三氧化二锑溶于酒石酸氢钠溶液制得	溶于水，不溶于酒精	在医药上取代酒石酸锑钾
硫代锑酸钠 $Na_3SbS_4 \cdot 9H_2O$	商业上称为"施里普盐"，为亮黄色晶体。工业品一般含锑24%～26%，可由五硫化二锑与硫化钠共熔制得	稍溶于水	

有机锑化合物是指含有 Sb—C 键的化合物，种类很多，包括烃基锑、有机锑卤化物、有机锑氢化物、不饱和杂环有机锑及含 Sb—Sb 键的有机锑化合物。通常分为三价锑有机化合物和五价锑有机化合物两大类。

三价锑有机化合物含有 1～3 个有机基团（R_3Sb、R_2SbX、$RSbX_2$、R_2SbOH、$(K_2Sb)_2O$、$RSb(OH)_2$、$RSbO$、R_2SbH）；五价锑有机化合物含有 1～5 个有机基团（R_5Sb、K_4SbX、R_3SbX_2 等）。此外，还有含 Sb—Sb 键（$R^2Sb—Sb-R^2$）有机二锑化合物，含有多个 Sb—Sb 键 $(RSb)_n$ 低聚合和多聚合化合物以及芳香有机锑的衍生物，许多二烃基锑酸衍生物等。

1.5 锑资源

1.5.1 全球锑矿储、产量及分布

全球锑矿资源主要分布于环太平洋成矿带、地中海成矿带和中亚成矿带。环太平洋成矿带是最大的成矿带，锑储量占全球锑总储量的 77% 左右，位于三大成矿带的国家锑储量较丰富。根据美国地质调查局（USGS）资料显示，2021 年全球锑储量 200 万吨，主要分布在中国、澳大利亚、墨西哥、玻利维亚、俄罗斯和爱尔兰等国。其中，环太平洋成矿带的中国、玻利维亚、美国三国总储量达到 85 万吨，占全球总储量的 42.5%；中亚成矿带俄罗斯、塔吉克斯坦两国储量达 40 万吨，占全球总储量的 20%；地中海成矿带土耳其储量 10 万吨，则占 5%。

在过去的 10 年里，分别在 2012 年、2019 年有小幅上升外，在 2013～2018 年较为平稳，2020 年开始受疫情影响锑产量下降明显。2011～2021 年全球锑矿产量详见表 1-9。

表 1-9 2011～2021 年全球主要产锑国锑产量　　　　　　　（万吨/a）

年份	2011	2012	2013	2014	2015	2016	2017	2018	2019	2020	2021
中国	15	14.5	13	12	11.5	10.8	9.8	10	10	8	6
玻利维亚	0.5	0.4	0.5	0.58	0.5	0.27	0.27	0.27	0.3	0.26	0.27
俄罗斯	0.3	0.33	0.7	0.55	0.9	0.8	1.4	1.4	3.0	2.5	2.5
南非	0.3	0.5	0.31	0.16	—	0.12	—	—	—	—	—
塔吉克斯坦	0.2	0.2	0.47	0.47	0.47	1.4	1.4	1.4	1.6	1.3	1.3
其他国家	0.6	1.31	0.52	0.4	0.4	1.4	0.83	0.93	1.1	0.94	0.93
总计	16.9	17.24	15.5	14.16	13.77	14.79	13.7	14	13.03	12	11

1.5.2 锑金属矿

自然界含锑的矿物多达 129 余种，经美国地质调查局（USGS）鉴定有固定成分的达 112 种。锑在自然界存在的形态按化合价分有 0 价、+3 价、+5 价。0 价的锑即自然锑，+3 价和+5 价的锑矿物则有含锑的金属间化合物、硫化物和卤化物等，其中重要的工业矿物有辉锑矿、方锑矿、锑华、脆硫锑铅矿、黝铜矿、红锑矿和硫汞锑矿等。常见的含锑矿物的名称及其主要特征见表 1-10（天然矿物的成分往往不完全符合化学计量，表中有些矿物的含锑量为实验测定）。

表 1-10 常见含锑矿物及其主要特征

矿物名称	化学式	锑含量（质量分数）/%	莫氏硬度	密度/g·cm^{-3}	矿物颜色	条痕颜色
自然锑	Sb	约98	3～3.5	6.6	锡白色，钢灰色	锡白色，灰色
金属化合物						
方金锑矿	$AuSb_2$	55.28	3	9.98	铅灰色	青铜色
锑银矿	Ag_3Sb	27.34	3.5～4	9.4～10	银白色	银白色
锑铜矿	Cu_6Sb	24.20	4～5	8.8	灰色，银白色	银白色
红镍锑矿	NiSb	67.47	3.5～4	8.23	铜红色	红褐色
锑钯矿	Pd_5Sb_2	31.40	4～5	9.5	钢灰色，银灰色	黑色

矿物名称	化学式	锑含量（质量分数）/%	莫氏硬度	密度/g·cm⁻³	矿物颜色	条痕颜色
砷锑矿	SbAs	61.90	3.5	6.2	锡白色	银白色
硫化物及硫盐类						
辉锑矿	Sb_2S_3	71.68	2	4.63	铅灰色	灰黑色
辉硫镍矿	NiSbS	57.29	5.5	6.65	钢灰色，银白色	灰黑色
硫锑铁矿	FeSbS	58.07	5.5~6	6.72	钢灰色，银白色	灰黑色
辉锑铋矿	$(Bi, Sb)_2S_3$	28.52	2	5.45	灰色	灰色
脆硫锑铅矿	$Pb_4FeSb_6S_{14}$	35.39	2.5	5.56	钢灰色，铅灰色	黑色，灰色
块硫锑铅矿	$Pb_5Sb_4S_{11}$	26.44	2.5	6	钢灰色，蓝灰色	
车轮矿	$PbCuSbS_3$	24.91	3	5.8	黑色，钢灰色	灰色
辉锑铅矿	$Pb_9Sb_{22}S_{42}$	45.47	3~3.5	5.23	钢灰色	钢灰色
黝铜矿	$(Cu, Fe)_{12}Sb_4S_{13}$	29.64	3.5~4	4.6~5.2	黑色，钢灰色	黑色
脆硫锑铜矿	Cu_3SbS_4	27.63	3~4	4.57	灰黑色，钢灰色	黑色
脆银矿	Ag_5SbS_4	15.42	2~2.5	6.25	黑色，铅灰色	黑色
浓红银矿	Ag_3SbS_3	22.3	2.5~3	5.77~5.86	深红色至灰黑色	血红色
辉锑银铅矿	$Ag_3Pb_6Sb_nS_{24}$	36.44	2	5.33	黑灰色	黑灰色
硫汞锑矿	$HgSb_4S_8$	51.58	2	4.85	钢灰色，铅灰色	红色
辉锑铁矿	$FeSb_2S_4$	56.94	2~2.5	4.3	钢灰色，深褐色	灰褐色
氧化物和氢氧化物类						
方锑矿	Sb_2O_3	88.39	2	5.25	白色，灰色，无色	白色
锑华	Sb_2O_3	83.59	2.5~3	5.69	灰白色	白色
红锑矿	Sb_2S_2O	75.24	1.5	4.55	樱桃红色	褐红色

矿物名称	化学式	锑含量（质量分数）/%	莫氏硬度	密度/g·cm⁻³	矿物颜色	条痕颜色
黄锑矿	Sb_2O_4	79.19	4~5	6.5	黄色至红色	淡黄色
黄锑华	$Sb_2O_4 \cdot H_2O$	76.37	4~5	4.94	褐色，浅黄色	淡黄色
锑钽矿	$SbTaO_4$	33.2	5.5	6.7	褐色	浅黄色
铌锑矿	$SbNbO_4$	43.69	5.5	5.98	褐色	黄褐色

1.5.3 锑的矿床类型

锑的宇宙丰度是 0.381（元素宇宙丰度通常取 $Si = 10^6$），是 1967 年卡梅伦用碳质球粒陨石中的锑含量估计出来的。锑在地壳中的丰度为千万分之二到千万分之五，位列 93 种天然元素中的 64 位。锑的物理化学性质与砷、铋相似，由于锑具有亲硫性，故在成矿过程中容易与硫结合成硫化矿物，最易伴生的金属为铅、铜和银。常见的共生矿物有黄铁矿、方铅矿、闪锌矿、黄铜矿、毒砂、辰砂、磁黄铁矿以及金、银，最主要的脉石矿物是石英，其次是方解石和重晶石。沉积岩中的锑含量很少。锑矿物在风化过程中常变为锑氧化物。锑和砷一样，趋向于富集在水解产物中，主要是吸附于氢氧化铁表面。现代分析技术已测定出海水中含有微量的锑，而且某些海洋动物和海藻中也含有微量锑。

1.5.3.1 锑矿床的成因

锑矿物的形成与深部岩浆活动有密切关系。含锑的热液受压从地壳深部岩浆源向浅部移动时，通常伴随有硫质在内，这说明锑和硫具有紧密共生关系。因而自然界中的锑绝大部分以单一硫化锑存在，俗称为辉锑矿。

锑经常还与其他金属硫化物，特别是硫化汞共生，由于锑与汞都能在流动的热液中长期存留，当热液沿地壳裂隙上升，在高、中温时不发生沉淀，因而能达到接近地表的地带，其结果是高、中温锑汞矿床很少，而大都是低温浅层矿床。

含锑的热液上升时，极易侵入围岩中的细小裂隙及空洞形成细网脉状，或与易溶解的碳酸盐类岩石发生交代作用而形成交代矿床。锑矿物大部分产于石英脉或硅化石灰岩中，脉石矿物以石英为主，方解石、重晶石和萤石较少。锑矿床一般分为原生和次生两大类，原生锑矿几乎都属于岩浆期后热液矿床；次生矿床则是由原生锑矿受地表氧化作用再经搬运堆积而成。有工业意义的原生锑矿，多在岩浆期后热液上升过程的后一阶段形成。这主要是由于锑的熔点低，溶解度高，尤其是在碱质硫化物（Na_2S）的溶液中更甚。

美国和苏联一些地质学者对许多温泉中的沉积作用以及对温泉的成分进行了

观察和研究，提出汞和锑矿床是由碱性热液形成的理论，认为在碱性溶液中，锑呈 $m\mathrm{Na_2S} \cdot n\mathrm{Sb_2S_3}$ 型的易溶配合物存在。20 世纪 50 年代叶尔马科夫和格鲁什金对某些与辉锑矿共生的矿物（石英、方解石、萤石等）进行的热力学研究，确定出辉锑矿在热液中沉积的温度为 100~150℃，热液离开岩浆源上升时含有气相 HCl、HF、$\mathrm{H_2S}$、$\mathrm{SO_2}$ 等，其性质为酸性。这些酸性气体向上移动，逐渐冷却成为液体，遇碱性围岩（石灰岩、泥灰岩及其他碳酸盐岩石等）即被中和，失去酸性，最后变为碱性溶液。根据这些论据，在热液上升的早期阶段，由于其处在高温条件下，硫化锑量少分散不易集中。稍后，溶液温度虽有降低，但因其酸性被围岩逐渐中和变为碱性，而碱性硫化物的浓度比例提高，硫化锑还是溶解在溶液中，而不能大量析出。到了最后阶段，温度更加降低，并且由于碱性硫化物逐渐消耗，硫化锑在溶液中转而处于过饱和状态，因而大量的沉积，从而形成矿体。柯尔仁斯基指出，渗滤作用与锑矿床的形成有密切关系。物体孔隙大小不超过 0.5μm 时，都可发生渗滤现象，而与物体的成分无关。这说明含矿围岩之上有页岩作覆盖层时，不易发生渗滤作用，因而是形成锑矿床的另一有利条件。试验证明，溶液浓度的增加和覆盖层孔隙的减小，都会降低渗滤作用的影响；也就是说，在高温时渗滤作用较大，低温时则渗滤作用较小。因此，在低温和渗透性较弱的覆盖层条件下，常能形成规模巨大的锑矿床。

含矿溶液在低温条件下的化学活性较差，它与围岩发生交代作用的能力也相应较弱。因此围岩的硅化，应在前一阶段，并且是交代作用的结果。而辉锑矿本身则因沉积在后，温度更低、交代作用不显得重要。辉锑矿石构造和结构的研究证明它们经常是在空隙中，主要不是交代作用的产物，而由充填作用形成。石灰岩经硅化后，脆性增加，更易破碎。矿石中往往发现含硅化灰岩碎块并被后来沉积的辉锑矿所胶结，也能证明在充填成矿作用中，围岩先被硅化，消耗热液中的硅酸组分，生成碳酸，消耗碱性硫化物，并促进硫化锑的沉淀。至于锑矿石的某些结构，如辉锑矿晶体呈不同方向分布或穿插于细粒或隐晶的石英基质中，这部分可以认为是交代作用的结果，但这种辉锑矿分散在硅质凝胶中与硅质同时沉淀而发生重结晶作用，便可以解释这一现象，因此并不能否定充填作用的领先地位。还必须指出，大量辉锑矿的析出，必须有充分的空间位置作为沉积场地，所以有利的构造型式，如背斜轴部和穹窿的顶部，对于巨大矿床的形成是一种重要的先决条件。

1.5.3.2　锑矿床的类型

目前世界地质界尚无公认的锑矿床分类方案，各国主要依据各自掌握的材料进行划分。

L. 德洛奈和 B. A. 奥布鲁切夫以锑矿物从热液中沉淀的温度及其构造地质状态为分类基础，将锑矿床分为高温、中温和低温热液矿床三大类型。高温热液矿床与酸性及中性岩石，如花岗岩、花岗闪长岩、二长岩、闪长岩等有关，锑一般呈辉锑矿存在，有时和黄铜矿、黄铁矿、毒砂、辉铋矿伴生；中温热液矿床都与多金属（银、铅、锌）矿石有关，锑矿物多为辉锑矿或硫锑铅矿；低温热液矿床分布最广，而成矿性质也极不一致，低温热液矿床中常有交代矿床。在这三种热液矿床中辉锑矿是极重要的金属矿物，在靠近地表处辉锑矿常氧化成锑华、锑赭石和黄锑矿。德洛奈还就锑矿石存在的形态将其分为以下 7 种类型：（1）与黄铁矿、毒砂共生的含锑矿物石英脉；（2）含金辉锑矿脉；（3）铜锑矿床；（4）铅银锑矿床；（5）锑汞矿床；（6）硫砷锑矿床；（7）层状锑矿床。A. A. 萨乌可夫根据在苏联的发现，又补充了第 8 种锑萤石矿脉和第 9 种锑—汞—萤石矿脉两种类型。

世界锑矿主要分布于环太平洋和地中海的古生代和中新生代构造活动带内，而在前寒武纪地层中也有发现，但数量不多，苏联中亚地区的锑矿化时代也主要是古生代。这些地带内，锑往往与汞或钨伴生在一起，分布于很长的矿化带内，受区域性隆起和坳陷之间的过渡带所控制。这种矿化带往往可以构成长几百千米、宽几十千米的规模，在时间上具有漫长的演化过程，与构造带的发育过程相吻合，有的并具有明显的继承性。

如上所述，世界范围内有经济价值的锑矿化，都属于热液型。按矿体形态还可再分为热液层状矿床和热液脉状矿床。第一类的容矿岩石以硅质碳酸岩、角砾岩为代表，其储量约占构成锑矿总储量的 2/3 以上；第二类为含锑或含锑金的石英脉。此外，锑还以伴生组分存在于各种多金属矿床中。根据 B. A. 佩尔瓦戈的统计，各类锑矿储量在各成矿时代所占的百分比见表 1-11。

表 1-11　锑矿床类型及形成时代统计　　　　　　　　　　　　（％）

矿床类型	前寒武纪	古生代	中生代	新生代	合计
含锑硅质碳酸岩	—	12.5	50.3	4.5	67.3
含锑石英脉型	—	2.0	11.3	10.2	23.5
含金、锑石英脉型	3.9	—	4.1	1.2	9.2
合计	3.9	14.5	65.7	15.9	100.0

根据矿床赋存的围岩岩性，矿床形态和矿石共生组合的不同，我国锑矿床可分为四类 10 种。

第一类为碳酸盐中锑矿床，细分为层状似层状锑矿床、脉状汞锑矿床和似层状多金属矿床，共三种床型。

第二类为变质岩中锑矿床，细分为脉状锑矿床、脉状锑钨与锑金矿床，似层状金锑钨矿床和脉状铅锌锑多金属矿床，共四种床型。

第三类为碎屑岩中锑矿床，仅有脉状似层状锑矿床一种床型。

第四类为火山岩中锑矿床，细分为海相火山岩层状锑矿床和陆相火山岩脉中脉状锑矿床两种床型。

此外，我国广西右江流域的靖西、德保、田阳、田东、平果、大新等十余县，是我国特有的第四纪红土层中堆积型红锑矿床，因分布局限而又零散，不利于勘探，也不利于集中开采，因而工业利用价值不高。

A　碳酸盐岩中层状似层状锑矿床

碳酸盐岩中层状似层状锑矿床类型是我国最主要的锑矿工业类型，储量约占全国锑金属总储量的 34%。开采历史悠久，目前仍为我国开采的主要对象。

矿床产出的地层主要为泥盆系，次为二叠系，少数产于震旦系。矿床规模多为大至中型，个别为特大型，如锡矿山锑矿。成矿与区域性断裂关系密切，矿床受背斜、背斜加断层、背斜与层间断裂破碎带复合构造控制。断裂破碎带、层间破碎带，背斜轴部剥离空间，古岩溶空洞及低序次的断层裂隙为矿体的主要赋存部位。矿体还受一定的岩性条件和不同岩性互层组合的控制。绝大多数矿床上覆有页岩或泥质粉砂岩等透性弱的遮挡层，其下常为灰岩或白云岩等透性强且化学性质活泼的容矿层，使成矿在封闭条件下，矿液聚集于容矿层中交代充填而形成规模巨大的层状、似层状矿体。当容矿层中有灰、页岩的互层组合时，矿体常具有多层性。

围岩蚀变以硅化为主，蚀变范围广，并具有多期性的特点。一般早期硅化矿很弱，辉锑矿多伴随第二期甚至第三期硅化以充填形式大量产出，矿体受硅化的范围与形态制约，除硅化外，尚有碳酸盐化、黄铁矿化、萤石、重晶石化等。大量方解石晶出，标志着成矿接近尾声，方解石—辉锑矿的形成一般都在成矿晚期。

矿体的产状与地层产状基本一致。从工业矿体整体来看为层状、似层状，但从局部来看，矿化富集多呈扁豆状、透镜状、囊状和各种脉状。

矿床矿物成分简单，工业矿物为单一辉锑矿床，地表氧化带一般有锑华、黄锑华、锑赭石等，大部分矿床均有少量黄铁矿。脉石矿物以石英为主（个别矿床为燧石），次为方解石，还有少量重晶石、萤石等。矿石大多具有自形、半自形结构和粒状、胶状、镶嵌结构，矿石构造常为块状、角砾状、条带状、细脉状、网脉状、晶洞状、放射状、浸染状等。

本类矿床目前尚未发现火成岩体出露，但个别矿区有煌斑岩脉或长英岩脉产出，前者如锡矿山，后者如崖湾，过去多称之为低温热液矿床。近年来，有人认为是沉积改造成因。

B　碳酸盐岩中脉状汞、锑矿床

碳酸盐岩中脉状汞、锑矿床类型主要分布于秦岭纬向构造带的陕、甘两省。矿床规模通常为大、中型，锑为中、小型。与汞共生的锑储量约占全国锑金属总储量的 2.6%，因汞锑分别均达工业要求，故具有较大的工业意义。

矿床产出的地层，在陕西境内多为泥盆系，次为前寒武系，在甘肃境内则多为三叠系及二叠系。矿体围岩以白云岩或石灰岩为主。成矿主要受断裂控制，而且具有等距性控矿特征，矿体密集地段常依一定的间距有规律的出现。富矿体一般出现在断裂拐弯、分支和交叉处。此外，成矿还受地层岩性和岩层组合的控制。例如，陕南一些汞锑矿床多产于下泥盆统公馆组下部白云岩和下石炭统袁家沟组灰岩中，容矿层上、下具遮挡层，对成矿有利。

矿体形态产状依含矿断裂形态而异，常为各种复杂的脉状，也有产于层间破碎带中呈似层状，矿体规模大小悬殊较大。本类型矿床矿石矿物成分较简单，金属矿物主要为辰砂、辉锑矿，含少量自然汞、黄铁矿、方铅矿、闪锌矿。脉石矿物主要有石英、白云石、方解石。矿石结构多为他形、半自形-自形、交代、变晶结构。矿石构造主要为浸染状、脉状、角砾状、条带状等。矿石类型主要有单汞、汞锑、锑汞、单锑四种，以汞锑和锑汞矿石为主。围岩蚀变以硅化为主，与成矿关系密切；次为碳酸盐化、重晶石化、角砾化、褪色化等。

矿床一般远离火成岩体数十千米，矿区内也未见有任何岩浆岩岩脉，成矿与岩浆岩无直接联系。过去多数认为是低温热液矿床，近年来，有的认为属沉积-再造矿床，有人认为主要成矿物质 Hg、Sb、S 来自地幔或深部壳层。

C 碳酸盐岩中似层状脉状多金属矿床

碳酸盐岩中似层状脉状多金属矿床类型的典型代表，是我国广西南丹大厂锡矿田中的铅锌锑多金属矿床。锑为锡或铅锌的伴生矿，锑的平均品位很低，但储量很大，约占全国锑金属总储量的 29%，可综合回收，具有一定的工业价值。按有用金属矿物的共生组合及矿体赋存部位的不同，矿床分为三个大的类型：一是锡石—硫化物类，以锡石为主，矿体形态有大脉、细脉带、层状和似层状矿体等，如长坡、巴里、龙头山及大福楼等矿床；二是铅锌多金属硫化物类，以铅锌为主，矿体形态主要为似层状、条带状，也有脉状及细脉带，如龙箱盖矿床；三是锑钨—石英方解石类型，以辉锑矿、白钨矿为主，矿体多以脉状产出，也有似层状的（属层间破碎带型），这类矿床有茶山坳、大湾、洞坎等。

矿床主要含锑矿物为脆硫锑铅矿、辉锑锡铅矿、辉锑矿及少量硫锑铅矿。矿石中以锑的硫盐矿物为主的矿体，含锑品位为 0.81%～0.36%；以辉锑矿为主时，锑的平均品位达 2.25%～3.17%，如茶山。矿床规模依形态而异，产在礁灰岩中的缓倾斜似层状矿体长达 900m、宽 60～200m、平均厚 17.59m，锑的平均品位达 4.37%，如巴里—龙头山矿区的 100 号矿体。

围岩蚀变以硅化较普遍。此外，有绢云母化、黄铁矿化、大理岩化、矽卡岩化、角岩化等。成矿早期为锡矿化，后期为多金属矿化，矿化分带明显，靠近岩浆岩地区发育钨锡，向外为铅锌，边缘则为锑汞。

D 变质岩中脉状锑矿床

变质岩中脉状锑矿床类型多为中小型，以小型为主，储量约占我国锑总储量的 4%，是我国锑矿开采的重要对象之一。

矿床多产于古陆隆起区，产出地层有泥盆系、志留系、奥陶系、寒武系及元古界的板溪群，以板溪群居多。岩性多为区域浅变质岩系的板岩、变质砂岩，少数为白云岩和灰岩。成矿受断裂控制，两组或多组裂隙交汇处或断裂破碎带发育地段为富矿的产出部位。岩性条件对成矿也起着一定的制约作用，例如板岩，常构成成矿的"闭封"环境，使矿质在断裂带中沉淀富集。

矿床一般远离岩浆岩体，少数矿区（床）有成矿前石英斑岩脉或煌斑岩脉的产出，与成矿无直观联系。

矿体形态为各种脉状，也有断裂破碎带型。产状依控矿断裂而异，倾角一般都大于 50°。矿化富集体常呈脉状、囊状、透镜状及浸染状。

围岩蚀变宽度小，主要为硅化、褪色化、黄铁矿化、毒砂化，次为绿泥石化、绢云母化、碳酸盐化、白云石化、重晶石化等。矿化与围岩蚀变有明显依存关系，如湖南板溪锑矿，有矿化地段均有毒砂化、绿泥石化。碳酸盐化大量出现时，则矿化明显减弱。蚀变宽度过大，不利于矿化富集。

矿床矿物成分较简单，主要工业矿物为辉锑矿，伴有少量毒砂、黄铁矿、黄铜矿、闪锌矿和方铅矿。有的矿床还含微量金。脉石矿物以石英为主，次为白云石、方解石、绢云母、重晶石等。矿石多为自形-半自形晶粒结构、花岗变晶结构、揉皱压碎结构等。矿石构造多为块状、脉状、角砾状、浸染状等，局部见有晶簇和放射状构造。

E 变质岩中脉状锑钨、锑金矿床

变质岩中脉状锑钨、锑金矿床类型矿床主要分布于我国的湖南省，矿床规模中、小型居多，个别为大型，常成群成带出现。锑的总储量约占我国锑金属总储量的 9%，其中锑金矿床中的锑所占储量比例约 3%。

该类型矿床多产于古陆隆起区，产出地层以元古界板溪群为主，矿体主要受断裂控制，多呈脉状。矿石矿物多以辉锑矿为主，次为白钨矿、自然金、黄铁矿、毒砂等。围岩蚀变有硅化、褪色化、黄铁矿化、毒砂化等。

F 变质岩中似层状金锑钨矿床

变质岩中似层状金锑钨矿床类型已知的有湖南桃源的沃溪、桃江的西冲和浏阳的中岳，矿床规模大、中、小型皆有，总储量约占我国锑金属总储量的 3.7%。由于金、锑、钨均达到工业要求，能综合利用，工业价值较大，成为我国开采金、锑的重要矿床类型。矿床产于元古界板溪群板岩中，受断裂或背斜构造控制，矿体呈似层状。金属矿物以辉锑矿、自然金、白（黑）钨矿为主，围岩蚀变以褪色化、硅化、黄铁矿化为主，次有碳酸盐化、绿泥石化等。

G　变质岩中脉状铅锌锑多金属矿床

目前变质岩中脉状铅锌锑多金属矿床已知的仅有湖南衡东的东岗山和吊马垅两处。矿区近围的黑云母花岗岩为成矿母岩，矿体产于断裂破碎带中，脉组的收敛部位常赋存工业矿体。矿床中矿物以铅锌为主，锑呈脆硫锑铅矿产出，伴生有银可作副产品回收，探明储量铅、锌、锑均为小型，矿床中锑的平均品位为0.435%~0.529%。矿石经选矿后只能获得铅锌锑混合精矿采用湿法冶炼流程，才能得到锑的合格产品。从锑的储量、矿石质量和品位来看，工业利用价值不高。

H　碎屑岩中脉状、似层状锑矿床

产于碎屑岩中的锑矿床，在我国主要分布于云南、贵州两省，其总储量占我国锑金属总储量的8%。矿床规模大、中、小型皆有，矿石质量好、品位富，如贵州半坡锑矿床，产于下泥盆统变质砂岩中。断裂和特定的地层组合是控矿的主要条件，矿体呈脉状、扁豆状、似层状，矿物以辉锑矿为主，次有黄铁矿等。围岩普遍硅化，次有黄铁矿化、重晶石化。

I　海相火山岩中层状似层状锑矿床

海相火山岩中层状似层状矿床类型在我国为数不多，已知的有贵州晴隆大厂锑矿和云南勐腊新生锑矿等。矿床规模为大至中型，探明储量约占我国锑金属储量的7%。开采历史悠久，为我国锑矿较重要的工业类型之一。

我国某大型锑矿床，处于黔桂地区的黔西南凹陷带中，受背斜和断裂控制。矿床产于上二叠统峨眉山玄武岩与下二叠统茅口灰岩古侵蚀面之间的"大厂层"，该层是一套以强烈黏土化、硅化为特征的，经受蚀变的火山碎屑沉积岩，是找寻"晴隆式"锑矿的标志层。

矿床矿化富集体常为条带状、扁豆状、透镜状、囊状。该矿床矿物组合简单，金属矿物主要为辉锑矿、黄铁矿，次有白铁矿、黄铜矿、辰砂及褐铁矿等；非金属矿物有石英、地开石、萤石、重晶石等。

围岩蚀变普遍为强烈的黏土化、硅化，次为黄铁矿化、萤石化及重晶石化等。

J　陆相火山岩脉中脉状锑矿床

陆相火山岩脉中脉状矿床，已知的有江西德安的保山（中型）、安徽东至的花山（小型、中型）、吉林盘石的三和（小型）等。成矿均受断裂控制，矿体呈脉状产出。控矿断裂早期均有不同的陆相火山岩侵入，矿体与岩脉在空间分布上关系密切。

矿床矿石组分较复杂，金属矿物除辉锑矿外，尚有砷黄铁矿、毒砂、自然金、赤铁矿、磁铁矿、磁黄铁矿、黄铜矿、自然铜、斑铜矿、黝铜矿、锡石、钛铁矿、闪锌矿等；非金属矿物以石英、方解石为主，次有白云石、重晶石、磷灰石、电气石、黄玉、尖晶石、云母等 30 多种。多数矿床伴生有金，平均品位达 1.2~1.7g/t，可作副产品回收。矿床中锑的平均品位一般为 3%~5%，少数富矿体锑品位高达 20%~30%。矿石质量除砷的含量较高外，其他有害元素平均含量都较低。

围岩蚀变以硅化、碳酸盐化为主，次为绿泥石化、绢云母化。

1.5.3.3 锑矿床的分布

世界锑矿主要分布在两大地区：一是太平洋沿岸地区（环太平洋锑矿带），包括中国、俄罗斯、玻利维亚、智利、秘鲁、墨西哥、美国、日本、澳大利亚、马来西亚等，这个地区集中了世界锑矿的绝大部分；二是地中海地区（地中海成矿带），包括阿尔及利亚、捷克、意大利、土耳其等。此外，尚有中亚锑矿带和外贝加尔锑矿带两个锑矿分布区，南非的锑矿资源也很丰富。

A 亚洲主要锑矿床分布

a 中国

中国主要有 4 个锑矿成矿带，并分别与世界 4 个锑矿带相连。

（1）华南锑矿带：这是我国最重要的锑矿带，也是环太平洋锑矿带的重要组成部分。已知锑矿床（点）占全国锑矿床（点）总数的 85.5%，占全国锑总储量的 83.1%。

（2）滇西、西藏锑矿带：西延与地中海锑矿带相连，占全国锑矿床（点）总数的 2.4%，占全国锑总储量的 0.3%。

（3）秦岭—昆仑山锑矿带：西延与中亚锑矿带相连，已知锑矿（点）占全国锑矿床（点）总数的 9.7%，占全国锑总储量的 16.3%，是近 10 多年来查明的重要锑矿带。

（4）长白山—阴山—天山锑矿带：西延与外贝加尔锑矿带相连，是新发现的区带，占全国锑矿床（点）总数的 3.4%，占全国锑总储量的 0.3%。

我国重要的锑矿床分布区域有湖南的锡矿山、板溪、渣滓溪、龙山、沃溪、沅隆、衡东、宁远、浏阳、溆浦，贵州的晴隆、独山、榕江，云南的木利，甘肃的西和，广西的南丹、隆林、河池、灵川、兴安，广东的乐昌，四川的岷山，河南的卢氏，江西的德安、陕西的旬阳、丹凤，西藏的南部地区及新疆的天山地区。超大型矿床有湖南锡矿山矿田、广西大厂锡铅锌锑矿床；大型矿床有湖南安化渣滓溪锑矿、沅陵湘西金锑钨矿，广西河池五圩箭猪坡、南丹茶山锑矿，贵州晴隆锑矿、独山半坡锑矿，云南广南木利锑矿。

我国最重要的锑矿产区是湖南，其次是广西、贵州、云南、陕西、甘肃和广东，此外西藏的南部地区及新疆的天山地区是较有潜力的金锑共生矿产区。湖南已发现的锑矿点多达 254 处，其中最重要的有冷水江市附近锡矿山的单一辉锑矿床，桃源沃溪的钨、锑、金矿床及桃江板溪的锑金矿床。广西南丹大厂在锡矿带中蕴藏的脆硫锑铅矿，田东地区的红锑矿床以及陕西旬阳的锑汞矿床也各具特色。

广西已探明的锑矿分布于南丹大厂、河池五圩、茶山、隆林、上林、德保等地区，在矿物组合上各具特色。南丹大厂是锡、锑、铅、锌复杂矿，河池五圩是锑、铅、锌复杂矿，茶山和隆林主要是辉锑矿；而上林、德保等县的锑矿床系一种红色锑矿，呈砾状分散埋藏在第四纪红土层中，不形成矿脉，主要产地是田东一带。广西的锑矿主要属中温热液锡铅锌锑多金属矿床，主要产于泥盆纪碳酸盐地层中，矿床有整合型与交错型两类。

贵州省锑矿分布于晴隆、独山、雷山、榕江等县，产出层位较多，以二叠系、泥盆系为主，次为板溪群，寒武系、梵净山群，三叠系，志留系也有少量锑矿点或锑矿化分布。

二叠系是贵州省锑矿主要工业类型的产出层位。锑矿赋存于下二叠纪茅口灰岩顶部与峨眉山玄武岩之间的大厂层中，矿体多呈层带状、扁豆状及脉状、网脉状、囊状等沿层断续分布。

泥盆系锑矿主要分布于独山。此外，惠水、荔波等地也有少数矿点。锑矿赋存岩层主要为泥盆纪下统丹林组石英砂岩，呈交错型脉状单一矿床，金属矿物主要为辉锑矿及少量锑华，脉石矿物主要为石英、白云石及少量方解石。

云南省的锑矿主要集中在木利，其次为富宁、西畴、邱北、文山、屏边、蒙自、开远、河口、建水、巍山等县。矿石大都是硫化锑和氧化锑的混合矿。

广东省的锑矿区位于粤北"山"字形构造脊柱—瑶山复背斜西翼的马蹄形盾地。区内地层反复褶皱，纵向断裂发育，构成北北东向的新华夏系断褶带。矿床呈北北东向的带状分布，延伸达 11km，已知的矿床有 5 处。各矿床的成矿地质构造条件和矿床特征大致相似，其主要的共性是：矿床位于天子岭灰岩地层；成矿受三级构造和两种岩性界面所控制；矿体赋存于硅化灰岩中，呈似层状及扁豆状，倾角较陡，缺乏较为良好的封闭构造；矿床属石英—萤石—辉锑矿构造，辉锑矿主要呈团块状，浸染状次之；矿物成分较简单，属单一的硫化物辉锑矿床；矿床成因类型属低温热液交代-充填矿床，工业类型为热液层状扁豆-似层状锑矿床。

陕西省锑矿产地分布于陕南丹凤、商县、山阳、镇安等县，以镇安锑矿范围较大。其特点是小而富，属鸡窝矿，块矿品位高的达 60%，低的也有 30%。矿物形态以氧化矿较多，基本上是硫化氧化混合矿，含砷较高。陕西旬阳地区汞锑金成矿带蕴藏着丰富的汞锑共生矿，公馆特大型汞锑矿床、青铜沟特大型汞锑矿床即产于该地区。

甘肃省的锑矿主要产于天水地区西和县的崖湾，矿石矿物组成较简单，主要矿石矿物为辉锑矿，次为黄铁矿、白铁矿；次生氧化矿物有锑赭石、黄锑华、白锑华、褐铁矿等。矿石的锑平均品位为 2.86%，并伴生 Se、Ag、Ga、Ge、In、Te 等。

河南省的锑矿资源蕴藏于豫西山区卢氏和南台两县，矿物主要为辉锑矿。

西藏南部及新疆天山地区的锑矿主要为锑金矿或锑金银多金属矿床，主要有用矿物为辉锑矿，伴生金、银等。

b　土耳其

土耳其主要的矿床分布于东北部。图尔哈尔锑矿属热液型硫化锑矿，矿体呈层状及脉状、透镜状，产于古生代绢云母绿泥石片岩与上覆石墨岩的接触带中，后期脉状矿体沿断裂充填并切穿早期层状矿体，围岩蚀变有绿泥石化、绢云母化。矿石主要由辉锑矿、石英组成，伴有黄铁矿、毒砂等。矿石品位 Sb 4%~5%，高者可达 11%~13%。

巴勒克西尔锑矿属脉状矿床，年产矿石量 1000~10000t。此外，位于屈塔希亚市西南克兹尔达格山坡上的格季亚矿床。含辉锑矿的石英脉厚达 2m，产于石英岩与云母片岩中，该矿床规模不大。

c　泰国

泰国的锑储量估计约 40 万吨。锑矿化与石英脉和古生代页岩、灰岩中的硅化带有关。矿床类型主要有热液型和残积型硫化锑矿。

d　马来西亚

马来西亚有一些与汞和金银矿化共生的小锑矿床，属热液型硫化锑矿床。矿体呈脉状、囊状和扁豆状，矿石由石英、辉锑矿等组成，伴生有雄黄、辰砂、金、自然锑等，主要赋存在火山岩附近的灰岩、黏土岩及页岩中。

此外，亚洲的缅甸和日本也有小型锑矿床分布。

B　非洲主要锑矿床分布

非洲的锑矿资源主要是一条层状滑石—绿泥石和滑石—碳酸盐片岩带，滑石片岩和含滑石碳酸盐岩是锑线的主要岩石类型，其中包括透镜状、带状含滑石碳酸盐岩和灰绿色块状碳酸盐岩，锑矿化带的长度约 55km。矿床产区地层属太古代变质岩和石英岩系，围岩为绿泥石片岩和千枚岩、绿泥石碳酸盐化千枚岩及含绿泥石石英—碳酸盐岩，围岩蚀变以硅化为主。含锑矿石有两种类型，一为单一辉锑矿石，另一为含镍丰富的蓝铁矿（辉锑铁矿）。共生矿物有 40 多种，其中含锑矿物有硫锑铁矿、锑硫镍矿、黝铜矿、自然锑、黄锑华、硫锑铜矿等。金在矿石中呈微粒存在，分布很广。

其他非洲国家，如津巴布韦、阿尔及利亚及摩洛哥等也有锑矿床分布。

C　欧洲锑矿床分布

意大利的锑矿床多为汞锑共生矿床，且成矿期较新。矿床属沉积充填型矿床，矿石为含锌多金属矿（锑、铅、砷、锌、汞）。矿体产于三叠纪"洞穴灰岩"与上覆推复体的黏土质构造的交界处，呈层状及脉状，围岩蚀变有硅化。该矿区由三个矿床组成，矿体埋深 50m。主要金属矿物为辉锑矿，其次为黄铁矿、白铅矿、方铅矿、闪锌矿、辰砂和硫酸盐；脉石为石英、卵石和砾石。矿石呈细粒漫染状分布，外观呈黏土状。

1.5.4 我国锑资源概况

截至 2020 年底，我国锑矿普查阶段查明资源储量 343.5 万吨，占总查明资源储量的 65.6%；我国已探明的锑矿区 166 处之多，已开发的锑矿区数量为 71 个，近期难以利用的锑矿区 59 个。难以利用的原因是交通基础差、经济效益差、地质条件复杂、矿体小而分散、埋藏深、矿石品位低以及矿石综合利用问题未解决等。

我国锑矿利用程度较高，主要原因是开发条件较好，又多为单锑型矿石，较易采选和冶炼。但锑矿可利用的查明资源储量正在逐年减少，后备资源不足。

2 锑资源的开采与选矿

2.1 锑矿开采

在我国锑矿开采中，绝大多数矿山是地下开采，地下开采过程可以概括为矿床开拓，矿块采准、切割和回采三个步骤。矿床开拓是矿山生产的基本准备过程，主要包括运输通道及主通风井的开拓建设。矿床开拓后，矿块的外部生产条件已经具备，可以在矿块内进行采准、切割和回采。在矿块中进行的采准、切割和回采工作称为采矿方法。为适应不同的矿床赋存条件、矿石和围岩性质及开采环境，地下矿床的开拓和采矿方法随着开采技术的进步不断演变。

目前常用的矿床开拓方法约有 10 种，以竖井、斜井、平硐和斜坡道开拓为主，我国大型锑矿山锡矿山矿务局南、北两矿锑矿开采均用上盘竖井开拓，其井下运输、提升、通风、排水等系统都比较完善。云南木利锑矿、湖南龙山锑金矿等则采用平硐开拓系统。湖南湘西锑金钨矿采用以斜井与竖井相结合的联合开拓系统。

由于金属矿床的赋存条件十分复杂，矿石与围岩的性质又变化不定，并且随着科学技术的发展，新的设备和材料不断涌现，新的工艺日渐完善，一些效率低、劳动强度大的采矿方法被淘汰，而在实践中又会创新出各种各样与具体矿床赋存条件相适应的采矿方法。如云南木利锑矿，云南木利锑矿在 20 世纪 70 年代末以前是小型露天开采，从 20 世纪 80 年代初转入地下开采用的是无底柱低分段崩落法。

目前，采矿方法的分类很多，并且各有其依据。一般以回采过程中采区的地压管理方法作为依据。采区的地压管理方法实质上是基于矿石和围岩的物理力学性质，而矿石和围岩的物理力学性质又往往是导致各类采矿方法在适用条件、结构参数、采切布置、回采方法及主要技术经济指标上有所差别的主要因素。因此按这样分类，既能准确反映出各类采矿方法的最主要特征，又能明确划定各类采矿方法之间的根本界限。

按采场地压管理方法的不同，采矿方法可划分为空场采矿法、崩落采矿法和充填采矿法三大类。根据采矿方法的结构特点、回采工作面的形式、落矿方式等，又可将三大类采矿方法分为诸多类型。

空场采矿法利用矿岩自身的稳固性和留矿柱进行地压管理，空场采矿法的工作机理是指在回采矿山资源的过程中，无需对矿场采空区进行填埋等操作，在整个采矿的过程中保持空场的一种回采方法，其采空区需要利用矿柱对矿山进行支撑。在实际开采过程中，首先要划分矿块，把矿块分为矿房和矿柱，然后先开采矿房，再开采矿柱。其中，应用较广泛的采矿方法有全面采矿法、房柱采矿法、留矿采矿法、分段矿房法和阶段矿房法。

崩落采矿法是通过在矿山开采过程中，将价值不高或者没有价值的矿石回填至采矿区，实现对采空区的填埋，这样可以避免这些矿石占用土地，还起到了重复利用的作用。在实际的矿山开采过程中，该技术可以有效管理采空区，进而对采矿过程中出现的坍塌事故进行有效地预防和控制，可分为壁式崩落法、分层崩落法、无底柱分段崩落法、有底柱分段崩落法和阶段崩落法。

充填采矿法主要是利用相关填充材料对采空区进行填充，或者形成支撑柱体，或将填充材料及支撑柱形成相互配合的支撑体系，从而达到对整个采空区支撑保护的作用。按矿块结构和回采工作面推进方向，充填采矿法可分为单层充填采矿法、上向分层充填采矿法、下向分层充填采矿法和分采充填采矿法。根据所采用的充填料和输出方法不同，充填采矿法又可分为干式充填采矿法，用矿车、风力或其他机械输送干充填科（如废石、砂石）充填采空区；水力充填采矿法，用水力沿管路输送选厂尾砂、冶炼厂炉渣、碎石等充填采空区；胶结充填采矿法，用水泥或水泥代用品与脱泥尾砂或砂石配制而成的胶结性物料充填采空区。

2.1.1 采矿方法选择

对于矿山开采来说，采矿方法的选择至关重要，它的选择是否合理，决定着材料和设备的需要量、回采工艺、掘进工程量、劳动生产率、矿石回采率以及采出矿石的质量等，并影响着矿床开采的安全和经济效益。由于矿床埋藏条件多种多样，各个矿山的技术经济条件又不尽相同，所以在采矿方法的选择中，首先应遵循采矿方法选择的基本原则，然后根据矿山的具体情况，充分分析研究影响采矿方法选择的重要因素，最终确定适宜的采矿方法。

2.1.1.1 采矿方法选择的基本原则

正确合理的采矿方法应满足以下基本原则：

（1）工作安全。所选择的采矿方法必须保证工人在采矿过程中能够安全生产，有良好的作业条件（如可靠的通风防尘措施、合适的温度和湿度），尽可能采用机械化作业，降低繁重的工人的劳动；在一个采场中，应该保证必须有两个及其以上的安全出口，使人流、风流畅通，同时要保证矿山能安全持续地生产，避免由地压活动及爆破震动等造成的地表滑坡和泥石流危害，防止地下水灾、火灾及其他灾害的发生等。

（2）矿石贫化率低。选择的采矿方法要满足加工部门对矿石质量的要求，尽量避免过多的围岩混入矿石中。矿石的贫化对选矿加工工艺、加工成本及产品的质量和数量有着较大的影响，一般要求矿石的贫化率在 15% ~ 20%。

（3）矿石回采率高。矿产资源是有限和不可再生的，采矿属于耗竭性生产，因此要求选择回采率高的采矿方法，以最大限度地回收国家资源，矿石回采率一般应在 80% ~ 85%。开采价值高的富矿、稀缺金属以及贵金属矿床，更应尽可能选择回采率高的采矿方法。

（4）生产效率高。要优先选择生产能力大和劳动生产率高的采矿方法。一般在一个回采阶段内，布置的矿块数目应能满足矿山生产能力要求，且回采矿块所占长度以小于阶段工作线长度的三分之二为宜。高生产效率可以减少矿块数，便于实施集中采矿，有利于生产管理和采场地压管理等。

（5）经济效益好。经济效益主要是指矿山产品成本的高低和盈利的大小。盈利指标最具有综合性质，例如矿石成本、矿石损失率及贫化率等对盈利都有影响，要选择盈利大的采矿方法。

（6）遵守有关法律法规要求。采矿方法选择必须遵守矿山安全、环境保护和矿产资源保护等法律法规的有关规定。

上述基本原则是相互联系或相互制约的。例如，回采率高的采矿方法的生产成本可能较高，经济效益可能会差一些，因此，在选择采矿方法时应对上述基本要求进行综合分析，只有综合考虑上述基本原则，才能正确地选择适宜的采矿方法。

2.1.1.2 影响采矿方法选择的要素

影响采矿方法选择的重要因素有两个方面，一是矿床地质条件，二是开采技术经济条件。

A 矿床地质条件

矿床地质条件是影响采矿方法选择的基本因素，对采矿方法的选择起控制性作用，因此在选择采矿方法时，首先要详细分析研究有关的地质资料。一般情况下，具有足够可靠的地质资料才能进行采矿方法选择；否则，可能由于选出的采矿方法不合适，危害生产的安全，并使矿产资源和经济遭到损失。

影响采矿方法选择的主要地质条件包括：

（1）矿石和围岩的物理力学性质，尤其是矿石和围岩的稳固性，它决定着采场地压的管理方法和采场结构参数。

（2）矿体产状，包括厚度、倾角和形状等。矿体倾角主要影响矿石在采场中的运搬方式；矿体厚度则主要影响落矿方法的选择以及矿块的布置方式等；矿体形状的影响主要表现为矿体形状和矿石与围岩的接触情况，主要影响落矿方法、矿石运搬方式和损失与贫化指标。

（3）矿石的品位和价值。开采品位较高的富矿、价值较高的贵金属和稀缺金属（如镍、铬等）矿石，则应采用回采率较高的采矿方法，例如充填法；反之，宜采用成本低、效率高的采矿方法，例如分段或阶段崩落采矿法。

（4）矿体赋存深度。赋存深度较深的矿体（如超过600m）开采时，地压增高，会出现岩爆现象，此时应考虑采用充填法。

（5）矿石与围岩的自燃性与结块性。当矿石中含硫高时，会有结块、自燃现象，应避免采下的矿石在采场中过久存放；若开采含放射性元素的矿石，则应采用通风效果好的采矿方法。

B 开采技术经济条件

矿床开采的技术经济条件主要包括以下几项：

（1）地表是否允许陷落。在地表移动带范围内，如果有河流、铁路和重要建筑物，或者由于保护环境的要求等，地表不允许陷落，必须采用维护采空区不会引起地表岩层大规模移动的采矿方法。

（2）加工部门对矿石质量的技术要求。如加工部门规定了最低出矿品位，从而限制了采矿方法的最大贫化率，如粉矿的允许含量、按矿石品级分采等要求，都影响到采矿方法的选择。

（3）技术装备与材料供应。选择某些需要大量特殊材料（如水泥、木材）的采矿方法时，需事先了解这些材料的供应情况。采矿方法的工艺和结构参数等与采矿设备有密切关系。在选择采矿方法时，必须考虑设备供应情况。

（4）采矿方法需要技术管理水平。选择的采矿方法应力求技术简单，易于掌握，管理方便；这对中小型矿山、地方矿山特别重要。当选用一些技术复杂、矿山人员不熟悉的采矿方法时，应预先进行采矿方法试验。例如，壁式崩落法要经常放顶，较难掌握；空场法中，留矿法比分段凿岩阶段矿房法容易掌握。在这两种方法都可用的情况下，如果系小型矿山，技术力量薄弱时，采用留矿法可能会收到较好的效果。

上述影响采矿方法选择的因素，在不同的条件下所起的作用也不同，必须针对具体情况作具体分析，全面、综合地考虑各种因素，才能选出最优的采矿方法。

目前，在我国的一些地下金属矿山中，仍采取较传统的采矿方法，采矿技术相对落后，机器设备比较陈旧。传统的采矿方法，机械化程度不够，生产成本高、矿石损失率较大，对周围生态环境影响大和浪费资源，且随着地下采矿的深度增加，开采难度也越来越大。探索地下采矿方法的发展趋势是不断简化采场结构，采用新的工艺技术和智能化新设备，实现大型化、集约化生产作业，是地下采矿安全、高效、低强度开采，实现资源的最大化利用。

2.1.2 我国锑矿的机械化开采工艺

2.1.2.1 锡矿山锑矿开采

锡矿山锑矿久享"世界锑都"之美誉，是世界上最大的锑采、选、冶和深加工联合企业。锡矿山锑矿发现于 1541 年，始采于 1897 年，以其矿床储量大、矿石品位高、矿种为单一硫化矿或硫氧混合矿而著称。该矿成矿地质条件优越，至今开采已 120 余年，仍有巨大的资源开发潜力，尤其是深部探矿前景广阔，找矿潜力巨大，具有潜在的开发价值。该矿开采历史悠久，但由于开采技术水平低，采矿装备落后，致使生产效率低，工人劳动强度大。矿山开采先后采用的采矿方法有：普通房柱法、杆柱房柱法、胶结充填采矿法、杆柱砂浆胶结充填采矿法、倾斜薄矿体上向连续采矿法等多种方法。近年来也不断探究应用新的采矿工艺，采用新的采矿设备。

锡矿山某采选厂主要开采锡矿山锑矿童家院矿床。该矿床主要矿体赋存在厚层页岩之下的佘田桥组中段石灰岩的硅化灰岩中，第一号矿层中的矿体，呈似层状产出，品位富，厚度变化稳定，一般为 2~3m，延长数十米至数百米。产于第二号矿层中的矿体，也多呈似层状，但在边部、下部则呈扁豆体或不规则囊状体产出，厚 1~30m，一般 7~8m，延长数十米至数百米。产于第三号含矿层中的矿体，有似层状，也有呈不规则的透镜体和矿囊，但在西部断裂 F75、F3 侧羽状裂隙发育的地段，各以层状、透镜状、矿囊状产出的矿体往往相互融合，组成以上断裂带中炭质页岩和页岩为顶板、倾角较陡、沿断裂带走向延伸的又厚又富的矿体。

A 矿山平巷掘进机械化

1974 年以来，矿山在平巷掘进中推广应用了 PYT-2 型凿岩台车，平巷掘进机械化作业线配套设备由 PYT-2 型凿岩台车、华-1 型装岩机、0.5m³ 斗式转载机、1m³ 侧卸矿车、3t 电机车组成，平巷掘进速度得到了很大提高。但近年来，该公司由于各方面的因素影响，平巷掘进作业机械化出现倒退。凿岩采用 YT-27 气腿式凿岩钻机，采用 E-30 型装岩机装岩，爆破参数没有改进，炮眼质量差、炮眼深度不够，巷道掘进率仅达到 70%~75%。矿山平巷掘进工艺的落后现状，严重制约着矿山深部中段开拓的进度，影响了三级矿量的平衡，极大地阻碍了矿山生产持续平衡发展。

为了改善该状况，锡矿山某采选厂在童家院矿床七中段和八中段分别组成了平巷掘进机械化作业线，七中段平巷掘进设备配置采用 YT-27 气腿式凿岩钻机、轨轮挖掘式装载机（扒渣机）、矿车组、牵引机车，八中段平巷掘进设备采用 CMJ 系列全液压掘进钻车、轨轮挖掘式装载机（扒渣机）、矿车组、牵引机车。2013 年采用 CMJ 系列全液压掘进钻车、轨轮挖掘式装载机、矿车组、牵引机车组成的平巷掘进机械化作业线，每日可进行两个作业循环，单个作业循环掘进可达到 2m，掘进爆破率超过 90%，大大提高了掘进作业效率。

B 探采结合

锡矿山锑矿田童家院矿床生产勘探采用坑钻组合手段，用钻探取代那些采矿生产工艺不需要的坑道，目前中厚以上矿体采用胶结充填法和普通房柱法开采，薄矿体则采用杆柱砂浆充填法和杆柱房柱法开采。

锡矿山某采选厂将生产勘探与开拓、采准、回采、残矿回采密切结合起来,实现探采结合,以避免探矿坑道与采矿坑道各成一套而造成工程浪费,节省了大量人力、物力和资金,提高了矿山开采效率。

C 尾矿似膏体充填工艺

充填采矿法在锡矿山锑矿应用历史悠久,早在20世纪50年代,锡矿山南矿就使用了水平分层干式充填采矿法,回采地表有民用建筑物的西部矿体。由于非胶结充填体无自立能力,难以满足先进采矿工艺具有高回采率和低贫化率的需要,在20世纪60年代末期,该锑矿首先在南矿开发和应用胶结充填工艺。

2011年底,锡矿山和中南大学合作研究出似膏体充填工艺,并开始对原有块石胶结充填工艺的料浆制备与输送系统进行技术改造,于2012年6月底建成似膏体充填工艺系统,7月份正式投产。该充填工艺采用水泥、粉煤灰、分级尾矿、水制成尾矿似膏体,使用柱塞泵高浓度输送至采场充填,料浆输送浓度高,质量浓度达到了74%~76%,似膏体充入采场后无须脱水,避免了充填溢流水污染井下环境。采用尾矿似膏体填充,水泥不流失,充填体质量好,强度可达1.5 MPa,能满足高分段回采工艺以及老采空区残矿安全回采要求。

D 水压支柱护顶工艺回采

矿柱回采的主要方法是替换法,即在矿房中砌筑块石混凝土或捣制钢筋混凝土墩脚替换矿柱。采用混凝土柱替换法回采矿柱,在安全上、技术上是切实可行的,但该法成本高、准备工程量大,经济上不合算。为了达到既安全又经济地回采矿柱的目的,潘谨等人针对锡矿山锑矿童家院矿薄矿体采场中的矿柱,采用水压支柱护顶工艺回采。该工艺方案的程序是:回采矿壁和房内矿柱前,在原电耙硐室安装电耙绞车,先把矿壁和房内矿柱两侧的充填料各耙空约3m宽,矿房中轴线上留2~3m宽的充填料不耙空,直至贯通采场上端回风巷,恢复采场通风系统和充填系统,开辟矿柱回采自由面。在充填料搬运过程中,处理空区松石,并用锚杆加固暴露的采场顶板。回采准备工作完成后,进行回采作业。回采过程中,用锚杆加固新暴露的顶板,及时安装水压支柱。结束回采作业后,进行大出矿,然后撤除水压支柱,对空区进行充填处理。水压支柱适宜于缓倾斜薄矿体矿柱回采过程中作为暂时支撑,可显著降低回采成本,减少准备工程量;对于中厚以上矿体的矿柱回采不适用。

2.1.2.2 沃溪缓倾斜薄矿体开采

湘西金矿具有130多年黄金开采历史。而某公司本部沃溪矿区属中国早期主要的黄金生产基地之一,随着开采深度的逐渐加大,采矿作业环境发生急剧变化,各种深部地应力问题显现突出,严重威胁作业面人员及设备安全。

湘西金锑矿沃溪矿区共有6条平行层间工业矿体,属中低温热液矿床,为金、锑、钨共生的石英脉，矿石较稳固，赋存于板溪群马底驿组的上部紫红色绢母板岩和含碳较高的黑色板岩中。矿区水文地质条件简单，矿床内矿体上覆岩层为紫红色板岩，岩性致密，不含水也不透水，为良好的隔水层。

采准、切割工程包括沿脉运输平巷、切割上山、电耙硐室和切割槽。首先掘进沿脉运输平巷，在沿脉平巷内每间距4m掘进切割上山，并在沿脉平巷的另一侧设置电耙硐室，采用电耙配合装岩机出矿。

使用 YT-28 型或 7655 型风动凿岩机钻凿水平斜孔，选用适应岩性的钎头和钎杆，风源自地表压风机房由沿脉运输巷道进入，水源自相邻合适的蓄水井接入。

为控制矿石抛掷方向，炮孔方向与切割上山的长轴方向呈45°平行布置，当作业面凹凸较大时，按实际情况调整炮孔深度，并相应调整装药量，使得所有炮孔的孔底尽可能处在同一垂直面上。

根据沃溪矿区矿床开采技术条件，需要在切割上山的掘进过程中进行护顶作业，一般采用的支护形式为锚杆支护。对于局部破碎地带，则需要采用锚杆、悬挂金属网联合支护。

崩落的矿石由电耙耙运至沿脉运输巷道，再由装岩机装运至矿车内，而后运往矿仓。各分条回采结束后，应立即采用块石胶结充填。充填时，将电耙安装在矿房的对应上部中段上，废石以及充填用的水泥、水管等材料都从上部中段平巷运进。

竖分条光面一次扩界嗣后充填采矿法在切割上山完成后采用全分条一次凿岩、同次起爆的方式，解决了缓倾斜薄矿体生产能力低的问题，同时采用光面爆破技术，确保了顶板的稳定性，维护了采场作业面人员及设备的安全，是一种安全、高效的采矿方法，可为同类矿山提供借鉴。

2.1.2.3　板溪急倾斜薄矿脉砌柱留矿法开采

桃江某公司所开采矿体为急倾斜薄矿体，有用矿物为辉锑矿。原采用留矿法回采，常出现矿石放不下等问题，为了改善该问题，后改为硐室取料的干式充填法回采，但每次爆破后有大量品位很高的粉矿落入充填料中，其金属损失为15%左右，全矿年损失经济价值近百万元，且劳动强度大、工效低。因此，采矿方法研究迫在眉睫。

板溪锑矿东为中低温热液裂缝充填脉状辉锑矿矿床，赋存于五强溪组浅变质板岩、砂质板岩或砂岩中，矿体多呈含锑石英脉或致密块状辉锑矿。目前主要开采的 2 号脉，主要有用矿物为辉锑矿，品位为 3% ~ 50%，平均地质品位为25.48%。上下盘为浅变质板岩，矿体及围岩基本稳固，矿体形态变化稍大。一般类似矿体的开采多采用选别充填、水平分层充填和杆柱留矿法等。生产实践证明，采用这些方法矿石与围岩难以分采，第一次爆破矿石后，在未爆破的围岩下工作不安全，杆柱留矿法因杆柱数量太多成本较高，杆柱的打眼、安设等工作量大，采矿成本也较高。

砌柱留矿法工艺简单，工人易于掌握，虽然砌柱的劳动强度稍大，但较原有硐室取石充填法劳动强度降低 80% 以上；砌柱留矿法可以节省压风和爆破材料及劳动力等均近 1 倍，其成本较原方法可减少 40% 左右，故每年可节省采矿成本数十万元，且砌柱留矿法采矿损失率在 5% 以下。

砌柱留矿法的采场沿矿脉走向布置，长度为 40m，垂直高度为 40m。采用钢筋混凝土人工假巷，其扩大平巷及向上排顶工作，基本和现有假巷形成差不多。设计在混凝土中放置两层钢筋网，第一层钢筋网要求靠拱下层，仅留 3~5cm 保护层，两层钢筋网层距约 10cm。钢筋混凝土捣制时使用振动器，保证混凝土的强度，使用的混凝土标号不小于 200 号。为减少损失和保护拱顶，在拱顶上用废石和 75 号水泥砂浆砌成三角堆。大约每隔 4m 安设漏斗，需保证斗内易于溜矿。顺路天井置于采场两端，分为隔墙和行人格。采用浅孔分层回采，分层高度 1~1.2m。

回采工作面成梯段布置，采幅宽约为 1.2m，向上回采工艺基本与硐室取石充填法相似。在采场中部布置两个废石柱支撑两帮，以减少两帮围岩的暴露跨度和面积，减轻两帮的挤压和片帮现象。废石柱的长度根据采场的具体情况确定。采场分为两段，一段打眼，一段选出部分废石进行砌柱。矿石崩落后，采场经过通风后按顺序处理松石和支护及选择出大块，进行二次破碎后放矿，再次处理松石和支护采场，然后进入下一回采循环。

2.1.2.4 综合机械化开采技术

在我国整体社会经济高速发展的过程中，矿产资源占据着十分重要的地位。机械化作业在矿山开采中是非常重要的一环，机械装置控制和调节采矿生产作业的整个过程，这其中计算机系统进行操控和红外线定位来完成矿物的切割和传送等方面的工作，提高了开采作业自动化的综合水平和开采安全性，企业的经济效益、生产效率也会得到飞跃性提升。机械化生产在采矿作业流程中多个环节都涉及，使人力物力投入减少，生产的操作更加便捷，大大降低了操作的难度系数。在矿井开采使用综合机械化不但可以大幅度提高开采效率，而且降低了工人的工作强度，并且综合机械化的使用较高保证了工人生产安全，改善了工人工作环境，是增强我国现代化矿井建设的重要环节。

近几年，随着综合机械化在矿井中的使用，使得矿井开采工作实现了生产过程连续、高效、安全以及能源损耗少等优点。

（1）连续性。连续性是指每个操作环节以及操作环节内部的各个操作工序的连续。在采矿工作中，连续性主要体现在采矿机采矿、刮板输送机运矿、液压支架支护的自动顺序接替。

（2）高效性。与传统的采矿机械相比，综合机械化使采矿过程的采矿效率有了极大的提高，采矿过程中的道路掘进过程、工作面布置、采矿等环节的时间安排合理，大幅度地减少了工人的劳动强度和工作时间。

（3）安全性。矿井开采使用的综合机械化的相关机械零部件采用高精度加工方式以及使用计算机进行系统控制，提高了综合机械在矿井开采中的高精度工作，从而在一定程度上避免了因人为因素引起的安全隐患。

（4）低消耗。综合机械化在矿井开采中的使用也大大减少了生产成本，降低了能源损耗，主要表现在资源回收、减少传输环节的能源损耗。

在进行实际矿山开采时，综合机械化技术主要有以下三个部分应用：

（1）掘进采矿。工作面和道路的掘进工作与矿山开采效率和掘进的速率以及效率密切相关，在掘进工作使用综合机械化，可以大幅度提高开采的效率，并能确保工作人员的人身安全。

（2）装载传输。传统的资源装载方式费时费力，不但给工作人员带来很大的工作强度，而且效率极低。若在此项工作中使用综合机械，不仅可以解放工作人员的劳动力，而且还能高效率完成工作，大幅度提高了工作效率。

（3）安全监控。综合机械化技术的重要组成部分包含了安全监控部分，在进行实际开采工作中工作人员需要及时了解所开采的矿山情况和存在的问题，使用安全监控系统便能很好地解决这一问题，保证了矿山开采的安全性和可靠性。

通过这几年我国研究人员深入研究和国家的资金投入，促使我国机械制造水平大幅度提高，综合机械化在各行各业都有应用，而且操作人员对能源开采意识逐渐提高。综合机械化开采工艺在煤矿已有多年的成功应用经验，因其对矿石硬度及矿体赋存条件的限制，在有色金属矿山应用较少。2020 年，走向长壁式综合机械化开采方法在瓦厂坪铝土矿实现了联合试运转，这在中国尚属首次。因此制造出能满足我国矿层基本情况的综合机械化开采技术迫在眉睫，对其要求能够满足采矿方式需要的多元化、多层次。

2.1.3　锑的智能化开采

2.1.3.1　智慧锑矿山

随着科学技术的发展，我国人工智能技术、大数据及互联网技术被应用于各个行业。而我国重工业发展的支柱行业——矿山开采，向智能化开采方向迈进是一大趋势。通过将这些先进的技术与矿山开采相结合，有利于推进我国矿山开采技术朝着智能化和数字化的方向发展。

国内学者先后提出了数字矿山、感知矿山、智慧矿山等概念，并不断丰富其内涵。2018 年，5 月 1 日实施的《智慧矿山信息系统通用技术规范》（简称《规范》），由国家质量监督检验检疫总局、国家标准化管理委员会联合发布。该《规范》说明了智慧矿山的概念：智慧矿山基于空间和时间的四维地理信息，云计算、泛在网、虚拟化、大数据、计算机软件及各种网络，并集成利用各种自动控制、数据通信、智能决策、传感感知等技术，深度融合矿山信息化、工业自动化，可以精准采集矿业企业所有信息，并实现信息规范化集成，高可靠网络化传输，实时可视化展现，生产环节自动化运行，为各类决策提供智能化服务，并对危险、故障及隐患提前预知和防治，使整个矿山具有自我学习、分析和决策能力。

由《规范》可知，整个智慧矿山主要分为 4 个部分：

（1）基础网络平台，如以太网、无线通信网络等。

（2）传感感知系统，主要是实时获取信息的监测系统，能够为实际生产过程进行有效的优化与监控，获得大量的原始数据。例如，设备运行状态参数传感器、探地雷达、定位技术以及风速传感器等。

（3）工业自动化系统，能向数据交换平台交换数据，且能实现自动化系统的就地控制功能。

（4）软件系统，这是智慧矿山的核心部分。根据开采过程中不同数据以及反映自然条件情况开展科学的生产过程控制与优化，包括数据仓库管理与实时数据交换平台、数值模拟技术、虚拟现实技术、矿山四维地理信息系统平台、GIS 信息监管系统、三维建模与可视化平台、矿山大数据分析系统等。

目前，智慧锑矿山的建设处于起步阶段，具体实践仍有一些难题需要克服，主要表现为：

（1）缺乏数据标准，对于智慧矿山整体框架设计尚无标准模式参考；

（2）缺乏总体规划，存在数据孤岛现象；

（3）轻视软件开发，过度重视硬件建设，难以满足矿山生产需求。

2.1.3.2 锑矿的智能化开采

针对矿山开采沉陷问题提出在矿山三维模型基础上，运用概率积分法来进行地表开采沉陷预测的方法，并运用三维数字矿山软件 DIMINE 构建矿山三维模型，详细介绍开采沉陷计算步骤，并将其应用于某锑矿区的开采沉陷预测；通过模型的可视化，能够提前预知地表塌陷，从而指导井下生产，提前对地表做好安全防护，可以作为矿山地质环境监测方面的有效工具。

基于 GIS 对锡矿山锑矿区地质环境进行综合分析及数值模拟研究，以矿区地理资料、遥感资料及现场监测资料为主要信息来源，以 GIS 技术手段解译及处理相关图件资料，对研究区矿山地质环境问题进行综合分析，并以 DIMINE 数字采矿软件为平台，运用数据库技术、图形运算功能分析，构建矿山三维可视化实体模型，对矿区 1 号、2 号、3 号采区进行地表沉降数值模拟预测。

探索研究合成孔径雷达差分干涉测量技术（DInSAR）与地形图的配准问题和利用小基线集技术（SBAS）获得的矿区形变监测结果，分析锡矿山的开采沉陷规律。

2.2 锑矿选矿

由于锑具有高度活性和化学性质的多样性，在自然界中锑元素一共形成了

120 多种矿物。我国锑矿床中发现的锑矿物有 28 种，主要以四种形式存在：（1）自然金属和金属互化物；（2）硫化物与硫酸盐矿物；（3）卤化物或含卤化合物；（4）氧化物与氢氧化物。绝大多数锑矿床中多以辉锑矿为主，次为硫锑铅矿、脆硫锑铅矿等复硫酸盐矿物。氧化物以锑华、黄锑华为主，次为锑赭石、锑钙石、红锑等。

　　锑矿石的选矿方法主要有手选、重选（包括重介质选矿）、浮选、化学选矿以及各种选冶联合处理工艺，具体矿石的选矿工艺应根据矿石类型（自然类型和工业类型）、矿物组成、结构构造和有用矿物的工艺粒度等物理化学性质进行选择。目前我国的选矿工艺流程可分为以下 6 种。

　　（1）手选—重介质选—浮选流程：如锡矿山某选厂的选矿工艺，原矿中 150～35mm 的粗粒级别用手选法选出块精矿并丢弃废石；35～10mm 级别颗粒用重介质选矿丢弃 43% 的废石，重产物经二段闭路破碎后与原矿中 10～0mm 级别的产物合并送入球磨机。再用一粗三精三扫浮选流程得到锑精矿。浮选的磨矿细度为 54%～60% -200 目（74μm）。在自然 pH 值矿浆中用丁黄药 330g/t、硝酸铅 147g/t、松醇油 119g/t、页岩油 288g/t、煤油 65g/t 浮选辉锑矿。

　　（2）手选—重选—浮选—重选流程：如锡矿山某选厂的选矿工艺，原矿中 150～8mm 的粗级别用手选法选出块精矿并丢弃废石。28～16mm 级别的矿石闭路破碎到 16mm 后与原矿中 16～0mm 的产物合并再分成 16～8mm、8～2mm、2～0mm 三个级别，进行三级跳汰得到精矿；尾矿经磨矿后送第二段跳汰处理，再得到第二段跳汰精矿。第二段跳汰尾矿脱水后进行磨矿，用一粗二精二扫的浮选流程得到硫化锑精矿，浮选尾矿用摇床回收氧化锑。

　　（3）重介质选—重选—浮选—重选流程：如广西某选厂 1995 年以前的选矿工艺。矿石经三段一闭路破碎到 20mm。20～4mm 级别的颗粒用重介质丢弃 40%～50% 的废石。重产物送入浮选前的重选作业。重选的混合精矿用浮选法全浮硫化矿，槽内产物送入浮选后的重选作业得到锡精矿。浮选前重选作业的中矿细泥用浮选法脱硫后送入重选得到细泥锡精矿。全浮硫化矿混合精矿用浮选法分别得到锑铅混合精矿、锌精矿和黄铁矿、毒砂混合精矿（作重介质使用）。浮选的磨矿细度为 74% -200 目（74μm）；浮选药剂为石灰 21.5kg/t，过硫酸铵 671g/t，硫酸铜 243g/t，丁黄药（或硫氮九号）405g/t 及松醇油 27g/t。

　　（4）手选—重介质选—重选—浮选—重选流程：如云南某锑矿即采用这种工艺。手选得到高品位块精矿和富中矿（花矿）并抛弃部分废石，5～15mm 矿石进入重介质选矿得到精矿并抛弃尾矿。细粒级矿石进入跳汰、摇床等重选流程得到细粒精矿，重选尾矿在磨后进入浮选得到硫化锑精矿，浮选尾矿进入摇床回收氧化锑。

　　（5）手选—浮选流程：我国许多锑选厂采用这种流程。用手选法先选出块精矿并丢弃部分废石，同时预先富集进入浮选作业的矿石，降低生产成本。例如：

湖南某锑选厂处理量为 100t/d，但进入浮选的矿石只有 40t/d。再例如江西某锑选厂，处理量为 120t/d，进入浮选作业的矿石只有 50t/d。

（6）单一浮选流程：我国有一些锑选厂采用单一浮选的选矿工艺。单一浮选法可用作单一硫化锑矿的选矿工艺，也可用于复杂多金属矿的选别。例如广东某锑选厂，只回收单一辉锑矿精矿；湖南某锑选厂除回收锑精矿外，还获得金和砷精矿等。

1) 锑矿石的手选。锑矿石手选工艺是利用锑矿石中含锑矿物与脉石在颜色、光泽、形状上的差异进行的。该方法虽然原始，且劳动强度较大，但用于锑矿石选矿仍具有特殊意义。因为锑矿物常呈粗大单体结晶或块状集合体晶体产出，手选常能得到品位较高的块锑精矿，适合于锑冶金厂竖式焙烧炉的技术要求。此外，手选还能降低选矿生产成本和能耗，因此它在我国广泛使用。锑矿石手选一般是在手选皮带设备上完成的，也有不少是在矿坑内或矿口完成的。

手选可选出块状锑精矿，只要含锑 7% 以上可进入竖式焙烧炉直接进行挥发焙烧，制取三氧化二锑，然后再还原精炼制取金属锑；含锑高于 45% 的块状硫化锑精矿，可通过熔析法制取纯净的三硫化二锑（俗称为生锑），用于火柴和军火工业。

早期的手选方法非常简陋，可在采矿场、坑外矿石堆积场或专门的手选棚里进行。洗矿、筛分、分选、运搬都靠手工操作，劳动强度大，工效低，锑的回收率也低。后来多改用皮带手选，皮带手选又分正反两种手选方法。前者选出块状合格锑精矿，直接送去冶炼；后者选出脉石的一部分或大部分，提高入选矿石的品位；有些选厂同时采用正反两种手选方法，在同一条皮带上，一部分手选工拣选锑精矿，另一部分拣选废石。

随着矿产资源的日益贫化，采选原矿中的低品位矿石比例逐渐增高，人工拣选废石效果不佳，易造成资源损失；同时手选工作环境差，给手选工的身体健康造成了危害。随着对矿石预抛尾技术和方法的研究不断深入，引入智能分选设备代替人工拣选引起了矿山企业的重视，是改善这些问题的有效途径。

2) 锑矿石的重选。重选是根据不同的矿物在介质流中，具有不同的沉降或运动速度来进行分选的方法。锑矿石的重选与其他矿石重选一样，可以在不同流动方式的介质沉降中进行，也可以在重悬浮液中进行分选，具体可以分为重介质选矿、跳汰选矿、摇床选矿、溜槽选矿。

重介质选矿是在密度较大的介质中，使矿粒按密度分选的一种选矿方法。重介质悬浮液的密度介于高密度矿粒和低密度矿粒之间，分选过程中矿粒的分层规律，主要取决于矿粒的密度，而粒度、形状影响较小，因而分选精确性较高，可以分选密度差很小（$0.1 \sim 0.05 g/cm^3$）的矿物；但由于细粒级矿石与加重剂的分离较困难，重介质选矿难以分选细粒级矿石。

跳汰选矿是矿石在垂直变速介质流中，按矿石的密度差异进行分选的方法。

跳汰机在锑矿石选矿方面，主要用于获得成品锑精矿。一般与摇床配合，跳汰处理粗粒级矿石，摇床处理细粒级矿石。跳汰尾矿往往需要再磨、再用摇床或浮选等方法进一步选别。

摇床选矿是细粒锑矿石选矿中应用很广泛的一种重力选矿方法，尤其是对于难选氧化锑矿石，用摇床与跳汰组合起来进行选别，能获得单一浮选法目前所不能达到的指标。摇床的富集比较高，但回收率则相当低，一般作业回收率仅 45% ~ 55%。我国研究过一种新型离心摇床，与普通摇床相比，离心摇床是在离心场中进行分选的；由于离心加速度可以人为调节，可比重力加速度大几倍甚至几十倍，因此可以对细粒锑矿石进行更好地分选，可以强化分选过程，提高单位工作面积的处理能力，或降低处理物料的粒度下限。

选矿溜槽是利用重力、离心力、摩擦力和水流流动的综合作用而发展起来的新型选矿设备，适用于分选细泥或细粒矿石。

重选对于大多数锑矿石选矿均适用，因为锑矿物属于密度大、颗粒粗的矿物，易用重选法与脉石分离。对于简单锑矿石来说，辉锑矿属于易选矿石；黄锑华、红锑矿、锑华属于按密度分选的极易选矿石；只有水锑钙属于按密度分选较难选矿石。而对于复杂锑矿石来说，由于其常常与其他金属矿物共生，能否采用重选工艺，要根据其具体条件来判断，这些判断依据为：锑矿物在复杂锑矿石中是否具有回收价值，锑矿物与其他共生矿物的嵌布形式，锑矿物与共生矿物的最终分离方法等。

3) 锑矿石的浮选。浮选是选锑矿最主要的选矿方法，几乎所有的锑矿石选矿工艺中都包括浮选。硫化锑矿物属于易浮矿物，大多采用浮选方法提高矿石品位。其中，辉锑矿常采用铅盐做活化剂，也有用铜盐或铅盐铜盐并用的，然后用捕收剂浮选。常用捕收剂为丁黄药或页岩油与乙硫氮混合物，起泡剂为松醇油或 2 号油；氧化锑矿则属难浮矿石，主要采用重选法选别。

2.2.1　锑的机械化选矿

2.2.1.1　硫化锑矿选矿

A　单一硫化锑矿选矿

单一硫化锑矿矿石的构成较简单，金属矿物主要是辉锑矿，某些矿石中还含少量自然锑，脉石矿物主要为石英、方解石等。辉锑矿易于被黄药捕收，因此浮选成为单一硫化锑矿的主要选矿方法。由于辉锑矿的结晶粒度较粗，而且硬度低，性脆易碎，因此一般应在尽可能粗磨的情况下进行浮选，并在磨矿分级回路中安装单槽浮选机或闪速浮选机及时浮出较粗粒的辉锑矿。细磨易造成过粉碎，影响辉锑矿的浮选效果。

单一硫化锑矿的选矿工艺一般均以浮选为主，并结合其他选矿方法，常用的选矿工艺流程有手选—浮选、手选—重介质预选—浮选以及全浮选流程。

单一硫化锑矿选矿工艺有如下流程。

a 手选—浮选

以湖南某锑矿为例：该矿属低温热液充填型脉矿床。其主要金属矿物为辉锑矿（锑的氧化物与氢氧化物很少），其次为黄铁矿；脉石矿物以石英为主，其次为长石、重晶石、绢云母、白云石。辉锑矿呈粗细不均匀嵌布。

先用手选选出成品富块锑精矿及部分废石，手选尾矿经两段一闭路破碎，破碎至−12mm，碎矿产品经一段闭路磨矿后进行浮选。

浮选流程包括一次粗选、一次精选及一次扫选，得到最终锑精矿，浮选药剂为丁黄药、硝酸铅、松醇油。

选矿指标：选矿厂处理的矿石为有一定氧化程度的地表堆存矿石和新采出矿石的混合矿石。原矿品位为 2% Sb，精矿品位大于 50% Sb，回收率 80% 左右。其选矿工艺流程如图 2-1 所示。

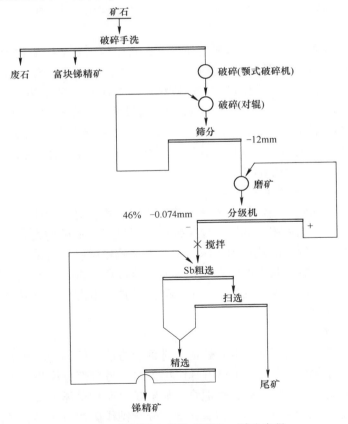

图 2-1 我国某企业锑矿手选—浮选流程

b 手选—重介质预选—浮选

以 20 世纪 80 年代的锡矿山某选厂为例：该选厂金属矿物为辉锑矿、少量氧化锑矿和黄铁矿；脉石矿物以石英为主，次为方解石、重晶石、高岭土、石膏。锑矿物呈粗粒嵌布。选别作业中手选、重介质选、浮选的处理量分别为 38.8%、5.8%（以抛废量计）、55.4%。手选为两段选别，皮带正手选选出块锑精矿出厂，贫精矿经颚式破碎机破碎后进行细碎，然后送去磨矿浮选，废石则送去废石场。

重介质预选作业是将重介质原矿仓中 35~10mm 矿石，用皮带卸料进入 1250mm×4000mm 振动筛再次洗矿，筛下产物脱水后与原矿 -10mm 粒级产品合并送去磨矿浮选。筛上物经斗式提升机给入 1800mm×1800mm 鼓型重介质分选机。

浮选分为三个系列，第一、二系列各采用三台浮选柱，一台 $\phi1.8m×8.47m$ 作粗选，一台 $\phi1.8m×6.7m$ 作一次扫选，一台 $\phi1.8m×5.8m$ 作二次扫选；第三系列采用 XJK-1.3 和 XJK-1.1 型浮选机，为一粗二扫浮选流程。三个系列的扫选尾矿集中经过各自的单独浮选系列作三次扫选，所产粗精矿由各自单独的浮选机系列作三次精选得到合格锑精矿。该选矿工艺流程如图 2-2 所示。

c 全浮选

以广西某选矿厂为例：该选矿厂所处理矿石中的主要金属矿物为辉锑矿、黄铁矿以及少量毒砂和黄铜矿等；脉石矿物主要为石英、方解石，以及少量白云母、绿泥石、长石等。矿石中锑主要以辉锑矿形态存在，约占 96%，锑氧化物约占 4%。该选矿厂于 1989 年 2 月建成投产，通过几十年的生产实践证明，在 pH 值 5.5~6.0 弱酸性矿浆中，采用硝酸铅作活化剂、乙硫氮作捕收剂，一次粗选、四次精选和二次扫选的浮选流程，获得了满意的分选结果。生产指标为：原矿含锑 11%~15%，精矿含锑 63%~69%，锑回收率 91%~96%。

B 单一硫化—氧化锑矿选矿

在一些硫化锑矿床中常常伴生一部分氧化锑矿物，对于氧化锑矿物比例较小的硫化锑矿床，一般采用浮选回收硫化锑矿物而将氧化锑矿物丢弃于尾矿库。一些氧化锑矿物比例较大的硫化锑矿床，则在浮选硫化锑矿物后采用摇床等重选来回收氧化锑矿物，然而其中的细粒氧化锑矿物难以用重选回收利用，回收效果不明显。硫化—氧化混合锑矿的选矿一般都采用手选、重选与浮选联合流程，有的也采用全浮选流程。

a 全浮选流程

国内发明了一种硫氧共生混合锑矿浮选回收方法，所用物料矿石中锑含量为 1.59%。锑物相分析表明，锑矿物以辉锑矿为主，另含部分锑华、方锑矿及少量黄锑华。浮选流程为：将硫氧共生混合锑矿磨矿至矿物单体解离后，用六偏磷酸钠作矿物分散剂，高锰酸钾作矿物氧化剂，硫化钠作矿物硫化剂，硫酸铜作矿物的活化剂，丁基黄药作混合矿捕收剂，2 号油作起泡剂，对硫氧共生混合锑矿进

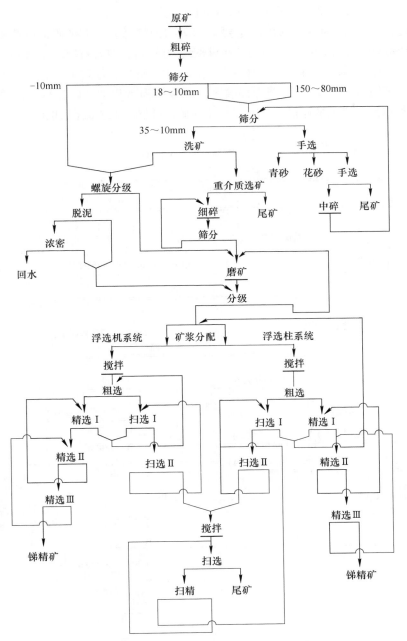

图 2-2 我国某企业锑矿手选—重介质预选—浮选流程

行捕收，经过一次粗选、四次扫选、三次精选后得到锑精矿，最终锑精矿品位为 48.72%，回收率为 87.21%。

b   手选—重介质—重选—浮选—重选流程

以云南某选厂为例：锑矿厂主要金属矿物为辉锑矿、方锑矿、黄铁矿、黄锑华和锑华，脉石矿物为石英、白云母、石墨、方解石、白云石等。手选和重介质选出的精矿送往冶炼厂，手选的富中矿焙烧后送去冶炼厂，浮选流程为一次粗选、三次扫选、四次精选。以丁黄药为捕收剂，硝酸铅为活化剂，硫化锑的回收率大于90%，浮选尾矿进入摇床进一步回收氧化锑矿。该选厂工艺流程如图 2-3 所示。

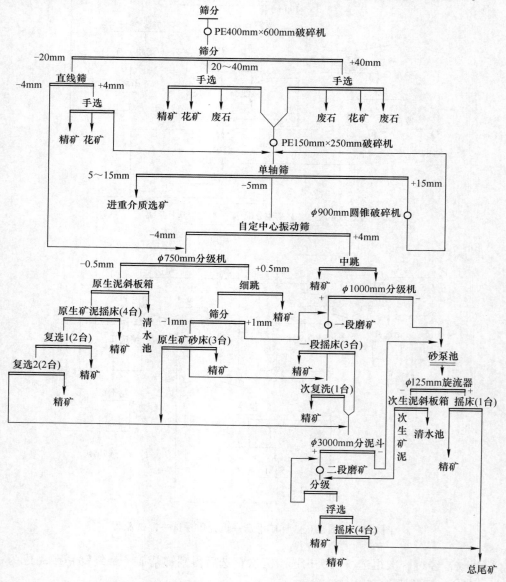

图 2-3   我国某企业锑矿手选—重介质—重选—浮选—重选组合流程

c 手选—重选—浮选—重介质选流程

锡矿山锑矿某选厂主要矿物为辉锑矿和黄锑矿，约各占一半，其采用的工艺流程为：手选—重选—浮选—重介质选，手选处理量占 55.9%，重选和浮选处理量占 44.1%，矿石氧化率为 50%~60%。

手选分为两段，正手选选出的硫氧富块锑精矿与贫精矿，贫精矿破碎后进入第二段闭路破碎系统，破碎和手选后的矿石进行两段选别，第一段分为三个粒级进入跳汰，18~8mm 和 8~2mm 粒级的跳汰尾矿进入棒磨机再磨后进行二次跳汰，得到硫氧混合锑精矿；之后全部粒级的跳汰尾矿送入球磨机磨矿后，用浮选回收硫化矿物。浮选采用一次粗选、一次精选、一次扫选的浮选流程，之后用摇床回收浮选尾矿中的氧化锑矿物。其选矿工艺流程如图 2-4 所示。

C 复杂多金属硫化锑矿选矿

在复杂多金属硫化锑矿石中，含锑矿物包括辉锑矿、脆硫锑铅矿、硫汞锑矿、黝铜矿、车轮矿等，伴生矿物有钨矿、辰砂、黄铁矿、毒砂、铅锌矿物、锡石及金等。这类矿石又可分为铅锑、金锑、锑汞、锑钨、锑金钨、锑砷金及锑铅锌矿石等。复杂多金属硫化锑矿的分选难点在于含锑矿物与其他矿物的分离。

a 含砷锑矿石的锑砷分离

含砷锑矿石主要分为两类：一类是矿石中的砷主要以类质同象形式赋存于辉锑矿中，分选时锑砷同步富集，只能通过冶炼过程中的烧碱造渣方法进行锑砷分离；另一类是含砷矿物主要为毒砂和含砷黄铁矿，其分离实质是辉锑矿与毒砂的分离。

含砷锑矿石的锑砷分离主要就是对砷锑的选择性捕收或抑制，分离方法主要可分为两类：一类是优先浮选，包括浮锑抑砷或浮砷抑锑；第二类是混合浮选-混合精矿再分离。采用合适的调整剂和捕收剂，控制适宜的浮选条件以扩大锑矿物和砷矿物之间可浮性的差异，是实现砷锑分离的关键。

（1）优先浮选——浮砷抑锑。优选浮选中的浮砷抑锑工艺是指先抑制锑矿物，优先浮砷，浮砷尾矿再加活化剂及捕收剂浮选锑矿物，也称为反浮选脱砷工艺。由于辉锑矿在碱性介质中可浮性较差，所以一般常采用加入碱性调整剂抑制锑矿物，如氢氧化钠、碳酸钠、石灰等。优先浮砷时，可加硫酸铜活化黄铁矿与毒砂，矿浆 pH 值一般大于 7.5，然后加捕收剂与起泡剂浮选出黄铁矿与毒砂，之后用铅盐或者铜盐活化浮选尾矿，再加入捕收剂回收锑矿物。

龙松柏等人以锑金砷共生矿石为研究对象，采用纯碱—硫化钠法分离锑砷，通过抑锑浮砷，最大可能地实现了砷的全优先浮选，采用纯碱—硫化钠作为碱性调整剂抑制锑矿物，硫酸铜为活化剂，MA-2 为捕收剂，2 号油为起泡剂优先浮选金砷，提高了金砷精矿中砷的回收率，降低了锑精矿中的砷含量。

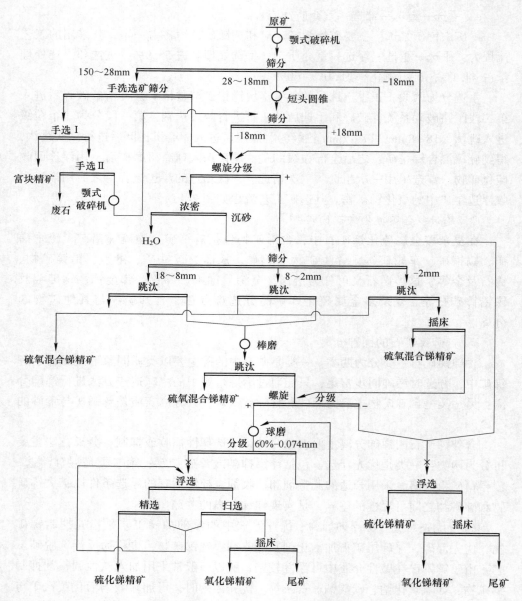

图 2-4 我国某企业锑矿手选—重选—浮选—重介质选流程

研究吉林省某锑矿的锑砷分离，该矿毒砂含量较高，且与辉锑矿可浮性相近，经过磨矿细度、药剂用量等实验，确定磨矿细度-200 目（74μm）69%；采用浮砷抑锑药剂为：碳酸钠作调整剂、硫化钠作活化剂，丁基黄药作捕收剂，2号油作起泡剂，经一次粗选、三次精选、一次扫选，获得砷精矿产品，砷品位达

19.08%、回收率达 66.17%。之后锑的浮选药剂制度为：水玻璃与硫酸作组合抑制剂，硝酸铅为活化剂，丁基黑药为捕收剂，2 号油为起泡剂，经过一次粗选、二次精选，获得锑精矿产品，锑精矿品位达 66.86%，回收率达 90.27%，含砷0.55%，实现了毒砂与辉锑矿的有效分离。

（2）优先浮选——浮锑抑砷。在优先浮锑的流程中，一般用铅盐作为锑矿物的活化剂，硫酸作 pH 值调整剂，乙硫氮、丁胺黑药等作捕收剂；在弱酸性条件下浮出锑精矿，而当含砷矿物的可浮性较好时，在优先浮选流程中浮锑抑砷需要添加砷矿物抑制剂。常用的抑制剂有氧化剂，氰化物，亚硫酸钠，硫代硫酸钠，硫酸锌等。

某含砷锑矿的锑砷分离，锑以辉锑矿形式存在，砷主要以毒砂形式存在，在矿石磨矿细度−200 目（74μm）占 80% 条件下，浮选锑流程以硝酸铅为活化剂，亚硫酸钠为抑制剂，以丁黄药为捕收剂，通过一次粗选、一次扫选、一次精选工艺，获得锑品位 43.75% 的锑精矿，锑回收率为 96.64%；锑浮选尾矿再经一次粗选、一次扫选、一次精选，获得硫品位 28.42%、砷品位 1.89% 的硫砷精矿，硫、砷回收率分别为 46.03% 和 67.38%。

（3）混合浮选——混合精矿抑锑浮砷。在混合浮选流程中浮砷抑锑可采用的方法有重铬酸盐法、碳酸钠—硫化钠法、苛性钠—硫酸铜法，或这些药剂的组合。重铬酸盐对辉锑矿有很强的抑制作用，而对砷矿物的抑制作用相对较弱。苛性钠、碳酸钠及硫化钠为碱性调整剂，都可使辉锑矿表面产生强烈的水化作用而受到抑制。

以湖南某金锑矿含金锑砷矿石为例：主要金属矿物有辉锑矿、自然金、黄铁矿、毒砂、锑华等，主要脉石矿物有石英、绢云母、方解石、绿泥石等。原矿先进行混合浮选，用碳酸钠—硫化钠法抑制混合精矿中的辉锑矿，经一粗二精一扫后，达到了锑砷分离目的，得到了锑和砷（金）两种合格精矿。其选矿工艺流程如图 2-5 所示。

（4）混合浮选——混合精矿抑砷浮锑。在混合浮选流程中先混合浮选锑矿物和砷矿物得到砷锑混合精矿，然后采用浮锑抑砷的办法对混合精矿进行砷锑分离。混合精矿分离时一般用氧化剂或亚硫酸钠等抑制砷矿物，用黄药浮选辉锑矿。

苏联曾对一种复杂金砷锑矿石进行浮选研究。该矿石中主要的硫化矿物为辉锑矿，少量为方铅矿、斜硫锑铅矿和斜方硫锑铅矿，此外还有黄铁矿及毒砂。原矿含 Sb 1.95%，Pb 0.4%，As 0.3%。实验采用混合浮选流程得到混合精矿，加入氧化剂抑制砷矿物，再用黄药为捕收剂回收辉锑矿。

b 锑铅锌复杂矿石的分离

我国铅锑锌矿床成分复杂，共伴生组分多，矿床储量大，综合利用价值大。这类复杂锑矿石中的含锑矿物主要有辉锑矿、脆硫锑铅矿、辉锑铅矿、柱硫锑铅

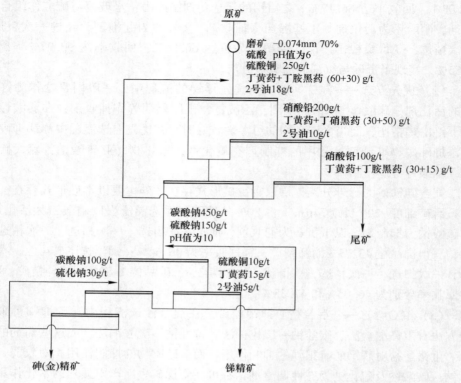

图 2-5 我国某企业锑矿混合浮选—混合精矿抑锑浮砷流程

矿、硫锑银铅矿等,其他共生矿物主要有方铅矿、闪锌矿、铁闪锌矿、黄铁矿、毒砂和锡石等,主要脉石矿物包括石英、方解石和白云石等。

硫化铅锑锌矿选别的重点是铅锑、锌、硫的分离,以及对共生有价组分的综合回收。一般采用物理选矿方法分离铅锑矿物与锌矿物,采用化学选矿法进一步分离锑矿物与铅矿物。对于含锡的矿石,一般在硫化矿选别流程中增加重选工艺回收锡石。

锑铅矿物与锌矿物的分离比方铅矿与闪锌矿的分离要复杂,需要根据矿石中锑铅矿物的种类、含量和其他硫化矿物的种类、含量,具体情况具体分析。通常锑铅矿物具有较好的可浮性,所以一般采用优先浮锑铅抑锌的办法进行浮选分离。锌矿物的抑制剂主要有石灰、氰化物、亚硫酸钠、硫酸锌、硫酸亚铁等,最常用的抑制剂为硫酸锌与亚硫酸钠组合。锑铅浮选捕收剂一般采用选择性强的乙硫氮、丁胺黑药等。锑铅浮选时一般不加活化剂,因为活化剂常常使锌矿物得到活化而上浮,造成分离困难。

(1) 西藏某选矿厂矿石矿物组成复杂,有用矿物嵌布粒度较细且共生密切,氧化率较高,相当部分有用矿物互相包裹或交混生长,主要金属矿物有方铅矿、辉锑矿、闪锌矿、黄铁矿、毒砂、银锑黝铜矿，少量的黄铜矿、白铁矿、硫锑铅矿、脆硫锑铅矿、菱锌矿等，非金属矿物主要有石英、长石、绢云母、方解石、白云石及黏土矿物等。其中，方铅矿、辉锑矿、脆硫锑铅矿和闪锌矿是主要的回收矿物。该厂采用了优先浮选锑矿，再浮选回收锌的选矿工艺流程。

优先浮选锑铅流程：原矿铅品位为 3.15%，锑品位为 1.48%，锌品位为 3.75%。原矿磨矿细度为-200 目的占 85.11%，硫酸锌和亚硫酸钠作为锌抑制剂，选定 Y89 黄药和丁胺黑药为混浮主要捕收剂，采用 25 号黑药为辅助捕收剂，回收得到锑铅混浮粗精矿；原先的选厂工艺直接将锑铅粗精矿直接进行精选，工艺改进后通过将锑铅粗精矿再磨再精选，有效提高铅锑混合精矿品位，降低铅锑混合精矿中的含锌品位，锑铅精矿中铅的品位为 35.34%、回收率为 78.42%，锑的品位为 13.71%、回收率为 64.84%。

锌矿物浮选流程：以铅锑扫选尾矿为原料浮选回收锌矿物，采用硫酸铜为活化剂，丁黄药为捕收剂，石灰调整矿浆 pH 值，经一粗三精二扫后回收锌精矿。锌精矿的品位为 48.59%，回收率为 81.80%。

（2）广西某选矿厂矿体矿石为铅锑锌多金属硫化矿，矿石中不仅锡、锌、铅、锑、银等元素的品位高，还伴生有铟、镉、金等有价成分，是世界上罕见的特富矿，综合利用价值高。主要有用矿物锡石、铁闪锌矿、脆硫锑铅矿和磁黄铁矿等嵌布关系都非常密切，结晶粒度粗细不均。在选矿过程中锡石要求在粗粒情况下回收，而硫化矿则需要在较细的粒度下进行分离。当矿石磨至小于 0.2mm 时，锡石、脆硫锑铅矿、铁闪锌矿才得到充分解离。矿石中以锡石存在的锡占 94.42%，以铁闪锌矿存在的锌占 98.58%，以脆硫锑铅矿存在的铅和锑分别占 93.29%和 87.41%。

该选矿厂处理某矿体矿石的选矿原则流程为磁选—浮选—重选流程，首先采用磁选法选出 20%左右的磁黄铁矿，不仅可以减轻后续作业的负荷，还可以消除磁黄铁矿对后续选别作业的干扰；然后采用浮选法回收铅、锑、锌等金属，产出合格的铅锑精矿和锌精矿；最后采用重选法选出合格的锡精矿。

为了满足锡石和硫化矿不同的入选粒度要求，选矿厂采用高频细筛与磨机构成闭路，控制硫化矿浮选给矿粒度为小于 0.3mm，以减少锡石过粉碎，并保证硫化矿物的基本解离。该选矿厂的选矿工艺流程如图 2-6 所示。

由于原矿中存在大量的单斜磁黄铁矿和六方磁黄铁矿，磁黄铁矿的存在对浮选作业，特别是锌硫分离作业的干扰较大。在浮选前通过磁选作业把这部分磁黄铁矿除去，不但可以减轻浮选作业的负荷，减少浮选设备和药耗，而且对保证铅锑精矿及锌精矿的质量也起到了重要作用，同时又能获得含砷低的硫精矿。

该选矿厂硫化矿浮选分离工艺采用优先混合浮选分离流程，先进行铅锑优先

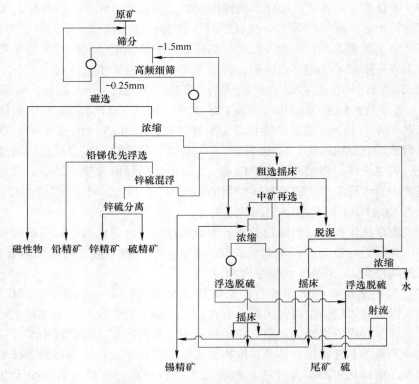

图 2-6 我国某企业锡石-铅锑锌多金属硫化矿选矿工艺流程

混浮得到铅锑精矿，然后进行锌硫混浮获得锌硫精矿，最后浮选分离锌精矿与硫精矿。

铅锑混浮中使用的捕收剂以丁胺黑药为主，丁基黄药作为辅助捕收剂，用硫酸锌和亚硫酸钠来抑制矿石中可浮性较好的锌和硫的上浮，原来的铅锑混浮系统工艺流程为一粗六精四扫；然而获得的铅锑浮选精矿质量波动比较大，铅锑精矿品位总不达标，铅锑金属严重流失无法回收。2014 年该选矿厂对铅锑混浮系统进行了工艺改造，将精选工艺流程改为一粗四扫二段精选，改造后铅锑精矿的品位及回收率均有明显提高，有效地提高了资源利用率。

在锌硫混浮作业中，浮选药剂的用量需适宜，使锌硫精矿中锌硫回收率高，为重选回收锡创造有利条件，同时要求混浮泡沫含锡要低，以降低锡在硫化矿中的损失。在锌硫分离浮选作业，通过添加大量石灰石后，再补加少量氰化物来抑制硫，实现锌硫的分离。

用磁选和浮选脱除大部分硫化矿物之后，分离锡石与脉石矿物最有效的方法是重选。由于锡石与硫化物致密共生，粒度粗细嵌布不均。为使各粒级的锡石都能较好地回收，先用粗选摇床回收粗粒锡；采用再磨—脱硫—摇床再选流程回收中间粒级的锡；细粒锡石经脱泥后进入细泥系统回收。

　　c　金锑钨共生及金锑共生矿的分离

　　（1）金锑钨共生矿的分离。湖南某金矿是我国开采较早，规模较大的金锑钨矿山，金、锑、钨共生金属矿产于层状脉矿床。该矿是开发得最早的矿区，原矿主要矿物有自然金、辉锑矿、白钨矿，其金品位 4.08g/t、锑品位 1.71%、钨品位（三氧化钨）0.206%。这类矿石的分离目标主要是锑（金）与钨的分离，即选矿所得产品主要是锑金精矿和钨精矿，选矿方法为重选与浮选相结合。

　　该选矿工艺流程为：将原矿经过三段开路碎矿，二段闭路磨矿碎磨至 −0.4mm，然后入选，采用重选、浮选和联合流程产出金精矿、锑金精矿和钨精矿三种产品。

　　随着该矿的不断开采，矿源越来越少，目前新开发的另一个矿区的金锑钨共生原矿品位比沃溪矿区低很多。采用原有工艺难以实现金锑钨的高效回收，因此某矿业公司对选矿工艺进行了改造，改造后的工艺流程如图 2-7 所示。

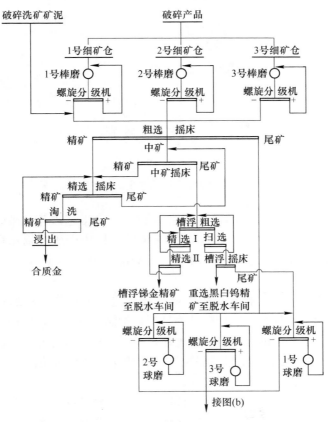

(a)

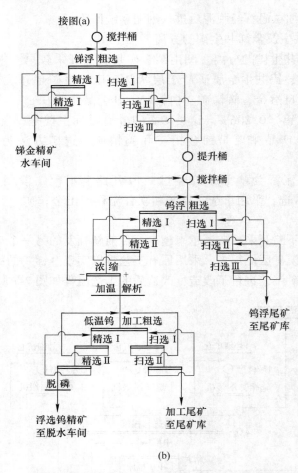

图 2-7　我国某企业金锑钨共生矿选矿工艺流程

　　该工艺将井下原矿通过两段一闭路+洗矿+手选工艺破碎，破碎矿石经一段磨矿分级后，进入粗选摇床，分选出摇床精矿、摇床中矿和摇床尾矿；摇床精矿进入提金间作业依次经过淘盆淘洗，用盐酸和双氧水除杂后，生产得到合质金。

　　摇床中矿先进入中矿摇床，中矿摇床尾矿进入槽浮作业，通过一粗一扫两精，中矿顺序返回流程，以氟硅酸钠为抑制剂抑制白钨矿，以黄药 MA-3 为捕收剂，将粗粒已单体解离的金锑精矿优先浮出，得到槽浮锑金精矿；槽浮浮选尾矿通过槽浮摇床分选得到重选黑白钨精矿，重选黑白钨精矿添加煤油实现合浮，降低金锑在重选黑白钨精矿中的损失。

　　槽浮摇床尾矿和摇床尾矿进入二段磨矿分级，浮选作业。浮选作业先采用金锑混浮，通过一粗三扫两精，中矿顺序返回流程；采用硝酸铅活化辉锑矿，硫酸铜活化黄铁矿、磁黄铁矿等,黄药 MA-3 与丁胺黑药为捕收剂,得到浮选锑金精矿;锑金混合浮选尾矿通过白钨浮选,得到白钨粗精矿,白钨粗精矿经过低度钨加工浮选,脱磷后得到浮选钨精矿。

(2)金锑共生矿的分离。金锑共生矿资源在我国湖南、江西、甘肃、西藏、广西等地均有锑分布。原生金锑矿石中的金常常以硫化矿包裹金和自然金的形态存在,锑主要以辉锑矿的形态存在,常见的伴生金属矿物有黄铁矿等。

以某企业高品位金锑共生矿为例,矿石类型为自然金-辉锑矿-石英自然连生组合,是典型的 Sb-Au-Si 体系形成的金锑共生矿。矿石中主要锑矿物为辉锑矿,极微量黄锑矿;金矿物主要为自然金,微量含锑自然金,极微量锑金矿物;脉石矿物主要为石英,少量方解石,微量绢云母、金红石、石膏等。

辉锑矿原生工艺粒度较粗,一般在 0.1~0.3mm,主要以致密块状构造的形式产出,自然金和辉锑矿原生工艺粒度较粗,金的密度较辉锑矿和脉石矿物高得多,但辉锑矿易产生解离和泥化并与脉石矿物发生絮凝团聚现象,而以石英为主的脉石矿物难以磨细,造成脉石矿物粒度相对较粗,采用单一的重选工艺难以获得较高的金、锑选矿指标。

通过对浮选基本条件和流程结构进行试验分析,确定采用单一浮选或重选—浮选工艺流程能获得较好的金锑回收效果,而单一浮选为常规硫化矿浮选,工艺流程简单,更易于工业化实施。其单一浮选工艺流程如图 2-8 所示。

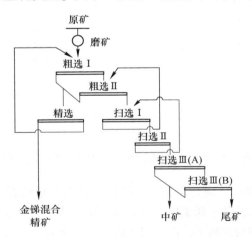

图 2-8 我国某企业金锑共生矿单一浮选工艺流程

浮选所得金锑精矿采用湿法工艺选择性地浸出锑,金和硫富集在浸渣中。浸出液中的锑用于生产锑酸钠,锑的直接回收率为87%。浸渣中元素硫的含量高达44%,可利用硫直接自燃焙烧而不需额外的焙烧热源。浸渣焙砂采用氰化浸出工艺,金浸出率高达97%。

d 汞锑共生硫化矿的分离

陕西某汞锑矿是我国 20 世纪 80 年代中期发现的大型汞锑矿床，因汞锑选矿分离方法长期未能解决，一直采用选冶联合流程小规模地开采生产，该联合工艺不仅成本高、能耗大，而且环境污染严重，因此影响了该矿资源的开发和利用。

该锑矿中有用矿物主要有辉锑矿和辰砂，其次含有少量的黄铁矿、褐铁矿、锑华等；脉石矿物以白云石、石英为主。辉锑矿主要呈结晶-半结晶结构，局部见有他形粒状结构、浸染状构造；辰砂多呈结晶、半结晶-他形粒状结构。辉锑矿与辰砂共生关系致密，嵌布粒度大小不均，汞和锑基本上呈硫化物状态存在。

针对该矿石曾进行过许多浮选试验研究，大多采用混合浮选汞锑精矿→汞锑精矿再分离的原则流程。其选矿工艺流程如图 2-9 所示。

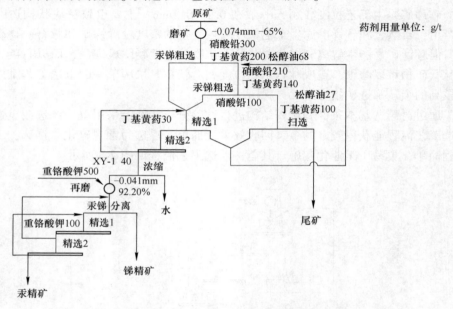

图 2-9　我国某企业汞锑共生硫化矿选矿工艺流程

（1）汞锑混合浮选。混合浮选的目的是分离出大量脉石矿物，并尽可能使汞锑矿物进入混合精矿。某汞锑矿中的部分辰砂和辉锑矿，自然可浮性较差，要想获得回收率较高的汞锑混合精矿，需要加入适量的活化剂进行活化。实践中常采用的活化剂有硫酸铜和硝酸铅，为研究加入硝酸铅对下步汞锑分离是否产生影响，进行了粗选加与不加硝酸铅所得不同混合精矿，在相同的条件下，进行汞锑浮选分离的对比试验；由表 2-1 可看出，混合浮选时加入硝酸铅作活化剂更有利于下步汞锑分离。这是因为在混合浮选时矿浆中加入铅盐后，则在辉锑矿表面附着，形成铅盐配合物薄膜；在重铬酸钾作用下，辉锑矿物表面生成难溶的亲水性铬酸铅，增加了辉锑矿的亲水性，从而被抑制。汞锑混合浮选时，一般采用黄药类捕收剂。

表 2-1 活化剂对汞锑矿混合浮选条件的影响

产品名称	产率/%	品位/%		回收率/%		备注
		Hg	Sb	Hg	Sb	
汞粗精矿	38.96	12.89	43.16	65.99	34.80	混合浮选
锑粗精矿	61.04	4.24	51.62	34.01	65.20	不加硝酸
给矿	100	7.61	48.32	100	100	铅活化
产品名称	产率/%	品位/%		回收率/%		备注
		Hg	Sb	Hg	Sb	
汞粗精矿	12.33	74.85	14.87	83.92	3.82	混合浮选
锑粗精矿	87.67	1.29	52.65	16.08	96.18	添加硝酸
给矿	100	7.03	47.99	100	100	铅活化

（2）汞锑分离。实现汞锑硫化矿的浮选分离，通常采用抑锑浮汞的方法，抑制辉锑矿的常用药剂有硫化钠、苛性钠、丹宁酸、石灰、重铬酸钾及氰化物等。重铬酸钾能选择性地抑制被铅盐活化的辉锑矿，而对辰砂浮游性没有影响，因此采用重铬酸钾作为汞锑浮选分离的选择性抑制剂。

在混合浮选时，为了尽可能地提高汞、锑回收率，添加了足够量的丁基黄药和松醇油，这些油药附着在矿物表面而被带入分离作业，过剩的油药若不脱除，会使重铬酸钾的用量增大且汞锑分离效果差。因此在进行汞锑分离前，需要先进行脱药处理。

2.2.1.2 氧化锑矿选矿

一直以来锑金属的获取主要来自易于选别的硫化锑矿，但随着硫化锑资源的进一步贫化和锑金属在工业中的应用不断增加，易选的锑资源逐渐减少，氧化锑矿物占我国已探明锑总储量的15%左右，难选氧化锑资源的利用成为行业关注的重点。

传统的细粒氧化锑矿选矿，常用重选法回收，但只能达到20%左右的回收率，造成资源的严重浪费。而细粒氧化矿因其硬度小，磨碎易过粉碎，遇水易泥化，加上表面润湿性强，和脉石矿物性质相近，且在分选过程中，细粒氧化锑矿在水中水化形成胶体，影响浮选药剂的作用效果，因此常规浮选法也难以实现氧化锑与脉石矿物的分离。

多年来，为了提高细粒氧化锑矿的选矿回收率，国内外学者进行了许多试验研究探索，主要包括细粒氧化锑矿的重选—浮选联合工艺、细粒氧化锑矿的浮选、选冶联合工艺等几个研究方向。

A 氧化锑矿的重选流程

氧化锑矿物特别是细粒氧化锑矿物的选矿回收，是当今国内外选矿领域中的难题之一。目前工业应用仍以重选为主，但跳汰、摇床作业的回收率低，且难以回收细粒氧化矿。国内选矿工作者做了离心选矿机加皮带溜槽，振摆皮带溜槽、螺旋溜槽、塔型旋转溜槽等处理氧化锑细泥研究，结果均不理想。

国内某锑业提出了一种细粒氧化锑矿的重力选矿方法，使选矿回收率得到提高。将磨碎后的氧化锑矿先用振动筛筛除粗粒物料，再用水力旋流器脱除矿泥，最后物料自流入悬振锥面选矿机进行一次分选，得到锑精矿及最终尾矿。悬振锥面选矿机是以拜格诺剪切松散理论和流膜选矿为理论依据的重选设备，特别适用于微细粒金属矿物的选别，最终所得锑精矿的选矿回收率可高达 49.25%、品位高达 20.0%。

B 氧化锑矿的重浮联合流程

某锑矿保有氧化锑矿地质储量 24.84 万吨，保有可采矿量 14.9 万吨，平均含锑品位 2.21%，折合金属量约为 0.3293 万吨，具有较高的回收价值。矿样以氧化锑为主，氧化率为 50.2%；矿石性质较为复杂，但含杂 Pb、As 很低。矿厂采用"重选—浮选"工艺，重选回收粗粒氧化锑，浮选回收细粒氧化锑，即"分级—跳汰—摇床—浮选"氧化锑选矿工艺流程。

将-15mm 粒级锑矿石分成 6～15mm、2～6mm、0.25～2mm 三个粒级分别进入跳汰分选，得到跳汰精矿Ⅰ、跳汰精矿Ⅱ和跳汰精矿Ⅲ。-0.25mm 用摇床对+0.074mm 粒级进行选别，得到摇床精矿。

+2mm 跳汰尾矿（即跳汰精矿Ⅰ和跳汰精矿Ⅱ）先进对辊机，与-2mm 跳汰和摇床尾矿（即跳汰精矿Ⅲ和摇床精矿）合并磨矿至 52% 的-0.074mm 粒级，然后进入分级机按照+0.28mm、+0.074mm（0.074～0.28mm）和-0.074mm 粒级范围进行分离。0.074～0.28mm 用摇床进行选别，得到摇床精矿、中矿和尾矿 1；-0.074mm 摇床进行选别，得到摇床精矿和尾矿 2；+0.28mm 粒级因含锑较低直接作为尾矿，即为尾矿 3。

+0.074mm 摇床中矿再磨，磨至 98% 的-0.074mm 粒级，然后与-0.074mm 摇床尾矿合并，进行浮选氧化锑。选用 CX-1 作为氧化锑捕收剂，松醇油作为助捕收剂进行浮选氧化锑矿物。锑回收率高达 89.06%，其选矿试验结果及技术指标见表 2-2。

表 2-2 氧化锑矿的重浮联合选矿工艺试验指标

产品名称	产率/%	Sb 品位/%	Sb 回收率/%
跳汰精矿	2.32	40.12	31.66
摇床精矿	3.06	27.57	28.70
氧化锑浮选精矿	5.05	30.25	28.70
尾矿	89.57	0.65	10.94
原矿	100.00	2.94	100.00

C 氧化锑矿的磁浮联合流程

研究某难选氧化矿的选矿工艺，该氧化锑矿主要成分是锑酸盐，属于非常难选的氧化锑矿，而且锑矿与氧化铁关系十分密切，电镜分析表明，氧化锑矿主要以锑酸铁形式存在。试验采用了浮选磁选联合工艺流程，以水玻璃作脉石抑制剂、氢氧化钠作调整剂、GX-1作活化剂、YS作为捕收剂进行氧化锑矿浮选，浮选尾矿进入磁选回收与氧化铁关系密切的锑。最终磁选与浮选作业的精矿锑品位分别为8.36%和9.03%，回收率分别达到15.38%和65.98%，总的锑回收率达到81.36%。

D 氧化锑矿的浮选流程

多年来国内外科研工作者对细粒氧化锑矿的浮选回收进行了大量的研究。王传龙研究了用于氧化锑矿浮选回收的复合调整剂和氧化锑矿浮选方法，该复合调整剂包括羧甲基纤维素和铅盐。该复合调整剂在氧化锑矿浮选回收过程中，可分别在脉石矿物和氧化锑矿物表面发生化学吸附，使脉石矿物亲水性增强，氧化锑矿物疏水性增强，从而增大脉石矿物与氧化锑矿物的浮选性能差异，实现氧化锑矿物的选择性捕收。

王毓华针对含锑为0.5%~2.0%的石英-方解石型氧化锑矿，研究了一种低品位氧化锑矿浮选分离方法。在矿浆中添加碳酸钠和水玻璃组合调整剂以实现矿浆的分散和脉石矿物的抑制；添加硫酸铜或者硝酸铅实现氧化锑矿物的活化；添加组合捕收剂，实现氧化锑矿的选择性捕收。

除了常规的浮选方法外，还有硫化浮选法，即先对氧化锑矿进行硫化，然后用黄药类捕收剂浮选。氧化锑矿是由离子键结合而成，亲水性强，用硫化矿类捕收剂不易浮选。经硫化处理后，在氧化矿粒表面生成疏水性较强的硫化物薄膜，此硫化物薄膜容易与黄药类捕收剂作用，所以氧化矿得到活化而上浮。

由于氧化锑矿在碱性溶液中的溶度较强，因而不建议采用硫化钠进行硫化。氧化锑矿的硫化需要在非碱性介质中进行。

索洛仁金研究了一种含氧化锑矿的水热硫化法。在水热条件下，有元素硫和多硫化钠存在时，在245℃硫化后，矿石中硫化锑的含量增加到50%。恒温180℃，用多硫化钠进行硫化后，硫化产品用传统硫化矿类药剂进行浮选，水热法将尾矿锑品位由1.13%降到了0.31%，精矿回收率提高了50%。

索洛仁金还研究了一种细菌硫化法，即在硫酸盐还原性细菌作用下，硫化氧化锑矿。对硫化锑浮选尾矿采用细菌硫化浮选，可使尾矿中的锑损失减少7%~11%。

E 氧化锑矿的选冶联合流程

选冶联合工艺对处理难选氧化锑矿能取得较好的效果。目前，技术上较完善的选冶联合工艺是离析浮选法。这种工艺比直接浮选或重浮联合法得到的品位和回收率都高,但是处理成本也较高。

氧化锑矿的离析,指的是在有固体还原剂存在的条件下,添加氯化剂并加热,经氯化-还原反应后,矿石中的锑形成挥发性氯化物从矿物晶格中析出,并吸附于还原剂表面,被离析反应中生成的氢还原成金属锑。而金属锑具有良好的可浮性,可通过重选或浮选回收。

庞曼萍等对云南某以黄锑华为主的氧化锑矿进行了离析—重选试验研究。试验加入适量的氯化剂和还原剂,与氧化锑矿混匀进入高温炉离析还原焙烧,对离析预处理后的氧化锑矿采用重选选别,获得了精矿锑品位 71.56%、作业回收率50.53%的较好指标。

除了离析—浮选工艺外,近年来氧化锑矿的硫化焙烧—浮选工艺也是一个研究方向。硫化焙烧—浮选,即通过与固态硫化剂(如单质硫、黄铁矿等)的高温反应,实现氧化锑矿从氧化相到硫化相的转变,再进行常规浮选的工艺。

王毓华针对某低品位氧化锑矿进行了硫化焙烧—浮选工艺研究,该氧化锑矿含锑量为 0.5%~2%,锑矿物主要为黄锑矿和锑华,脉石矿物为石英和方解石。先将矿石磨细到-200 目的占 65%~85%后,再过滤烘干,并混入单质硫粉末,在300~450℃下还原焙烧 30~45min,使氧化锑矿发生矿相改变,生成硫化锑矿,然后采用常规硫化锑浮选法进行锑的回收。与氧化锑矿的常规浮选或重浮联合工艺相比,锑精矿的品位和回收率都得到了大幅度的提高。

2.2.2 锑的智能化选矿

智能选矿是在自动化基础上结合云计算、大数据而来的一种智能化选矿技术。智能选矿发展的技术路线包括:

(1)通过智能传感和大数据技术实现选矿流程正常异常等运行状态的感知与认知;

(2)在智能感知和认知的基础上,通过新一代人工智能技术的应用,实现选矿流程智能运行操作优化和智能运维;

(3)通过虚拟选矿厂的设计与实现,实现信息系统和物理系统的完美映射和深度融合,引导实体选矿厂生产优化;

(4)通过采选冶联动及全产业链优化等选矿过程,智能协同技术的应用,优化选矿生产经济指标;

(5)开发设计选矿工业软件平台,为选矿过程监测、控制、管理等功能提供统一的载体和接口。

随着我国选矿工艺技术趋于成熟完善,选矿装备整体水平提升,选矿过程检测与控制逐步普及和完善,选矿过程建模仿真及优化控制技术进步,智能制造相关技术正在起步。以下是近年来国内外锑选矿智能化研究的一些成果及应用。

2.2.2.1 X射线辐射智能分选机

随着矿产资源的日益贫化，采选原矿中的低品位矿石占比越来越高，增加了企业的无效损失和尾矿排放的环保压力；使用人工拣选抛弃废石效果不佳，用人工方法已经很难分辨出低品位矿石和脉石的区别，同时恶劣的工作环境还会严重影响手选工人的身体健康。因此，拣选的劣势也逐渐地显露出来，手选的重要性不断下降。近年来，随着对矿石预抛尾技术和方法的研究不断深入，采用智能拣选设备代替人工分选矿石逐渐引起矿山企业的重视。选矿工作者经过多年的研究，不断将最新的科学技术与选矿工艺相结合，发明了一系列应用于拣选工艺的新设备来代替人工手选，并应用于有色金属、稀有金属、黑色金属、贵金属、非金属等矿石的预先分选工作中。

近年来研究的智能拣选设备主要属于电磁信号拣选范畴，原理是根据不同条件下岩石的差异性质对矿物进行分选。例如，在可见光下的反射比和颜色的不同，如菱镁矿、石灰岩、普通金属和金矿、磷酸盐、滑石、煤矿；在紫外光下的性质差别，如白钨矿；在自然 γ 辐射下的性质差别，如铀矿；磁性差异，如铁矿；导电性的不同，如硫化矿；X 射线冷光下的性质差异，如金刚石；在红外线、拉曼效应、微波衰减以及其他条件检测下性质的不同等。

随着技术的发展和对智能拣选设备的研究，国内外研制了许多型号的电磁信号分选机，其中最有代表性的就是 X 射线辐射分选机。

X 射线分选技术是原子物理学和自动化分选技术结合的产物。不同能量和波段的射线相合，理论上可以分离成分有差异的所有块状或粒状物。1966 年劳伦斯辐射实验室的 Bowman 等人研制出了世界上第一台高分辨率能量色散 X 射线荧光分析仪。1995 年俄罗斯克拉斯诺亚尔斯克公司研制了 X 射线辐射分选机，但由于其建造成本高、处理量小、分选效率不高等原因，并未大规模投入工业应用。

A X射线辐射分选技术原理

X 射线辐射分选是指利用矿石受到 X 射线照射后所激发的二次 X 射线（也称为特征 X 射线）来分选矿石的分选方法。根据分选原理可知，X 射线辐射分选法具有高效、清洁、环保的特点。俄罗斯在 1994 年成立了相关的公司，对 X 射线辐射分选技术的原理和应用进行了相关研究，在国际上具有领先地位。

X 射线是波长为 0.05~10nm 的电磁波，是由于原子内层电子受激发后产生的无线电波。波长比可见光短得多，范围在 0.005~10nm 之间，和物质的基本单元原子的直径处在相当的数量级，作为电磁波的一部分它也具有波粒二象性。看作粒子时的能量和看作电磁波时的波长有着一一对应的关系，其能量 E 与波长之间的关系为：

$$E = hc/\lambda$$

式中，h 为普朗克常数；c 为光速。

对于每一种化学元素的原子来说，都有其特定的能级结构，其核外电子都以各自特有的能量在各自的固定轨道上运行，内层电子获得足够能量之后脱离原子的束缚，成为自由电子，并在内层电子轨道上形成空位，此时原子就被激发了，处于激发态。这时其他的外层电子便会补充这一空位，也就是所谓跃迁，同时以X射线的形式放出能量。

由于每一种元素的原子能级结构都是特定的，它被激发后跃迁时放出X射线的能量也是特定的，故称为特征X射线。通过测定特征X射线的能量，便可以确定相应元素的存在，而特征X射线的强弱（或者说X射线光子的多少）则代表该元素的含量，这正是X射线辐射分选的理论基础。

B X射线辐射分选机应用

湖南某矿选厂锑矿石的自然类型主要为石英-辉锑矿型，矿石的结构构造较简单，主要金属矿物为辉锑矿，主要脉石矿物为石英。

该矿选矿厂原采用两段一闭路破碎+80mm矿石人工拣选抛废—磨矿—浮选工艺流程，设计处理能力为500t/d，破碎系统处理能力为62.5t/h。其破碎系统的具体工艺流程如图2-10所示。

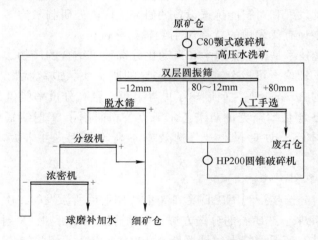

图 2-10 我国某企业锑矿选矿破碎系统流程（人工手选）

粗碎采用C80颚式破碎机，细碎采用HP200圆锥破碎机；预先检查筛分采用1848型双层圆振动筛，上层筛筛孔为80mm×80mm、下层筛筛孔为12mm×20mm；洗矿采用在双层圆振筛上方加高压水冲洗的方式；人工拣选对象为上层筛筛上物。

由于人工拣选效率低、精确度差，且预先检查筛分双层筛中间产品（80~12mm）中有大量的废石单体未能及时抛出，不利于锑的充分、高效回收和企业的提质扩能、降本增效。

为解决这些问题，引入了 XRT-1200 型 X 射线智能选矿机对与双层筛中间产品粒度相当的矿样进行了预选抛废。实验室实验表明，废石锑品位均低于 0.04%，明显低于人工拣选要求的不高于 0.20% 的要求，预选块精锑回收率均高达 98.5% 以上。因此，XRT-1200 型 X 射线智能选矿机能高效抛出现场 70～12mm 块状矿石中的废石。通过现场工业实验与改造后，采用 X 射线智能选矿设备后的破碎系统工艺流程如图 2-11 所示。

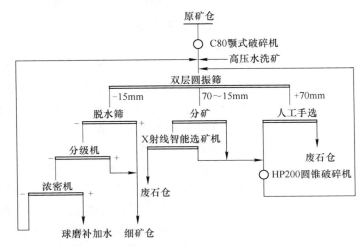

图 2-11 我国某企业锑矿选矿破碎系统工艺流程（X 射线智能选矿）

该选矿厂引入 X 射线智能选矿机后，每年新增直接效益约 500 万元，并带来了显著的社会效益。

2.2.2.2 pH 值智能监测

矿浆 pH 值是影响浮选效果的一个重要工艺参数。在浮选过程中，pH 值直接影响矿浆离子组成、浮选药剂的活性，以及矿物的表面性质，不同种类的矿石只有在适宜的 pH 值环境下才能获得最优浮选指标。现有的检测仪器易受浮选槽影响，存在浮选环境中交叉污染导致检测失效滞后的问题，并且 pH 值调整剂与水和矿石颗粒的作用具有大时滞、强非线性，实时精准地获取 pH 值较为困难，增加了 pH 值控制的难度。

针对浮选矿浆 pH 值无法在线检测和控制滞后的问题，提取 pH 值关联泡沫表面敏感特征，建立基于仿射传播聚类的多模型最小二乘支持向量机软测量模型，提出一种基于差分进化的在线支持向量回归 pH 值预测控制方法，离线建立和在线校正 pH 值预测模型；采用基于差分进化优化方法求解预测控制决策变量，从而实现 pH 值实时控制。

2.2.2.3 加药量智能控制

加药量是锑浮选过程最重要的操作变量，目前浮选过程加药量主要由操作人员依据泡沫表面视觉特征进行调节。这种人工方法具有主观性强、控制精度低等问题，容易造成反复调节，导致产品质量波动大。

目前针对锑浮选过程的加药量自动控制问题，吴佳等人提出了基于多泡沫图像特征的加药量控制策略。利用概率支持向量回归方法建立基于锑粗选关键泡沫图像特征与加药量的入矿品位估计模型；在此基础上，采用操作模式匹配方法实现加药量的预设定，快速满足入矿品位类型变化后新的控制要求；采用基于区间Ⅱ型模糊系统的加药反馈控制器，减小泡沫状态与期望的偏差。

2.2.2.4 锑粗选工况智能识别

浮选工艺流程长、内部机理复杂且存在严重非线性，当前浮选厂主要依靠工人通过肉眼观察泡沫状态、判断观察浮选工况，并依据自身经验调整生产策略。但该方式主观性强，缺少统一判断标准，使得浮选过程很难处于最优稳定状态。随着计算机技术、图像处理技术、智能控制等领域的迅速发展，采用机器视觉代替人工监测与控制已经成为工况识别的一个必然趋势。

泡沫层纹理特征作为泡沫图像表征关键的视觉特征之一，与浮选工况存在很强的相关性，可以用于浮选工况的分类与识别。基于泡沫层特征的在线概率核极限学习机的锑粗选过程工况识别方法，利用贝叶斯理论对核极限学习机的工况预测误差进行校正，降低工况样本数量差异及随机性引起的预测误差，并通过更新模型的先验概率，使得模型能适应现场的变化，具有较高的泛化性。

2.2.3 锑选矿尾渣的处置

锑是近年来应用较为广泛的金属元素，不仅应用于陶瓷、颜料、玻璃、电池、阻燃剂、医疗等行业，在生产半导体、红外线检测仪、两级真空管及驱虫剂等领域也有涉及。在得到广泛应用的同时，锑矿需求量日益增加，在锑矿石的开挖采掘过程中，大量的尾矿随之而生。这些矿渣往往被生产厂家作为固体废弃物进行处理，其堆放占用了土地资源；且在堆放过程中，由于周边自然环境的变化，尾矿可通过物理、化学、生物反应发生腐蚀，尾矿中含有的可迁移元素会进入大气、水体、土壤造成污染，危害周围的生态环境及人畜的正常生产生活。近年来，国内外学者对锑选矿尾渣的研究主要分为有用金属回收利用、制备复合材料、制备建筑材料等方向。

2.2.3.1 有价金属的回收

有价金属的回收包括以下内容：

（1）选矿工艺回收有价金属。通过采用浮选—重选联合工艺回收某锑钨尾矿中有价金属，研究结果表明采用重选预先富集，然后对富集的重选精矿通过浮选进行选别富集的重浮联合选矿工艺，金、钨富集效果很明显，并且选矿综合成本较低。

采用逆流分选柱，结果表明：当给矿锑品位为 0.75% 时，在给矿流量 300mL/min、底流流量 30mL/min、上升水流量 133mL/min 的优化条件下，一次分选可以得到锑收率 73.91% 的锑粗精矿。流程对比试验结果表明，该设备在抛除近 80% 尾矿的同时，使最终精矿品位和综合回收率相较于单独使用摇床均有所提高。

（2）微生物冶金工艺回收有价金属。采用细菌氧化法处理含金锑矿尾渣，能够有效氧化分解载金硫化矿物，显著提高金的浸出率。柱浸试验表明，经 52d 细菌氧化的含金锑矿尾渣中砷氧化率为 63.63%，金的浸出率则由原来的 22.84% 提高到 72.99%，其他各项指标也较合理。该方法不仅可降低生产技术成本，而且技术难度相应较小，易于实施，且浸取效果较好，资源利用较充分。

（3）湿法冶金工艺回收有价金属。以汞锑尾矿渣为研究对象，采用湿法冶金方法回收汞锑。首先将汞锑尾矿渣粉碎，再加入碱性浸出液，进行搅拌浸出，滤出浸出渣，浸出液重复浸出新的尾矿渣，富集汞锑盐，再电积获得汞锑单质，最后加热分离汞锑。采用该方法汞锑的回收率分别高达 93%、87%，且纯度很高。

2.2.3.2 制备白炭黑

白炭黑，又称为无定形二氧化硅或水合二氧化硅，是一种白色的无毒、质轻、多孔和高分散性的微细粉状物，具有分散性好、化学性质稳定、电绝缘性优异等优点，被广泛应用于橡胶、电子电器、有机硅材料、化妆品、医学和农业等众多领域。近年来以矿山尾矿为硅源制备白炭黑的实验研究较为活跃，原因在于尾矿产生量大，可提供充足的硅源，且成本较低，但不同尾矿的处理工艺和特性不同，导致矿山尾矿制备白炭黑的难易程度不同。

以锑矿浮选尾矿和 NaOH 为原料进行高温熔融，经过酸化、沉淀制备出白炭黑，并分析影响白炭黑纯度的因素，如模数、酸化 pH 值、酸化温度、陈化时间等，选择出最佳实验配方；制备的白炭黑符合国家水合二氧化硅的行业标准。

2.2.3.3 制备建筑材料

用锑选渣全代砂岩生产优质水泥熟料，实验表明，锑选渣易磨性优于砂岩，其成分与砂岩接近，经检测重金属及放射性无超标现象；经过小试与中试，锑选渣代砂岩配料与纯砂岩配料从生料配料、熟料煅烧、热耗、产量、质量等均无明显差异，锑选渣代砂岩配料可以应用于生产。

利用锑尾矿渣生产蒸压加气混凝土砌块，以锑矿石选矿产生的锑尾矿渣为主要原料，通过添加适量的石灰、水泥、磷石膏及铝粉加水搅拌、浇注料浆、发气预养和蒸压加气等工序处理，锑尾矿渣：石灰：水泥的配比为 35：9：6，采用升温时间为 4.0h、恒温温度 205℃、降温时间 2.5h 的蒸压养护制度，生产出性能良好的建筑用混凝土砌块。

利用金锑尾矿制取抗冻融地面透水砖，以含硅量高的金锑矿细尾砂为基本原料，加入一定量的水泥、粉煤灰、河砂、引气剂及无机颜料，制备出高强度、高透水性、抗冻融性良好、色彩美观的透水砖。制备出的透水砖具有抗压强度高、透水性高、抗冻融性能良好的优点，特别适合用于我国西部高寒地区，不仅具有一定的环保意义，而且还为尾矿资源的综合利用开辟了新途径。

2.2.3.4   制备复合材料

由于锑尾矿渣的主要成分为 SiO_2，作为一种填料，锑尾矿渣可改善塑料的耐热性以及降低产品成本。但作为无机极性物质的锑尾矿渣与作为有机非极性物质的聚丙烯废弃物两者之间的相容性较差。以聚丙烯废弃物与锑尾矿渣为原料，利用钛酸酯耦联剂对锑尾矿渣进行表面改性，然后与 PP 废弃物进行共混挤塑，制备出聚丙烯废弃物/锑尾矿渣复合材料。

3   锑冶金工业的发展与现状

3.1   锑冶金工业进程

3.1.1   国外锑冶金工业的发展历史

锑作为一种稀有金属资源，在地壳中的平均丰度仅为千万分之二至千万分之五，在工业上曾长期未得到广泛应用，生产技术的发展也一度受到阻碍。随着印刷业的兴起和发展，锑在铅锑活字中显示出特殊功能，才使锑冶金得到较快的发展。19 世纪初，锑作为铅的硬化剂广泛用于制造榴霰弹，这种含锑 10% 或更多的铅合金可使炮弹在爆炸时容易碎裂，从而增加杀伤力，因此，在第一次世界大战中曾称锑为"战争金属"。1839 年，美国人巴比特（L. Babbitt）发明了含锑 7.5% 左右的耐磨铅锑合金，俗称"巴氏合金"，迄今仍广泛用于制造滑动轴承。1850 年，人们开始采用含锑的铅合金制造蓄电池，使锑的应用领域再次扩大，但直至 19 世纪末，金属锑仅在德国、法国、美国、意大利、澳大利亚、匈牙利和日本等国少量生产。

20 世纪以来，由于现代交通事业的蓬勃发展，锑作为蓄电池的栅极添加材料，需求量急速增长，在两次世界大战中锑的消费和生产都大幅度增长。第二次世界大战因壕沟战演变到坦克战使榴霰弹需要量减少。又因为氧化锑配以氯化橡胶或氯化石蜡可掺入纺织品中制作防火帐幕，年产量呈现增长态势。20 世纪 70 年代，随着国际形势趋于紧张，锑的年产量曾超过 7 万吨。进入 21 世纪，因蓄电池铅锑合金的再生及"钙-铅免维护蓄电池"（maintenance-free battery）的应用，使金属锑在蓄电池制造中的耗量才有所下降，但氧化锑作为阻燃剂的用途日益扩大，目前已成为锑的最大应用领域。

锑冶金技术的发展，约从 15 世纪开始，首先由万伦廷（Valentine B）等人从熔析硫化矿中获得生锑，或在加热熔化过程中配入铁钉得到金属锑，这为以后逐渐发展起来的沉淀熔炼打下了基础。

1876 年，赫伦士密特（M. Herrenschmidf）和博思威克（Borthwick）采用回转窑处理含金的锑矿，使锑氧化挥发。

1884 年，博比厄雷（A. Bobierre）、鲁尔兹（Ruobz）和鲁素（M. Rousseou）等人首先提出了挥发焙烧法，即将硫化锑矿石置于一砖砌炉或铸铁炉内加热，并鼓入空气和定量的蒸气通过矿石表面，使之转化为易挥发的氧化锑并在炉尾捕集，作为白色颜料，这种方法实际上就是焙烧–还原法的原型。

法国赫氏曾于 1881 年采用鼓风炉（或冲天炉）作为挥发焙烧炉；1903 年，改用了扩大而高效的冷凝系统；1908 年，又进一步改进了炉型和冷凝系统。这种焙烧炉每天可处理含锑 18%~20%（质量分数）的硫化锑矿石 4.5t，焦耗5%~6%，锑的焙烧损失不超过 5%。

在墨西哥、美国和英国均采用鼓风炉熔炼锑矿石生产金属锑。1830 年前后，用反射炉还原氧化锑矿及挥发焙烧生产氧化锑。1878 年，开始采用鼓风炉直接熔炼中等品位的硫化锑矿石及其他含锑物料。

19 世纪末期和 20 世纪初期，在法、德等国开始出现了不少湿法炼锑的专利技术。当时对硫化锑矿采用的湿法炼锑方法，包括用盐酸、氯化铁等化合物的酸性浸出及用碱金属或碱土金属硫化物作溶剂的碱性浸出，所得浸出液进行不溶阳极电解提取锑；或用氯化焙烧、食盐水浸出、铁（或锌）置换直接获得金属锑。1880 年，鲁埃寇（C. Luekow）首先提出用硫代锑酸盐溶液获得金属锑的可能性；1887 年，博彻恩（W. Borchers）第一次采用这个方法进行了试生产；1896 年，市场上出现电解锑，但湿法炼锑不如挥发焙烧法简单，当时在工业上未得到推广，直到 1942 年，美国爱达荷州的帮克·希尔沙利文采矿和选矿公司建成了湿法生产电解锑的工厂，湿法炼锑工艺才应用于工业生产。

苏联在 20 世纪二三十年代开始建立锑选冶厂，曾先后开发了 8 个大中型矿山，其中卡达姆朱依斯基和拉兹多利宁斯基是两个较大的锑采选冶联合企业，最初都采用沉淀熔炼，因回收率低改为湿法炼锑。

20 世纪 40 年代，苏联和美国出现了一种称为旋风火箱的特殊类型的固体燃料燃烧室。这种设备大大强化了燃烧过程，强度超过通常粉煤悬浮燃烧的几十倍，而且设备紧凑、灰尘少以及氧的利用率高，因而受到冶金工作者的重视。

鉴于硫化精矿的燃烧和熔炼与固体燃料碎屑的燃烧过程相似，1952 年，苏联哈萨克斯坦共和国科学院动力研究所在研究了旋风燃烧室一般原理的基础上，进行了熔炼铜精矿的试验，并称为精矿的旋涡熔炼。此后，旋涡熔炼法处理锑精矿的试验研究工作也取得了重大的进展。

当时吉尔吉斯斯坦科学院曾用旋涡炉、淋洗塔和快速收尘器处理锑矿石，入炉混合物料的粒度为 1~5mm，除锑矿石外，添加有石灰石和碳酸钠（为矿石量的 20%~25%）及煤（7%~15%）。当每吨炉料消耗空气量为 2000m³ 的时候，炉膛单位熔炼量为 2.25t/（m³·h），粉尘逸出率为 2%~3%；液体燃料消耗为炉料量的 17%；炉中最高温度为 1500℃；挥发物中锑回收率达 91%~92%。

自 1962 年开始，捷克斯洛伐克对锑精矿的旋涡熔炼做了大量的试验研究。1975 年，捷克为玻利维亚设计建设了一座采用旋涡熔炼工艺处理锑精矿的炼锑厂，年生产锑产品约 6000t。

直到 1986 年，由意大利曼西阿诺炼锑厂研究成功并投产应用的回转窑闪速挥发焙烧工艺，是传统工艺技术上的一个重要革新。

由此可见，国外锑冶金技术的发展，除最初用熔析法提取纯硫化锑（生锑）外，金属锑冶金技术的发展顺序是：沉淀熔炼、鼓风炉造渣熔炼、回转窑挥发焙烧-还原熔炼以及硫化物碱浸湿法炼锑。这些方法，直到目前仍以不同的生产规模，为现代炼锑厂所采用。

3.1.2 国内锑冶金工业的发展历史

我国是世界主要的产锑国，早在 20 世纪 50 年代以前，我国的锑产量就占世界上锑产量的 50%以上。2015~2017 年我国的锑产量分别为 11.0 万吨、10.8 万吨和 11.0 万吨，2017 年我国的锑产量占全球的 73%以上。

我国锑矿资源丰富，主要分布于湖南、广西、贵州、云南、陕西、广东、河南、甘肃、西藏、新疆等地区，其中湖南的锑矿资源尤为丰富。湖南冷水江锡矿山是世界著名的锑都，发现和开采的年代可以追溯到明代，但当时人们以为采出的是锡矿石，锡矿山也由此得名。清朝光绪 22 年（1896 年），当发现益阳板溪锑矿后，才知道锡矿山采出的其实是锑矿。其后清政府设湖南矿务局，开采锡矿山和板溪的锑矿。当时仅开采高品位锑矿石（俗名青砂）供出口，由于没有选矿工序，因而低品位锑矿无法得到利用。

1905 年，在锡矿山附近的冷水江设炼锑厂；1908 年，湖南省的华昌公司在长沙建立了锑冶炼厂，开始生产纯锑，开创了我国金属锑的生产历史，该厂当时设有赫氏挥发焙烧炉 24 座，用以生产三氧化二锑；焙烧炉 15 座，用以焙烧生锑生产四氧化锑；反射炉 19 座，用以将三氧化二锑及四氧化二锑还原熔炼成纯锑。

当时华昌公司的炼锑设备禁止仿造，经人们的探索实践，不久即建成中国式的挥发焙烧炉（俗称为直井炉）。直井炉作为我国较早使用的挥发焙烧设备，长期广泛使用，历史悠久，它的原型是法国的赫氏炉。其后，全国许多地区都办起了锑的采矿和冶炼企业，以湖南为盛。

新中国成立后，我国锑工业得到快速发展，在采、选、冶方面均取得了很大的进步。锑矿石的选矿回收率逐步提高，尤其在氧化锑矿石及多金属复杂矿石的选矿回收技术方面取得了长足的进步。例如，云南某公司，其矿石的氧化率大于50%，过去的选矿回收率仅 40%左右；通过技术改造，采用联合流程，目前选矿回收率大于 70%。

20 世纪五六十年代，我国锑矿石的冶炼技术有了很大的进步，在此期间，中南大学（原中南矿冶学院）与锡矿山合作，先后成功地进行了浮选硫化锑精矿的低温沸腾焙烧试验和在多膛炉内的非挥发焙烧试验；20 世纪 90 年代，贵州工业大学用硫化锑精矿也分别在沸腾炉和回转窑中进行了多次试验。同时，在

1962 年我国进行了鼓风炉挥发熔炼试验，1965 年将其投入生产，鼓风炉挥发熔炼法是我国炼锑工业独创的工艺，是我国广大炼锑业的技术人员和工人对鼓风炉这一古老的冶金设备的一种创新。该方法是 1965 年由我国的湖南省锡矿山矿务局和湖南有色金属研究院等单位共同试验成功的。在这以前，我国锑冶炼工艺主要采用国外引进的赫氏焙烧炉，以及后来不断改进沿革而成的中国式直井焙烧炉生产粗锑氧粉，随后由于生产的不断发展以及选矿厂向冶炼厂提供的高品位的粉状锑精矿的日益增多，原有的直井式焙烧炉不适于直接处理粉状物料，必须另外寻求新的冶炼方法以适应生产力不断发展的需要。经过多方面的探索试验之后，鼓风炉挥发熔炼法采用低料柱、高焦率以及高温炉顶等独特的技术措施，有效地解决了粉状锑精矿（经配料、造块后）中锑的挥发富集问题，并迅速在锡矿山的锑冶炼中推广应用、完善，逐步取代了原有焙烧炉，形成了我国炼锑工业中独特的鼓风炉挥发熔炼工艺。此后通过几代人的不断改进，鼓风炉的冷凝收尘、锑氧输送、过渣道以及炉龄等问题相继得到了解决，众多冶金工作者也在锑鼓风炉的冶炼工艺、技术装备及自动控制系统进行了积极的探索以期解决鼓风炉能耗高、环境污染严重、自动化程度较低等问题。此外，我国沉淀熔炼及碱性浸出—浸出液电解工艺方面也取得了很大进展。

目前，锑冶金生产中主要以火法冶金工艺为主。我国锑火法冶金技术主要是采用锑精矿鼓风炉挥发熔炼—粗氧化锑粉反射炉还原熔炼的工艺流程。

3.2　锑冶金工业现状

3.2.1　锑冶金工艺现状

3.2.1.1　火法炼锑工艺

火法炼锑分为两种方法：一种是先将硫化锑氧化成 Sb_2O_3，再将其还原成金属锑，例如挥发焙烧-还原熔炼和挥发熔炼-还原熔炼等工艺；另一种则是不经过锑氧的挥发而直接从锑精矿中制取金属锑，例如沉淀熔炼法、反应熔炼等。

A　挥发焙烧-还原熔炼法

硫化锑极易氧化，在 200~400℃ 的条件下便会发生氧化反应，在 450℃ 时能够完全反应。挥发焙烧-还原熔炼法便是先充分利用 Sb_2S_3 极易氧化的特性，将硫化锑先挥发焙烧成易挥发的 Sb_2O_3，再将 Sb_2O_3 挥发使其随炉气一起送往收尘系统，最后冷凝沉积为白色的粉状结晶，从而达到将锑与矿石中的其他成分分离的目的，随后将得到的 Sb_2O_3 经过还原熔炼即可制取金属锑。因此该工艺中锑的直收率及还原熔炼能否进行，关键在于挥发焙烧的效果。

对硫化锑精矿进行挥发焙烧时，主要发生的化学反应如下：

$$2Sb_2S_3 + 9O_2 = 2Sb_2O_3 + 6SO_2$$

还可能有如下反应发生：

$$2Sb_2O_3 + O_2 = 2Sb_2O_4$$
$$2Sb_2O_3 + 2O_2 = 2Sb_2O_5$$

在实际的工业生产过程中焙烧温度通常在 800~1000℃，将硫化锑氧化很容易，而 Sb_2O_5 在 70℃ 以下才可以稳定存在，所以在实际情况中 Sb_2O_5 很可能转化为 Sb_2O_4。但在对锑精矿进行挥发冶炼时应该尽量不要生成 Sb_2O_4，因为 Sb_2O_4 难以挥发，会降低锑的回收率，所以在焙烧时需要通过提高温度并加入还原剂使 Sb_2O_4 转化为 Sb_2O_3。

对氧化锑进行还原熔炼时，主要的化学反应如下：

$$Sb_2O_3 + 3CO = 2Sb + 3CO_2$$
$$CO_2 + C = 2CO$$

在实际的还原熔炼过程中，CO_2 还会与 C 反应生成 CO。

B 挥发熔炼–还原熔炼法

挥发熔炼是利用锑精矿中的 Sb_2S_3 和 Sb_2O_3 易挥发，挥发的 Sb_2S_3 又易被氧化成 Sb_2O_3 的特性，使原料中的锑在高温、强氧化气氛及炉料呈熔融体的条件下能够最大限度地以 Sb_2O_3 的形式挥发出来，再将其冷凝收集。之后，再进行还原熔炼制取金属锑。挥发熔炼能够避免挥发焙烧存在的炉料熔结的问题，适于处理高品位的精矿、硫–氧混合矿以及各种冶炼中间产物。

C 直接熔炼法

传统的火法炼锑工艺的流程较长、能源消耗大、易造成污染，所以越来越多的冶金相关工作人员研究探索直接炼锑工艺来解决上述问题。

硫化锑精矿的直接熔炼法是指不经过硫化锑转化为氧化锑的挥发环节而直接对硫化锑精矿中炼锑的方法，主要包括沉淀熔炼、反应熔炼、低温焙烧–还原熔析法及造锍熔炼等。

3.2.1.2 湿法炼锑工艺

锑的湿法冶金工艺主要有碱性湿法炼锑工艺、酸性湿法炼锑工艺以及矿浆电解技术。无论碱性工艺还是酸性工艺，它们都主要包括两个过程：锑的浸出和浸出液的处理。浸出方式分为碱性浸出和酸性浸出，浸出液的处理则有电积法、还原法制取锑以及其他直接制取锑白或锑酸钠等产品的工艺。而矿浆电解技术由我国自主研发，多用于处理多金属复杂矿及伴生矿。

锑的湿法冶金工艺不存在火法炼锑工艺中低浓度、二氧化硫的污染问题，对原料适应性好，产品质量好。但湿法工艺炼锑的成本高于火法工艺，而且易产生大量废水。

（1）碱性湿法炼锑。碱性湿法炼锑是在碱性体系下对物料进行浸出，再处理浸出液。硫化锑容易溶解在碱金属硫化物的水溶液中，利用这一特性碱性湿法炼锑能选择性地浸出精矿中的锑。例如，常用的硫化钠碱性水溶液，还能够在电积过程中使硫化钠再生从而循环使用，对容器和设备也没有特殊的防腐要求，这有利于大规模的工业化应用，因而碱性湿法炼锑工艺最早实现工业生产应用。但碱性湿法浸出处理氧化锑比较难，因为氧化锑（尤其是高价氧化锑）难以溶解，所以使用碱性湿法炼锑时通常会对原料中的氧化锑含量有一定的要求。

（2）酸性湿法炼锑。酸性湿法炼锑是在酸性体系下对物料进行浸出，再处理浸出液，从而得到金属锑或锑白等化工产品。酸性湿法炼锑通常采用强氧化剂作为浸出剂，例如氯化浸出法，该法使用氯气或高价金属氯化物在盐酸环境下作为浸出剂对硫化锑精矿进行浸出，在浸出时原料中的锑形成可溶性氯化物进入溶液中，而锑精矿中的大部分硫会转化为元素硫留在浸出渣中，从而使锑和杂质有效分离。浸出液的处理分为两类，一类是采用电解沉积法在阴极析出金属锑；另一类是采用中和-水解等方法生产锑白或其他化工产品。

3.2.2　锑冶金技术现状

3.2.2.1　火法炼锑技术

A　挥发焙烧

a　直井炉挥发焙烧

直井炉起源于法国，适宜高温作业。我国曾长期广泛使用这一挥发焙烧设备，如今已逐渐将其淘汰。当时主要使用这种设备处理价廉质次的手选块矿，能得到质量不错的三氧化二锑。

直井炉挥发焙烧工艺设备简单、容易操作，且能源消耗少、投资少、生产成本低，适合小规模生产；它不需要原料经过复杂的制备以及高品位即能产出质量不错的锑氧，有利于还原熔炼。但直井炉挥发焙烧的炉床单位处理量小、生产能力低，对原料适应性较差，不适合处理富锑矿石、品位高的锑精矿及含有低熔点脉石的硫化矿；而且该工艺产出的渣锑含量高、锑回收率低，产生的废气中有低浓度的二氧化硫污染环境，劳动条件恶劣，废热也难以回收利用。

b　平炉挥发焙烧

平炉挥发焙烧通常用于处理品位为 12%~35% 的锑矿石或者锑精矿，矿石中的锑挥发氧化为氧化锑并在冷凝收尘系统中成为锑氧粉，其中的脉石成分和燃料中的灰分成为平炉渣。块状渣从操作门中清出，炉底的粉渣则需要定期从炉底清出。

平炉挥发焙烧的冶炼炉结构较为简单，对硫化矿、氧化矿和硫氧混合矿以及低熔点锑矿都能处理，粉矿无需制团也能够处理，对原料的适应性好，对原料中水分也无特殊要求，而且由该工艺处理锑矿锑的挥发率高，生产成本相对较低。

正是由于平炉挥发焙烧有上述的优点，该工艺广泛应用于我国中小型锑冶炼企业。但在实际生产过程中平炉挥发焙烧存在结炉问题，严重时会导致停炉。品位高的锑矿、质量不好的煤，焙烧炉料不经常搅动、抽风太小都会导致结炉。因此为了减少结炉的发生，可以加大抽风；其原理是锑矿中已熔化的硫化锑在强力的抽风下能够加快氧化挥发，避免了熔融状态的硫化锑渗到焙烧炉料底层导致结炉；而且该工艺需要间断作业、自动化程度低、劳动强度较大、生产能力较小。

c 回转窑挥发焙烧

回转窑挥发焙烧工艺根据操作条件的不同一般可以分为常规挥发焙烧和闪速挥发焙烧。常规挥发焙烧时窑内高温焙烧区温度一般在1100℃左右，物料在窑内停留2~3h，它的热效率高，熔炼强度大，但是锑回收率不高、能耗高，并容易有炉结形成。

回转窑闪速挥发焙烧工艺是在传统工艺技术上的一个重要革新。进行闪速挥发焙烧时，不是在与窑壁的相对运动中完成其物料的焙烧反应，而是在与回转窑内高温空气强烈混合并充分接触的条件下完成的，这是它与回转窑常规挥发焙烧的根本区别。因此焙烧物料的粒度和湿度要满足一定的要求才能进行闪速挥发焙烧，这种焙烧方式使反应过程得到大大强化，对硫化锑精矿的表面能进行了充分利用，降低了能耗，并且使炉气中的 SO_2 浓度适宜制酸，但也有炉料制备复杂、烟尘率高等缺点。

d 沸腾炉挥发焙烧

目前，广西某冶炼厂在锑冶炼中采用沸腾炉焙烧工艺处理复杂脆硫锑铅矿，但目的是为了脱硫，而不是使锑挥发。20世纪50年代，北京有色金属研究总院和锡矿山矿务局都对沸腾焙烧处理浮选硫化锑精矿进行过试验，但得到的锑氧粉中含有飞扬的脉石，不利于用反射炉进行还原熔炼，因此该工艺未能获得工业化应用。沸腾炉挥发焙烧工艺虽高效节能，但仅适合处理氧化矿、低品位的硫化矿和复杂脆硫锑铅矿；若焙烧稍高品位的硫化矿则很容易形成炉结，且工艺较复杂，烟尘率高，很容易对产品的质量造成影响。

e 烧结机挥发焙烧

烧结机挥发焙烧工艺处理含锑物料能够避免物料熔结造成操作麻烦，原料适应性强，颗粒较粗的物料亦可处理，且锑的挥发指标不受物料层厚度影响，反尘量小，烟尘率低，燃料利用率高。但是锑回收率低，且烧结机存在密封性不好的问题，易恶化生产环境。

f 飘悬挥发焙烧

20世纪60年代，我国锡矿山矿务局利用原有的冷凝收尘设备完成飘悬挥发焙烧处理浮选锑精矿试验。该工艺处理锑精矿得到的锑氧粉也夹杂有飞扬的脉石，不利于用反射炉进行还原熔炼，所以未能获得工业化应用。

B 挥发熔炼

a 鼓风炉挥发熔炼

不同于国外炼锑鼓风炉的还原熔炼，鼓风炉挥发熔炼工艺是我国在1963年研发的火法炼锑工艺，是在低料柱、薄料层、高焦率、热炉顶等条件下实现挥发熔炼的。该工艺利用锑精矿中的 Sb_2O_3 和 Sb_2S_3 均易挥发，挥发的 Sb_2S_3 又易氧化生成 Sb_2O_3 的特性，向炉内鼓入空气，燃烧焦煤提供热量，在高温下精矿中的硫化锑挥发为气态，空气中的氧气再将气态的 Sb_2S_3 转化为氧化锑，原料中的脉石与铁矿石和石灰进行造渣，生成 SiO_2-FeO-CaO 三元熔渣，从而达到锑与脉石的有效分离。熔炼过程中，由炉缸放出炉渣，并在冷凝系统中收集产物氧化锑。

浮选的锑精矿进行鼓风炉挥发熔炼时需加入石灰作黏结剂，压制成团矿。鼓风炉作业时炉顶温度可达到 800~1100℃的高温，在炉中炉料经受到高温的作用，剧烈地进行干燥、脱水、离解、挥发、氧化和造渣等一系列复杂的物理和化学变化，主要发生如下反应：

$$CaCO_3 = CaO + CO_2$$
$$MgCO_3 = MgO + CO_2$$
$$FeS_2 = FeS + S$$
$$FeAsS = FeS + As$$
$$2FeS + 3O_2 = 2FeO + 2SO_2$$
$$2Sb_2S_3 + 9O_2 = 2Sb_2O_3 + 6SO_2$$
$$S + O_2 = SO_2$$
$$C + O_2 = CO_2$$
$$O_2 + 2CO = 2CO_2$$
$$2C + O_2 = 2CO$$
$$CH_4 + 2O_2 = CO_2 + 2H_2O$$
$$2C_6H_6 + 15O_2 = 12CO_2 + 6H_2O$$
$$Sb_2S_3 + 2Sb_2O_3 = 6Sb + 3SO_2$$
$$Sb_2S_3 + 9Sb_2O_4 = 10Sb_2O_3 + 3SO_2$$
$$Sb_2O_4 + CO = Sb_2O_3 + CO_2$$
$$Sb_2O_4 + C = Sb_2O_3 + CO$$
$$2Sb_2O_4 + C = 2Sb_2O_3 + CO_2$$

鼓风炉挥发熔炼锑精矿工艺经过几十年的实践、改进与发展，已逐渐成为中国炼锑的主要挥发工艺之一，从而为国内炼锑厂广泛采用。锑氧、锑锍和粗锑、炉渣和废气为鼓风炉挥发熔炼的主要产物。锑氧是最终产品，产出的90%左右是粉锑氧，剩下的10%左右为粉结锑氧。锑氧中除了少量易挥发的金属（砷、铅等）氧化物和飞扬的脉石外，主要化学成分是三氧化二锑。用该工艺熔炼品位较高的精矿时，锑氧中锑的平均含量可达到80%左右，可使用反射炉进行还原熔炼。典型的鼓风炉熔炼所产锑氧的化学成分见表3-1。

表 3-1 典型鼓风炉熔炼所产各种锑氧的化学成分

锑氧粉名称	化学成分（质量分数）/%					
	Sb	As	S	Pb	Cu	Fe
水冷却器锑氧粉	69.04	0.16	0.38	0.11	0.002	1.21
表冷却器锑氧粉	79.36	0.32	0.34	0.06	0.001	0.19
布袋室锑氧粉	81.25	0.31	0.35	0.13	0.001	0.06

鼓风炉挥发熔炼的中间产物为锑锍和粗锑，锑锍不能送反射炉处理，粗锑铁含量较高，反射炉也无法对其直接提取金属锑，所以一般是返回至鼓风炉中处理。料柱高度、鼓风量和精矿的成分都会影响粗锑和锑锍的产出率。

鼓风炉挥发熔炼技术在我国锑冶炼工业中发挥了不可忽视的作用，其主要优点是：

（1）对原料有很强的适应性，处理硫化锑矿、氧化锑矿或者硫氧混合块状锑矿、粉状锑精矿（需制团），均能获得较好的技术经济指标；

（2）生产能力大，且可随生产规模的要求调整单炉的生产能力；

（3）锑的挥发率高，金属回收率较高，经济效益随着处理的精矿中锑品位提高而提高；

（4）能得到质量较高的成品锑氧粉，成品锑氧粉在除去火柜尘、沉降尘后的含锑量一般可达 79%~80%，有利于反射炉还原熔炼和精炼；

（5）鼓风炉可处理返回的锑锍和粗锑，不需另建设备处理锑锍；

（6）易实现机械化，从而降低劳动强度、改善劳动条件。

但鼓风炉挥发熔炼法也存在着许多问题需要解决，其主要缺点是：

（1）冶炼及加工粉状物料时需进行预处理作业。入炉前锑精矿要经过配料造块，还得提前经过配料、混匀、碾压、压密等工序来保证团矿的质量。为了保证入炉团矿的质量，入炉前湿团块也要经过干燥、固结、筛除粉料等工序。

（2）优质冶金焦消耗量大，而冶金焦价格并不低廉，这使冶炼锑的加工成本较高，降低了该工艺的经济效益，使该工艺直接处理低品位精矿受限。该工艺的焦率，一般为炉料量的 20%~25%，或为精矿量的 30%~45%，个别厂的焦率高达炉料量的 47%；而且炉气温度高，会带走大量热量，使热效率降低。此外，需要加入铁矿石等作为熔剂。

（3）鼓风炉挥发熔炼法废弃的渣中仍有一定含量的锑，一般可达 5%左右，需要通过增设外加热式前床即燃煤反射炉来降低废渣中含锑量；但这又会使燃煤消耗增加，渣中仍有 1.0%左右的锑，所以一些炼锑厂金属回收率不高。

（4）大量低浓度二氧化硫烟气会在鼓风炉挥发熔炼法处理硫化锑矿或硫氧

混合矿时产生，对环境造成恶劣影响。当处理含硫高达 20% 以上的硫化矿时，硫化锑精矿中硫含量高达 24%~27%，鼓风炉会排出含二氧化硫浓度可达 2% 以上的烟气，如不采取有效且经济的治理回收利用方法来处理这些低浓度二氧化硫烟气，排空后会严重污染周边环境。

（5）备料工序庞大而复杂，会消耗大量价格高昂的优质冶金焦，还需增加外加热前床、增加燃煤等，必然导致工艺过程能源消耗大、生产成本升高，这是由其工艺过程本质决定的。

b　旋涡炉挥发熔炼

旋涡炉挥发熔炼与鼓风炉挥发熔炼相似，它们目的都是氧化挥发出锑精矿中的锑。硫化锑精矿旋涡挥发熔炼的主要物理化学过程分析如下：

硫化锑精矿与造渣熔剂（石灰石及铁矿石）和粉煤配好后喷入旋涡室中，之后与经过预先加热且沿着室壁以切线方向鼓入的高速热气流在旋涡室的上部相遇，精矿中的硫化锑在热空气所形成的 550~660℃ 温度带中部分氧化为三氧化二锑。这一氧化过程有两种可能，一种是直接氧化粉状硫化锑，另一种是硫化锑挥发以后以气态形式被氧化。由于该过程中只能鼓入有限的空气量，所以在上部温度带的原料中的硫化锑只能生成数量有限的三氧化二锑，而且原料中绝大部分的硫化锑将在这部分为数不多的三氧化二锑生成后，与其一起被熔化；在高速气流的作用下，强大的离心力将这些熔融状态的物料与炉料中的造渣成分抛向室壁，使它们形成熔体薄膜层黏附于室壁并沿壁向下流动，因此在物料进入炉中后刚开始的那段时间，旋涡室内上部温度带所发生的反应主要是熔化反应。

在旋涡室的中部，黏附于室壁上的熔融薄膜层被高速旋转气流猛烈冲刷，其温度被迅速升高，在这种高温和高速气流的作用下三硫化二锑被继续氧化为三氧化二锑，这之中既有三硫化二锑先在高温下挥发为气态后的氧化反应，也存在着经受高速气流冲刷而使熔融状态的硫化锑直接氧化的反应。然而，在旋涡炉的特定强化条件下，这两种反应方式的传质传热、气-液、气-固、液-液、液-固等反应均不受物理因素的限制。在旋涡室中部，温度会慢慢上升并保持在 860℃ 左右。在这一温度条件下，三硫化二锑很显然会有足够大的蒸气压，因此其会先挥发为气态再氧化。因为严格控制室内过剩的空气量，三氧化二锑要氧化为高价氧化锑是很难的，这时旋涡炉中部的主要反应与一般挥发焙烧相同，反应式如下：

$$2Sb_2S_3 + 9O_2 = 2Sb_2O_3 + 6SO_2$$

此外，在旋涡室下部，存在于旋涡室中部还未挥发的大量三硫化二锑与生成的部分三氧化二锑会进行还原反应，而燃烧不完全的 CO 也能还原硫化锑和氧化锑。从中部开始，到下部猛烈发生的主要化学反应如下：

$$2Sb_2S_3 + 3C = 3CS_2 + 4Sb$$

$$Sb_2S_3 + 3CO === 3COS + 2Sb$$
$$Sb_2O_3 + 3C === 2Sb + 3CO$$
$$Sb_2O_3 + 3CO === 2Sb + 3CO_2$$

若炉料内存在 Sb_2O_4，也会发生如下的还原反应：

$$Sb_2O_4 + 2C === 2Sb + 2CO_2$$
$$Sb_2O_4 + 4CO === 2Sb + 4CO_2$$

同时，在炉壁液膜内有可能产生交互反应：

$$Sb_2S_3 + 2Sb_2O_3 === 6Sb + 3SO_2$$

在旋涡炉下部，熔融薄膜层的温度会因氧化硫化锑放出的热量而迅速上升，可高达1450℃，旋涡炉下部即成为造渣带和过热带。

由熔融液膜所包裹的少量硫化锑，将会发生造锑锍反应而生成锑锍，精矿中大量的脉石则会进行造渣反应。高速气流会冲刷大部分还原反应得到的金属锑而使其氧化升华，锍渣则会包裹剩余的极少量金属锑流入旋涡炉沉淀室。

玻利维亚文托炼锑厂即采用旋涡炉挥发熔炼工艺处理锑精矿，炉料加工、输送系统、旋涡炉及收尘系统组成了该厂的挥发熔炼系统。物料由炉料加工、输送系统磨细并被切向喷入旋涡炉中。旋涡炉包括反应室、辐射室、分离室和电热前床，反应室内径850mm、内高1300mm，冷却水套构成反应室和分离室。旋涡熔炼中，精矿中约75%的锑以 Sb_2S_3 的形式直接挥发，25%左右的锑氧化后再挥发。含 Sb_2S_3 和 Sb_2O_3 的烟气从反应室出来后便进入辐射室，然后全部被氧化为三氧化二锑，最后在冷凝收尘系统中收集锑氧。分离室将旋涡炉的炉渣和锑锍送入电热前床并使它们在其中保温、沉降和分离，分别定期放出炉渣和锑锍。

与鼓风炉挥发熔炼相比，旋涡炉挥发熔炼无需压团或制粒，且在该工艺的反应过程中硫化矿物的燃烧热能及细颗粒物料的表面能都可得到充分利用，减少了能源消耗，同时该工艺产出烟气中的二氧化硫浓度足够用于制酸。但该法要求磨细的物料质量指标严格，且备料设备复杂，能耗大，机械烟尘率高，锑氧质量会受影响，不利于后续还原熔炼。

c 悬浮挥发熔炼

北京有色金属研究总院曾对硫化锑精矿的悬浮挥发熔炼进行过试验研究，用了15种不同配料比做过19炉次试验，共处理了1283.5kg硫化锑精矿。试验在直径380mm的小型悬浮炉中进行，附属设备有沉淀池、空气预热室、自动加料器及布袋收尘室。

在最佳的试验条件情况下，其主要技术经济指标为：渣含锑2%以下，渣率22.5%左右，炉床能力15.4t/(m³·d)，总燃料消耗率为36%左右；每产出1t氧化锑，耗粉煤500kg、石灰99.5kg、纯碱56.5kg。

虽未进一步对硫化锑精矿悬浮熔炼进行扩大试验，但根据探索试验的结果可知，这一方法在技术上是可行的。使硫化锑精矿粒度小、表面积大、分散度高的特点在悬浮挥发熔炼法中能够充分利用，这使熔炼过程得到有效的强化。但该法制取的锑氧质量较差，无法用目前已成熟的反射炉还原熔炼进行作业，而且炉气中 SO_2 的浓度较低，无法用于制酸。

d 熔池熔炼

熔池熔炼工艺是向熔池内部鼓入空气、富氧空气、工业纯氧或空气与燃料的混合气体，使熔体呈剧烈的沸腾状态，此时当炉料从炉顶以各种不同的方式加入熔池表面时，炉内液、固、气三相充分接触，为反应的传热、传质创造了极为有利的条件，促使反应的热力学和动力学条件达到较为理想的状态而使反应迅速进行。矿石的内能在熔炼过程中得到充分利用，使该工艺向自热熔炼和节能的方向发展。

与其他方法相比，熔池熔炼工艺因为具有流程短、备料工序简单、冶炼强度大、炉床能力高、节约能耗、控制污染、炉渣易于得到贫化等一系列优点，所以得到了普遍重视。

熔池熔炼按反应气体鼓入熔体的方式，分为侧吹、顶吹和底吹三种类型。

（1）侧吹：富氧空气直接从设于侧墙而埋入熔池的风嘴鼓入铜锍-炉渣熔体内，未经干燥的精矿与熔剂加到受鼓风强烈搅拌的熔池表面，然后浸没于熔体之中，完成氧化和熔化反应。目前，属于侧吹熔池熔炼的有白银炼铜法、诺兰达法、瓦纽科夫熔炼法等炼铜、炼铅方法。

（2）顶吹：喷枪从炉顶往炉内插入，喷枪出口浸没于熔体之中或距熔池液面一定高度。根据冶金反应的需要，喷入还原性或氧化性气体，在湍动的熔池内完成还原或氧化反应。目前，属于顶吹的有艾萨熔炼法、三菱法和顶吹旋转转炉法等炼铜、炼镍、炼铅方法。

（3）底吹：喷枪由炉底往炉内插入，浸没于熔体中，如一步炼铅的 QSL 法，采用卧式长形圆筒反应器，在隔墙分开的氧化段和还原段都设有数个底吹喷嘴。在氧化段喷吹氧气，使硫化铅精矿氧化成金属铅和高铅（锌）炉渣；在还原段，喷吹氧气和还原剂（粉煤和天然气）贫化炉渣，回收铅、锌。

烟化炉烟化法是典型的熔池熔炼。烟化炉在我国工业生产中广泛而成功地用于炼铅炉渣的烟化、富锡渣以及富锡中矿的烟化处理，以便回收其中易挥发的有价金属，如 Pb、Zn、Sn、Bi、Cd、In、Ge 等。相比于静态熔池和固态料柱挥发，熔池熔炼工艺使易挥发金属及其化合物进入气相的过程得到强化，在气泡中金属易挥发组分的分压增大及扩散阻力大大降低，从而使整个挥发过程得以加快。所以就金属的挥发特性来说，烟化炉烟化法作为一种挥发工艺具有一系列无法比拟的优越性。

雷霆等人尝试了将烟化炉应用到锑冶炼工艺中，从而提出了一种炼锑新工艺：熔池熔炼-连续烟化法。该工艺本质上也属于挥发熔炼工艺，只是引入了新的挥发熔炼的设备——烟化炉。熔池熔炼-连续烟化法，将熔池分为熔池熔炼区和连续烟化区，熔池同时起到熔炼和还原挥发作用。根据配料比，以固体冷料的形式将物料加入，作业在同一炉内按加料—熔化—吹炼—放渣的程序循环进行，省去了常规烟化炉必需的化矿和保温设备，节省了基建费用，工艺简单、能源消耗低。

采用熔池熔炼-连续烟化法处理低品位锑矿，是在烟化炉内实现锑矿石的挥发熔炼过程的。新建的烟化炉开炉时，需预先烘烤炉膛，使整个系统预热，然后加入木柴、焦炭等并鼓入微风逐渐升温，待着火并且木柴、焦炭充分燃烧后，加入一定量的贫化炉渣，为形成液态熔池做准备；此时，调整鼓风机的风量，粉煤在一、二次风的作用下，由小到大送入炉内，粉煤在炉内燃烧，使炉温迅速升高，并逐渐形成熔体。待炉内温度升高到烟化炉作业的正常温度 1100~1200℃时，炉内整个熔池已基本形成，此时（或在熔池形成过程中）经配料后的炉料（低品位锑矿石、石灰石、铁矿石、烧渣等）从烟化炉炉顶加入。配料和加料是按如下方式进行：首先按确定的每批料量，低品位锑矿石、石灰石、铁矿石、烧渣分层堆配，初步混合，然后通过加料料钟和漏斗，加入烟化炉内。炉料分批加入（每批炉料计为一炉），烟化一定时间后，从渣口放出一定量的贫化炉渣。随后再加入第二批炉料，重复烟化—放渣作业。

炉料一入炉就经受高温的作用，并在熔池内沸腾、搅拌，气、固、液三相充分接触，剧烈地进行干燥脱水、离解、挥发、氧化和造渣等一系列复杂的物理化学变化。在熔池熔炼-连续烟化炉的正常作业温度 1100~1200℃时，烟化炉内大致发生如下化学反应：

$$2C + O_2 === 2CO$$
$$C + O_2 === CO_2$$
$$O_2 + 2CO === 2CO_2$$
$$CaCO_3 === CaO + CO_2$$
$$MgCO_3 === MgO + CO_2$$
$$FeAsS === FeS + As$$
$$2FeS + 3O_2 === 2FeO + 2SO_2$$
$$S + O_2 === SO_2$$
$$2Sb_2S_3 + 9O_2 === 2Sb_2O_3 + 6SO_2$$
$$Sb_2S_3 + 2Sb_2O_3 === 6Sb + 3SO_2$$
$$4Sb + 3O_2 === 2Sb_2O_3$$
$$Sb_2S_3 + 9Sb_2O_4 === 10Sb_2O_3 + 3SO_2$$

由以上各反应式可以看出，在熔池熔炼-连续烟化炉的作业条件下，锑矿石中的锑最后将以三氧化二锑的形式挥发，在冷凝收尘系统内富集收集，而反应过程中形成以及加入的氧化钙、氧化镁、氧化亚铁等将与物料中的二氧化硅等脉石造渣，由渣口放出。

熔池熔炼过程中，由于喷吹作用，熔池内部熔体上下翻腾，形成了熔体液滴向上喷溅和向下溅落。向下溅落的熔体流或称为熔体雨洗涤炉气中的机械粉尘，同时由于熔体与固体物料传热传质得到最大的改善，从而大大缩短了固体物料在炉内的停留时间，加快了固体物料的熔炼挥发，提高了炉床能力。工业实践的结果表明，机械烟尘率低，常可达到小于 1.0%，挥发烟尘的质量高，富集比大，有利于再处理流程的简化和获得较优的技术经济指标。

以锑的冶炼为例，采用熔池熔炼-连续烟化挥发法与现行鼓风炉熔炼挥发法相比，具有一系列的优点，主要表现在：

（1）对原料适应性强。粉矿块矿等都可直接入炉，省去了复杂的制团工序。熔池熔炼对入炉炉料的湿度、松散度和细度没有严格的要求，粉状锑精矿不需再经过造块及干燥处理，可以直接入炉熔炼。熔剂及返料，富块矿经破碎到小于 10mm 粒度范围后，即可直接加入炉内熔炼，不需细磨。

（2）因地制宜地采用低质煤代替鼓风炉所必需的优质冶金焦作为燃料和熔剂，降低冶炼加工成本。

（3）不需要再增加外加热前床，渣含锑就可达到较低水平。依据烟化炉处理锡渣生产实例，预计渣含锑可小于 0.5% 或更低，既提高了金属回收率，也节省了外加热前床的投资，节约了燃煤。

（4）可以处理含锑品位为 15%~30% 的中低品位锑矿，使矿山选冶回收率大幅度升高。以某锑矿为例，选 40% 锑精矿的选矿回收率为 60% 左右，如把精矿品位降至 15%~20%，选矿回收率可提高至 80%，加上冶炼回收率可再提高 5% ~ 10%（相对鼓风炉挥发熔炼）；如用直井式挥发熔炼，冶炼回收率将提高更大，即整个选冶回收率可提高 20%~25%，有效地利用了有限资源。

（5）当处理硫化锑矿时，由于按理论空气需要量控制鼓风量，空气过剩系数 α 小于或等于 1.0。冶金计算的结果表明，当精矿含硫达 20% 左右时，烟气中二氧化硫浓度可以满足制酸要求，为解决烟化中二氧化硫对环境污染提供了可能性。

（6）流程短，设备较简单，工艺过程容易掌握和控制，易于实现机械化和自动化，进一步提高劳动生产率，降低劳动强度。

上述简单的对比可以看出，以锑为例，采用熔池熔炼-连续烟化挥发取代现行鼓风炉熔炼挥发，由于取消了复杂的备料、压团、干燥等工序，用低质煤代替鼓风炉必需的优质冶金焦，特别是当处理硫化锑矿或硫氧混合矿时，有可能最大限度地利用精矿的内能，取消外加热保温前床，节约燃煤，从而将极大地降低能耗和加工成本，提高金属回收率，增加经济效益。

C 氧化锑的还原熔炼

锑矿石通过挥发焙烧或挥发熔炼产出锑的氧化物产品，俗称为锑氧或锑氧粉，其主要成分为 Sb_2O_3。挥发焙烧或挥发熔炼过程中，在收尘器的特定位置可以获得少量较纯净的高品质氧化锑并可作为最终产品出售，但大多数锑氧均含有较多的杂质元素。锑氧粉一般需经过还原熔炼可获得金属锑，然后再经一系列加工处理后，生产出各种锑产品出售。

锑氧粉的还原熔炼包括两个过程：一是氧化锑还原成金属锑的过程，二是除去锑氧中杂质的造渣和挥发过程。造渣是除杂的主要过程，在锑氧粉的还原熔炼过程中，大部分杂质进入炉渣而去除，少量杂质则挥发进入烟尘。

三氧化二锑是极易还原的氧化物，还原熔炼通常采用无烟煤或木炭作为还原剂。用固体碳还原金属氧化物，通常称为直接还原。当体系内有固体碳存在时，锑氧粉的还原过程主要发生以下反应：

$$Sb_2O_3 + 3CO == 2Sb + 3CO_2$$
$$CO_2 + C == 2CO$$

上述两个反应是锑氧粉还原的基本反应，固体碳还原锑氧粉的最终反应式为：

$$Sb_2O_3 + 3C == 2Sb + 3CO$$

三氧化二锑的还原熔炼大部分在反射炉内进行，个别工厂用鼓式旋转窑进行熔炼。在还原过程中，原料内含有的各种杂质金属氧化物，大部分被还原成金属进入锑中，其中最常见的是 As_2O_3 和 PbO。因为在焙烧过程中，锑精矿内砷和铅的硫化物与锑一起氧化挥发进入冷凝系统，被捕收于粗锑氧粉中，所以在大多数情况下，所得的金属锑需要精炼脱砷、铅，以制取合格的金属锑。

在锑氧粉的实际还原熔炼温度下，锑氧中含有的某些杂质在标准状态下易被碳还原，这类杂质包括 As_2O_3、PbO、Cu_2O、Ag_2O、HgO、SnO_2 以及 FeO 等。除 As_2O_3、SnO_2 以及 FeO 之外，上述杂质氧化物比 Sb_2O_3 更容易被碳还原而进入锑金属相中。As_2O_3 和 SnO_2 的标准生成自由焓与 Sb_2O_3 的相差不大，因此从理论上讲，当 Sb_2O_3 被完全还原时，大部分 As_2O_3 和 SnO_2 也将被还原成金属进入锑金属相中。所以，锑氧粉还原所得的金属锑需经过进一步精炼才能得到合格的精锑。至于锑氧粉中的杂质 FeO，虽然也可以被碳还原，但由于 FeO 易与酸性氧化物反应，因而在实践中主要利用造渣反应使其转入炉渣而除去。锑氧粉还原过程中主要杂质氧化物的还原反应如下：

$$As_2O_3 + 3CO == 2As + 3CO_2$$
$$Cu_2O + CO == 2Cu + CO_2$$
$$PbO + CO == Pb + CO_2$$

$$SnO_2 + 2CO \Longrightarrow Sn + 2CO_2$$
$$Ag_2O + CO \Longrightarrow 2Ag + CO_2$$
$$HgO + CO \Longrightarrow Hg + CO_2$$

在锑氧粉还原熔炼的温度范围 1000~1200℃内，由碳的气化反应（布多尔反应）所提供的 CO 浓度，均可以使这些杂质氧化物还原；而且除 Fe 和 Sn 等杂质氧化物外，Pb 和 Cu 等杂质氧化物比 Sb_2O_3 更容易被还原。

此外，锑氧粉中还有部分杂质难以被碳还原。锑氧粉中难被碳还原的杂质氧化物主要来自还原剂，主要是 CaO、MgO、Al_2O_3、SiO_2 等氧化物。在锑氧粉还原熔炼的实际温度下，这些杂质氧化物的稳定性很高，很难被碳还原，绝大多数进入炉渣而除去。生产实践中往往在还原熔炼作业中加入碱性熔剂，通常以碳酸钠作为熔剂，不仅能减少三氧化二锑的挥发，而且碳酸钠的熔点低、密度小且碱性强，能与各种酸性氧化物作用形成熔点低、流动性好的炉渣。例如，它与 SiO_2 和 Al_2O_3 反应可形成低熔点的硅酸钠（Na_2SiO_3）和铝酸钠（Na_2AlO_3）。碳酸钠还能与 As_2O_3 反应生成砷酸钠（Na_3AsO_4）使其进入炉渣，减少进入金属锑中的砷，从而起到预先精炼的作用。

锑氧粉还原熔炼过程所产出的炉渣，凝固后呈蜂窝状，俗称为泡渣，是由锑氧粉中的脉石成分、还原剂的灰分、添加的熔剂、锑及砷等组成的各种化合物，包括金属锑、锑酸钠、砷酸钠、硅酸钠、铝酸钠、亚锑酸钠、亚砷酸钠等。

此外，烟化法锑氧粉的物相较鼓风炉锑氧粉物相变化不大，以 Sb_2O_3 为主。Sb_2O_3 主要是等轴晶系，斜方晶系的较少，其他物相有无定形碳和石墨、赤铁矿（Fe_2O_3）、石英（SiO_2）等，但烟化法锑氧粉比鼓风炉锑氧粉的成分复杂、杂质含量较高，需要通过改变还原熔炼制度，才能顺利实现烟化法锑氧粉的还原熔炼。为了进行正常的还原熔炼，还需加入较多的碳酸钠，其技术经济指标也较差，故在采用"熔池熔炼-连续烟化法"处理低品位锑矿时，应尽量减少此类含有机械尘的低品位锑氧粉的生成。

D 直接熔炼

硫化锑精矿的直接熔炼法一般是指不需要经过锑氧粉的挥发环节，而直接从硫化锑精矿产出金属锑的方法。

a 沉淀熔炼

沉淀熔炼法是一古老的炼锑方法，最早在英国开始工业化应用。这种工艺方法不适宜处理中低品位硫化锑精矿，适宜的原料一般为锑（质量分数）45%~65%的富精矿或熔析的生锑，而且对精矿的粒度也有较严格的要求。如果物料中含有过多的脉石和杂质或浮选精矿的粒度过细，都不利于锑的沉淀熔炼。熔炼所用的沉淀剂一般为废马口铁。此外，高品位硫氧混合锑矿也可采用沉淀熔炼法生产金属锑。沉淀熔炼法虽然生产能力较低，但工艺和设备简单，适于小规模生产。

沉淀熔炼法的主要反应为：

$$Sb_2S_3 + 3Fe = 2Sb + 3FeS$$

在 Sb-Fe-S 三元系中，存在 Sb、Sb_2S_3、FeS 及几个相的分层区，其中一层为熔融金属锑相，另一层为硫化锑和硫化铁的熔体，后两者之间的溶解度很小。因此，利用这个反应可以获得金属锑。

对于硫氧混合锑矿的沉淀熔炼，还发生以下反应（假定氧化矿中的锑以三氧化二锑的形式存在）：

$$Sb_2O_3 + 3Fe = 2Sb + 3FeO$$

沉淀熔炼反应实际上是一种还原置换反应，即以铁作为还原剂把硫化锑或氧化锑中的锑置换出来。从理论上讲，只要某金属硫化物的稳定性大于硫化锑，则该金属可用于硫化锑的沉淀熔炼，对于氧化锑也同样如此。由于铁廉价易得，所以工业上一般用铁作为置换锑的沉淀剂。

沉淀熔炼法使用的主要设备为坩埚炉或一端倾斜的深炉膛反射炉或特殊的腰鼓炉。

（1）坩埚炉熔炼的工艺过程通常包括三期：

第一期为还原熔炼。先将坩埚放置于坩埚炉内预热，然后按照一定的配比在坩埚中加入锑精矿、废铁屑、还原煤、食盐及上批第二期熔炼所产熔渣，最后用锤成饼状的废铁覆盖在料面上。为了让硫化锑完全还原，第一期熔炼加入的铁要比理论量多一些。在熔炼期间要经常监视每一坩埚的内部情况，必要时可用铁棍将废铁压沉，以加速熔化。熔炼完毕，取出坩埚，将熔体倾入铁模内，再迅速将坩埚放回炉内，装第二批炉料继续熔炼。铁模内熔体冷凝后，除去上层熔渣得到一期粗锑。一期粗锑内含铁量一般较高。

第二期为除铁熔炼。将破碎后的一期粗锑加入坩埚内，并配入约 10% 的生锑以及少量食盐或芒硝。熔炼时应尽量避免用铁棍搅动，炉料熔化后，刮去表面浮渣，然后取出坩埚，倾入铁模内。第二期熔炼刮出的浮渣含锑较高，可用作第一期熔炼的配料。在第二期熔炼中，为了尽量除铁，往往加入过量生锑，从而使锑金属含硫较高，需进行第三次除硫熔炼。

第三期为除硫熔炼，也称为起花熔炼。将第二期熔炼所得锑金属破碎成小块，装入坩埚内；当锑金属开始熔化时，再加入碳酸钠和生锑作为衣子料（熔剂），熔剂覆盖在锑液表面，可防止锑氧化挥发；待锑金属完全熔化后，立即用铁棍搅拌，并迅速取出坩埚，将熔体倾入模内。锑锭冷却脱模后，除去表面熔渣及衣子层，即得到精锑最终产品。第三期熔炼时，锑的氧化挥发率较高，约达到装料的 10%，因而要求有完善的冷凝收尘设备，以减少锑的损失。

坩埚炉熔炼法有许多缺点，最主要的是生产能力小，工人劳动强度大，燃料及坩埚的消耗高；但锑的挥发损失较反射炉熔炼法的低。

（2）沉淀熔炼所用反射炉的炉膛较一般反射炉深，并向一端倾斜。在倾斜的一端砌有溜口，熔炼所得的液态锑通过溜口放出。小规模的熔炼生产则不设溜口，一般使用铁勺舀取锑液。

反射炉沉淀熔炼工艺通常分为还原熔炼和粗锑精炼两个过程，还原熔炼产出粗锑，再经精炼除杂后得到精锑。

还原熔炼时先加入一批易熔的熔渣与碳酸钠的混合物以及配有碳酸钠的锑精矿，待炉料完全熔化并除去炉渣后，再装入废铁并加以搅拌，使三硫化二锑迅速被铁置换，产出的金属锑沉降在反射炉的下部。重复熔炼数批装料后，除净锑液表面的炉渣，用铁勺舀出锑液，铸成粗锑锭。

精炼过程所用的反射炉比还原熔炼反射炉要小一些。精炼作业的第一步是将粗锑装入炉内重新熔化。粗锑入炉后，其表面覆盖一层以碳酸钠为主要成分的易熔熔渣，以防止锑氧化。粗锑熔化后，先让其经受短时高温，使所含杂质得以浮出；待锑液面上的浮渣除净后，即加入少量由氧化锑、硫化锑及碳酸钠组成的锑熔剂（衣子），将炉内锑液面全部覆盖，精炼一定时间后，即可舀出或放出锑液，铸成锑锭。

（3）腰鼓炉熔炼的特点是炉料和还原剂在炉内受到一定的搅拌作用，强化了炉料反应的接触面积，因而沉淀反应的速度较快。腰鼓炉所用炉料为锑矿石或精矿，配以纯碱、铁屑及碎焦，经一活动溜槽装入。采用发生炉煤气作为燃料。加热熔炼时，腰鼓炉即开始徐缓旋转，炉温维持在950℃左右。熔炼一段时间后，打开放出口，还原的金属锑注入模中，而炉渣则放入渣桶。腰鼓炉沉淀熔炼所得粗锑质量分数约95%。炉渣锑质量分数10%～16%，需要另外在回转窑内进行烟化处理。

b   反应熔炼

反应熔炼的主要原理就是通过金属硫化物与其氧化物之间进行的交互反应来得到金属单质。对于炼锑，即是硫化锑和氧化锑之间进行交互反应产出金属锑，主要发生的化学反应如下：

$$2Sb_2S_3 + 9O_2 = 2Sb_2O_3 + 6SO_2$$

$$Sb_2S_3 + 2Sb_2O_3 = 6Sb + 3SO_2$$

$$2Sb_2S_3 + 3Sb_2O_4 = 10Sb + 6SO_2$$

由实验研究表明，当反应温度至大约800℃时，Sb_2S_3 和 Sb_2O_3 之间的交互反应便已经开始进行，且反应速率会随着反应温度升高而大大提高，反应于温度达到1000℃时接近完全。

c   低温熔炼

目前的高温熔炼方法因为采用高温熔炼易熔金属，烧结、鼓风炉熔炼及炉渣烟化等，所以存在着能源消耗大、产生大量烟尘及废气、恶化周围环境等问题。为了避免污染破坏工作区和工厂附近的生态环境，克服现有工艺的不足，冶金人员对采用低温熔炼锑进行了研究。

（1）碱性熔炼工艺：碱性熔炼工艺于 1948 年由苏联一学者提出，在 20 世纪 90 年代末，中南大学等单位在其基础上又提出了低温碱性熔炼工艺，并进行研究探索，该工艺一开始主要应用于炼铅，经过多年的发展，不少的学者也探索和研究了将低温碱性熔炼应用于锑精矿。硫化锑与碳酸钠或氢氧化钠一起进行熔炼时，需要添加还原剂（碳），才能生成金属锑。高温下碳酸钠和氢氧化钠容易分解成 Na_2O，所以用下列化学反应式表示硫化锑的碱性熔炼。

$$2Sb_2S_3 + 6Na_2O + 3C \Longrightarrow 4Sb + 6Na_2S + 3CO_2$$

该工艺具有熔炼温度低、能源消耗低、无二氧化硫排放、对环境友好、所得粗锑质量高等优点，但该工艺金属锑的产出率和设备的生产率都较低，碱消耗量大，生产成本高，工业应用较难。

（2）熔盐熔炼：在碱性熔炼工艺中，由于加入了 NaOH，虽然反应强度提高，促使主反应的发生，但是它也会与精矿中存在的其他金属化合物进行反应，导致消耗过多的碱；而且炉膛会在强碱性的环境下严重腐蚀，使设备的寿命缩短。为了克服上述的问题，碱性熔炼工艺被不断研究改进，中南大学用 Na_2CO_3 等盐类化合物替代 NaOH，在碱性熔炼工艺的基础上发展了有色金属的熔盐熔炼工艺，形成了熔盐熔炼的雏形。

d　造锍熔炼

硫化锑精矿的造锍熔炼有两种，一种是还原造锍熔炼一步炼锑法，它是于铁锍中将硫固定，并使锑还原为金属锑；另一种称为造锍熔炼两步炼锑法，则是先使硫化锑精矿熔炼成锑锍，之后再对锑锍进行处理制得金属锑。

还原造锍熔炼一步炼锑法由唐谟堂等人研究开发。该工艺是在还原剂的作用下，利用造锍剂生成铁锍固硫，并加入苏打、芒硝、食盐以及生石灰等进行造渣，从而得到金属锑。通常可选择黄铁矿烧渣、湿法冶金铁渣，或氧化铁矿作为造锍剂，也可选用氧化铜等物料；还原剂则常选用煤粉。用水浸出熔炼得到铁锍后，可使硫化钠进入溶液中，硫化钠则可以通过蒸发结晶回收。然后用湿法氧化处理浸出渣则可分别回收硫磺、氧化铁渣和含锑二次精矿，或者将其氧化焙烧，将烧渣返回熔炼工序回收有价金属，并且可收集生成的高浓度二氧化硫进行制酸，解决了低浓度二氧化硫的污染问题。

造锍熔炼两步炼锑法，第一步是先将硫化锑精矿加入硫酸钠作造锍剂并加入过量的煤条件下熔炼得到锑-钠锍，第二步是将得到的锑-钠锍进行进一步处理从而获得金属锑。锑-钠锍有两种处理方式，一种是用硫化钠溶液浸取锑，再电积处理含锑溶液，在阴极得到金属锑，或者置换出锑，浸出渣中残留的有价值的金属再另外处理；另一种是锑锍在熔融状态下电解，在阴极上析出金属锑，电解残余物 Na_2S 则可返回熔炼过程。用湿法处理流程成本较高，但锑的总回收率高。熔盐电解流程的优点是工艺简单，硫酸钠消耗量低，可充分利用原料中的硫，降低成本，但其实现工业化应用较难，对电解槽有较高要求。

e　低温焙烧–还原熔析

火法炼锑中传统的挥发焙烧–还原熔炼工艺存在着对环境污染大、工艺流程长、操作不便和设备费用高等缺点。

为了克服这些缺点，中南矿冶学院与锡矿山在 20 世纪五六十年代进行了合作，探究了非挥发焙烧试验。20 世纪 90 年代贵州工业大学也进行了多次试验来探究非挥发焙烧。

该工艺的原理是利用硫化锑极易氧化的性质，将其在较低温下进行氧化生成氧化锑。辉锑矿在空气中的着火温度会随着物料的粒度改变而改变。当粒度为 0.1mm 时物料在 400℃ 以下即可实现全部脱硫，生成固态的氧化锑与脉石共存于焙砂中，从而实现非挥发的低温焙烧。而将氧化锑还原为金属锑，可以在较高的温度下用固体炭进行还原，或者用气体在较低的温度下还原。根据氧化锑的易还原性和金属锑的低熔点，氧化锑还原成金属锑可以将还原温度控制在金属锑的熔点（约 630℃）范围内完成，之后温度提高到 700℃ 即可让固体锑粒熔析成液态沉聚，从而将锑与其他高熔点的脉石分离。

低温焙烧–还原熔析工艺因在较低的温度下进行焙烧，其整个过程可以在趋于封闭的体系中完成，从而简化工艺，提高设备利用率，并有效地减少锑的损失，而且砷、硒在焙烧时即可除去一部分；然后熔析时只要窑内为还原气氛，砷、硒即可降低到理想值，得到高品质的粗锑；焙烧烟气中二氧化硫的浓度也方便制酸，避免了挥发焙烧会产生低浓度二氧化硫的污染问题。但是原矿中的脉石成分会残留在低温非挥发焙烧的焙砂中，导致其杂质过多，不利于反射炉还原熔炼工艺对其进行还原熔炼，大规模工业化应用还有许多问题需要解决。

f　熔盐电解

硫化锑精矿的熔盐电解是用硫化锑与硫化钠共熔，在合适的温度及电气条件下进行电解，在阴极上析出金属锑，在阳极上析出硫。但该技术存在着锑与硫化锑会互溶，且熔体的电子导电性大等问题，故此，技术一直未能在工业上得以应用。

g　氢还原

早在 20 世纪初，即有人开始研究了硫化锑的氢还原。根据试验，在加热的硫化锑中通入氢气即可获得金属锑，化学反应式如下：

$$Sb_2S_3 + 3H_2 =\!=\!= 2Sb + 3H_2S$$

该反应在较低的温度下即可发生，且随温度的升高反应加快，硫化氢的分压也会提高,温度升高有利于硫化锑的还原,因此该反应最好在较高温度下进行。

用氢气直接还原硫化锑生产金属锑,比目前常规的锑冶炼法的速度要快。但该还原反应的基础理论研究不够,工业应用也缺乏设计良好的还原反应器以及 H_2S 气体的处理等方面都需要进一步研究。

3.2.2.2 湿法炼锑技术

A 碱性浸出-硫代亚锑酸钠溶液电积法

碱性湿法炼锑适合处理硫化锑精矿,通常使用硫化钠和氢氧化钠的混合溶液作为浸出剂,氢氧化钠可以抑制溶液中的硫化钠水解。碱性浸出-硫代亚锑酸钠溶液电积法主要包括锑的碱性浸出和浸出液的处理两道工序,即先用硫化钠和氢氧化钠的混合溶液将锑精矿浸出,生成硫代亚锑酸钠溶液,之后对硫代亚锑酸钠溶液进行电解,得到阴极锑。硫代亚锑酸钠溶液的电积方式有两种,分为隔膜电积和无隔膜电积,它们的主要区别在于电解液不同。隔膜电积用隔膜袋隔离阴极液和阳极液,浸出时的浸出液作为阴极液,锑主要以 Na_3SbS_3 的形式存在,$NaOH$ 溶液构成阳极液。无隔膜电积则直接使用碱性浸出液作电解液,根据实际生产的情况补加 $NaOH$。目前,我国的企业通常选用隔膜电积法。

选用硫化钠和氢氧化钠的混合溶液作为浸出剂对硫化锑精矿浸出时,主要化学反应如下:

$$Sb_2S_3 + Na_2S \rightleftharpoons 2NaSbS_2$$
$$NaSbS_2 + Na_2S \rightleftharpoons Na_3SbS_3$$
$$Na_3SbS_3 \rightleftharpoons 3Na^+ + SbS_3^{3-}$$
$$Na_2S + H_2O \rightleftharpoons NaOH + NaHS$$
$$Sb_2S_3 + 4NaOH \rightleftharpoons NaSbO_2 + Na_3SbS_3 + 2H_2O$$
$$Sb_2O_3 + 3Na_2S + 3H_2O \rightleftharpoons Sb_2S_3 + 6NaOH$$
$$Sb_2S_3 + 3Na_2S \rightleftharpoons 2Na_3SbS_3$$

硫化锑很容易溶解在硫化钠碱性溶液中,Sb_2S_3 也优先与硫化钠反应,只有当溶液中的硫化钠不足时,Sb_2S_3 才会与 $NaOH$ 发生反应。而三氧化二锑在硫化钠溶液中的溶解一般认为分为两步,第一步三氧化二锑先与硫化钠生成硫化锑,第二步再生成硫代亚锑酸钠。该溶解反应较硫化锑的溶解反应难以进行,高价氧化锑则更难。

电积过程的总反应式如下:

$$4Na_3SbS_3 + 12NaOH \rightleftharpoons 4Sb + 12Na_2S + 6H_2O + 3O_2$$

根据上式可知,碱性浸出-硫代亚锑酸钠溶液电积工艺中的硫化钠可再生,而原料中的硫可通过 $NaOH$ 转化为硫化钠,所以 $NaOH$ 的用量需要考虑原料中的硫含量。

该技术得到的阴极锑质量好，锑回收率高，对设备防腐要求不高，有利于工业化应用，还能将原料中的硫转化为硫化钠综合利用，避免了火法炼锑中低浓度二氧化硫的污染问题。但该工艺的流程复杂、消耗大量碱和电能，导致成本高、经济效益不够高，而且电积时会产生碱雾使劳动条件恶劣。

B　碱性浸出-直接还原法

目前，工业生产中使用的湿法炼锑多以碱性浸出-硫代亚锑酸钠隔膜电积工艺为主，因为电积处理浸出液存在诸多问题，所以相关工作人员探索研究新技术和方法以取代电积法。根据研究结果显示，浸出液中的锑可被氢、甲醛在高压下还原制取，还可以由 Fe、Al、Zn、Cu 等较负电性金属置换。碱性浸出-直接还原法中碱性浸出部分如碱性浸出-硫代亚锑酸钠溶液电积法中所述，在此只介绍还原的相关方法。

（1）碱性浸出液的高压氢还原法，其化学反应式如下：

$$2Na_3SbS_3 + 6NaOH + 3H_2 =\!=\!= 2Sb + 6Na_2S + 6H_2O$$

由上式可知，在一定的压力和温度下，当体系中的 NaOH 足够多时，三价锑能够被氢气还原为金属锑，而 Na_3SbS_3 中的硫则被转化为了硫化钠。该方法能得到质量好的硫化钠结晶，但还原后的锑粉中铁含量较高，反应管壁黏结锑粉，结疤严重，还原速率较低。

（2）碱性浸出液的铝还原法，该方法是用铝粉将硫代亚锑酸盐中的锑还原置换出来，其化学反应如下：

$$2Na_3SbS_3 + 8NaOH + 2Al =\!=\!= 2Sb + 6Na_2S + 4H_2O + 2NaAlO_2$$

还原出来的金属锑呈粉末状，从而在溶液中沉淀分离。为了避免铝粉与锑粉混杂导致金属锑的质量被影响，金属铝粉的加入量应确保金属铝反应完全；而且铝酸钠会在还原后液中积累，还原后液需要经过复杂的净化过程后才能返回流程使用。

C　氯化浸出-电积法

氯化浸出法是硫化锑精矿在盐酸环境下，以三氯化铁、五氯化锑或氯气等强氧化性浸出剂作浸出剂浸出锑精矿。原料中的大部分金属硫化物转化为相应的金属氯化物进入溶液中，硫则被氧化为元素硫进入渣中，大部分金属氧化物则与盐酸反应生成金属氯化物和水，浸出完成后即可在合适的条件下固液分离。以三氯化铁为浸出剂的浸出液则可用于电解制取金属锑，其浸出过程的主要化学反应式如下：

$$Sb_2S_3 + 6FeCl_3 =\!=\!= 2SbCl_3 + 6FeCl_2 + 3S$$

$$SbCl_3 + Cl^- =\!=\!= SbCl_4^-$$

在隔膜电解槽中进行电解时，将浸出液加入电解槽的阴极室中，在阴极上析出锑，含 $FeCl_2$ 及少量 $SbCl_3$ 的阴极废液则送入阳极室中，在阳极氧化再生

$FeCl_3$。隔膜则可以防止 Sb^{3+} 进入阳极室被氧化为 Sb^{5+} 而降低电流效率。

氯化浸出-电积法工艺具有金属浸出率高、产品质量好、无 SO_2 污染、电解电流效率高、直流电耗低等优点，但其不仅有要求设备的防腐性能高、氯化浸出选择性差、浸出液杂质较多、浸出液难以净化等缺点，而且氯化锑溶液在电积时容易在阴极形成爆锑，即一种在工业上既危险又没有价值的物质。因此，氯化浸出-电积工艺难以在工业上应用。

D 氯化浸出-干馏法

处理铅锑矿时，则需要考虑到多元素的综合利用，中南大学某团队为了有效分离脆硫锑铅精矿的铅锑，提出了氯化浸出-干馏法。锑、锡、砷等氯化物与铜、铅、锌等其他氯化物的蒸气压差别较大，该工艺根据这一原理通过干馏等方法实现有效分离金属与杂质。该工艺首先将精矿用混有 $SbCl_3$ 和 HCl 的溶液浸出，使原料中的金属硫化物转化为氯化物和元素硫，然后将 $SbCl_3$、$AsCl_3$ 和 $SnCl_4$ 在高于 $SbCl_3$ 的沸点温度下干馏出来，而干馏渣则是高沸点的氯化物 $PbCl_2$、$FeCl_2$、AgCl 和脉石成分，实现铅锑分离。之后，将以 $SbCl_3$ 为主的馏出液经过除砷脱锡后，即可得到合格的锑产品；干馏渣用稀盐酸浸出等工序分别回收其中的有价金属之后，用氯化等方法处理浸出液，从而再生 $FeCl_3$ 回用；而浸出渣则通过食盐水使铅被浸出，再通过冷却结晶处理含铅浸出液得到 $PbCl_2$，对其进行后续处理能够获得腐蚀级铅或者铅的化合物。

氯化浸出-干馏法对原料具有非常强的适应性，适用于各种复杂含锑物料，如含铅的复杂锑矿、含锑高砷的复杂烟尘，以及含高砷低银类的复杂阳极泥等。该工艺能够有效分离金属并实现综合回收利用，避免浪费资源并对环境友好；但该工艺能耗高且处理成本高，对设备也有较高的要求，工业化应用受限。

E 新氯化-水解法

新氯化-水解法工艺是用 $SbCl_5$ 将锑精矿中的锑氯化为 $SbCl_3$ 进入溶液中，在浸出过程中通过控制电位实现锑的选择性浸出，原料中的硫则被氧化成单质硫来进行回收。然后对浸出液除杂净化后，通过控制浸出液的 pH 值为 $1 \sim 2$，使 $SbCl_3$ 水解生成 SbOCl，在往溶液中加过量的水后 SbOCl 则会进一步水解生成 $Sb_4O_5Cl_2$，反应完全后再加碱中和使 $pH = 7 \sim 8$ 就可得到 Sb_2O_3，最后 Sb_2O_3 经过晶型转换、洗涤、烘干等工序得到锑白。

相比于 $FeCl_3$ 浸出法，该法能够直接得到高质量的锑白，没有再生 Fe^{3+} 的困难，还能够处理复杂物料，除杂简便；但该工艺耗水量大、废水排放较多、试剂消耗多、经济效益不够好。

F 氟硅酸铁浸出-电积法

氯化浸出法处理含铅锑精矿时，矿石中的铅会以 $PbCl_2$ 的形式进入浸出渣，要回收铅还需要对渣进行其他处理，会使工艺变复杂。$PbSiF_6$ 在水中的溶解度比

$PbCl_2$ 要大得多，能够实现在电积阶段从阴极同时提取锑和铅，昆明理工大学就选用氟硅酸铁作浸出剂对脆硫锑铅精矿进行了浸出试验研究。

用氟硅酸铁溶液浸出脆硫锑铅精矿，然后浓缩和洗涤浸出矿浆。硫和其他贵金属都进入浸出渣中，可以用其他方式进行回收利用。铅和锑被选择性浸出，然后用铅粉置换出浸出液中的铜和锡。净化后液则送往隔膜电解槽电解，在电解阶段，在阴极析出铅锑固溶体合金，在阳极则使浸出液中的 Fe^{2+} 被氧化，从而使氟硅酸高铁溶液再生返回利用。

3.2.2.3 矿浆电解法技术

矿浆电解是将浸出和溶液净化、电积等的方法过程结合在一个装置中进行，向该装置中加入粒度合适的原料，即可直接从该装置中得到产品。其实质是利用电积过程的阳极氧化反应来浸出物料，将电积过程中耗能大的阳极反应转变为金属的选择性浸出。

矿浆电解需要配置合适的矿浆，一般是直接电解处理由适合的电解质溶液和硫化锑精矿组成的矿浆。电解槽阳极区和阴极区通常由渗滤性隔膜分隔开，矿浆加入阳极区并进行搅拌以保证物料悬浮，物料中的金属溶解在阳极区后，穿过隔膜进入阴极区，在阴极上获得金属产物。阳极区的浸出产物进入固液分离作业，液体返回电解槽，固体渣则视其是否还含有价金属，或丢弃或进一步处理以回收其中的金属。如果隔膜选用阴离子交换膜时，将阳极区浸出产物固液分离后，用常规方法处理浸出渣即可，浸出液则送至阴极区电积，从而在阴极析出锑。

矿浆电解的阳极通常由石墨制作，而阴极除了用石墨制作外，钛板、铅板或铜板都可以作为阴极材料。隔膜由石棉或合成纤维制成，随工艺改变而选用离子交换膜。矿浆电解的矿浆介质大多选用盐酸-氯盐溶液，常用的介质有 NaCl+HCl 水溶液、$CaCl_2$+HCl 水溶液及 NH_4Cl+HCl 水溶液等。

北京矿冶研究总院率先成功使用盐酸-氯化铵体系的矿浆电解法处理复杂脆硫锑铅精矿。原料中的铅与大部分的硫被留在阳极浸出渣中，而其中的锑在阴极上析出而得到锑板。渣中的铅以 $PbCl_2$ 的形式存在，硫以单质硫的形式存在。硫约占渣总质量的 20%，通过以碳铵将其转化，再以煤油热过滤的方法使其溶出，溶出率超过了 70%。溶出单质硫之后，浸出渣中的含铅量超过 45%，而含硫量低于 15%，可以直接对其使用火法炼铅工艺制取金属铅。

矿浆电解是在一个装置中由一个步骤同时完成物料的浸出与金属的制取，流程简短，可循环使用电解处理后分离出的液体，减少了试剂消耗与成本。硫化矿中的硫主要转化为方便处置的单质硫，避免了常规火法炼锑中的低浓度二氧化硫污染，并且阳极区一般不会析出 Cl_2 和 O_2，劳动环境好。但该工艺操作难度较大、所需的电解槽结构较复杂、反应效率低、对原料适应性不强、生产成本在某些情况下很高等问题，使其工业化应用受到限制。

3.3 锑冶金工业发展

随着能源日趋紧张，环境保护法规日益严格，传统的火法冶炼工艺必将被新的强化熔炼方法所取代。针对目前锑冶炼存在的问题，近年来许多有关企业、院校等单位开展了大量研究工作，在富氧熔池熔炼、含锑复杂物料处理方面取得了一定的研究成果。

3.3.1 熔池熔炼的发展

富氧熔池熔炼具有熔炼效率高、能耗低、原料适应性强等优点，烟气中 SO_2 浓度高适宜制酸，可实现自动化控制，是实现锑冶炼中强化熔炼的有效方法，有着较好的发展前景。

3.3.1.1 锑精矿富氧侧吹挥发熔池熔炼

锡矿山某锑业有限公司牵头，联合中南大学、长沙有色冶金设计研究院和长沙矿冶研究院共同开展了锑精矿富氧侧吹挥发熔池熔炼技术研究，并于 2013 年底建成了 2.16m² 的工业试验炉，迄今已经开展十多次工业试验，取得了较好的效果。制粒的锑精矿与焦粒、熔剂计量后连续投入熔池中，富氧空气从侧面鼓入渣-锍界面的熔渣层内，富氧空气压力控制在 0.05~0.15MPa，富氧空气的流速为 150~230m/s，炉内保持较弱的氧化性气氛或中性气氛，高温条件下锑挥发进入烟气，脉石成分与熔剂造渣。由于熔池中熔渣搅拌充分，熔渣中的锑锍、金属锑微粒不断碰撞而聚集长大，实现熔渣与锑锍、金属锑的高效分离，炉渣含锑较低可以直接丢弃。入炉富氧空气含氧达 80% 以上，燃料直接在熔渣中燃烧，热效率很高，出炉烟气量大幅减少，节能效果明显，且烟气 SO_2 浓度高适宜制酸，消除低浓度 SO_2 烟气对环境的影响。

研究表明：锑精矿基本实现富氧侧吹挥发熔池熔炼，97% 以上的锑进入烟气，烟气 SO_2 浓度大于 13%（在线 SO_2 监测仪上限），渣含锑 1% 可直接丢弃，原料中 97% 以上的金富集在贵锑中。该方法原料适应性强，可以处理各类中高品位的锑精矿，金富集在贵锑中。与锑鼓风炉富氧挥发熔炼技术相比较，富氧侧吹挥发熔池熔炼技术的煤耗要降低 50% 以上，烟气可直接制酸，炉床能力更大，操作条件更好，工艺过程可实现自动控制，但是全水套炉身带走的热损失高达 30%，需要完善工艺结构减少热损。

3.3.1.2 锑精矿富氧底吹熔池熔炼

河南某公司开展了辉锑矿的富氧底吹熔池熔炼技术研究。将辉锑矿、铁矿石、石子和无烟煤按照比例计量并混合均匀，连续进料投入底吹氧化熔炼炉内进行熔化，并发生离解、脱硫、氧化、挥发和造渣反应，炉内温度 1000~1200℃，熔池深度 600~1200mm；从炉子底部用气体喷枪向熔体中供入 0.4~1.2MPa 压缩空气或富氧压缩空气和氮气，供入的气体对熔体进行剧烈搅拌并参与氧化造渣反应，产出烟气和熔体（包括炉渣、贵锑、锑锍）；炉渣经电热前床分离后产出弃渣，渣含锑小于1%；烟气降温收尘后送制酸，烟尘经制粒后，送底吹还原炼锑炉作为配料。该方法适用于处理高品位的辉锑矿或含硫高的锑矿，由于富氧空气是从底部鼓入金属层，熔渣含锑高，因此必须经过电热前床澄清分离后，炉渣才能丢弃；若入炉物料中含有金，则金在产物中会分散，给金的后续回收处理带来不利影响。目前，该方法还未实现工业化。

3.3.1.3 锑精矿富氧顶吹挥发熔池熔炼

湖南某公司开展了锑精矿富氧顶吹挥发熔池熔炼技术研究。采用顶吹熔池熔炼技术，用普通块煤替代焦煤；入炉物料的比例为：锑矿：铁矿石：石灰石：块煤 = 100：（30~60）：（15~25）：（3~6），富氧空气从炉顶喷枪鼓入，同时从喷枪补入天然气等燃料，喷枪插入熔池深度 150~350mm。炉子出口 SO_2 浓度可达 6.5%~16.7%，使含硫烟气直接制酸成为可能。单位面积处理量为 32~38t/（m^2·d），与现有锑鼓风炉富氧挥发熔炼水平相当，渣中含锑 1.2%~1.8%（偏高）。

该方法对原料适应性强，可处理锑精矿及铅锑矿；但是烟气若直接制酸，则只能处理含硫高的锑矿，喷枪容易损坏，需定期维修，降低了生产利用率。目前，该方法并未实现工业化。

3.3.1.4 粗氧化锑粉还原熔池熔炼

为降低氧化锑在高温熔池中的挥发量，锡矿山研究了将粗氧化锑粉与燃料一起喷入熔池熔渣层的方法，富氧空气从侧面鼓入熔渣层中，在熔渣层内氧化锑与碳质还原剂迅速反应，生成金属锑而与熔渣快速分离，渣中含锑低，可以直接丢弃，其余物料计量配料后从炉顶加入。

河南某公司采用富氧侧吹还原熔池熔炼技术处理锑烟灰（处理铅阳极泥时所产含锑50%的锑氧粉），锑烟灰制成粒子，与铁矿石、石末、焦粒按照比例计量后一起加入熔池中，焦粒的比例为8%~12%，并同时补充燃气供热，粗锑从炉底连续虹吸排放，熔渣定期排放。炉渣中 $w(Fe)/w(SiO_2) = 1$，$w(CaO)/w(SiO_2) = 0.5$，炉渣黏度小，渣含锑小于2%，可直接丢弃。河南另一公司采用富氧底吹还原熔池熔炼技术处理锑烟灰，所不同的是，富氧空气直接鼓入炉底的金属层，造成熔渣中的锑含量比较高，必须将熔渣排入外设的电热前床加热澄清分离后，炉渣才可以丢弃。

粗氧化锑粉还原熔池熔炼新技术与传统反射炉还原熔炼技术相比优势明显：炉床能力 6~10t/（m^2·d），为反射炉工艺的 10 倍以上，煤耗小于15%，只有反射炉工艺的三分之一；原料的适应性很强，锑氧质量对熔池熔炼没有影响，而传统反射炉工艺对锑氧质量要求高，还原熔池熔炼还可以直接处理高品位的氧化锑矿，直接生产粗锑。

3.3.2 复杂含锑物料处理技术的发展

铅阳极泥作为复杂含锑物料，一直以来采用反射炉还原熔炼工艺，现在多是采用熔池熔炼新技术处理铅阳极泥，如河南某公司采用底吹熔池熔炼工艺、河南另一公司采用侧吹熔池熔炼工艺。

复杂含锑物料——铅阳极泥被连续投入熔池熔炼炉，与还原剂在熔池中发生还原反应，得到富集金银的贵铅，贵铅在转炉中氧化吹炼，杂质陆续造渣与金银分离，粗银电解分别回收金、银；贵铅吹炼过程所产生的含锑烟灰与铅阳极泥还原熔炼过程所产生的含锑烟灰制粒后一道进入还原熔池熔炼，生成粗锑，精炼除砷后，再进行氧化低温吹炼，可生产优于国标要求的 99.00 锑白，所产贵铅送电解回收金银。

该新技术与原有传统技术相比，生产能力提高，操作环境、操作条件大大改善，能耗低，资源回收率高，能够直接生产出质量优良的 99.00 锑白。

3.3.3 氯化-隔膜电积新技术

湿法炼锑有碱法工艺和酸法工艺，其特点是都消除了低浓度 SO_2 烟气对环境的影响，锑回收率高。碱性浸出-电积法对原料的适应性强，但是废水处理量大、副产品硫化钠增生严重、电流效率低，原锡矿山矿务局 20 世纪 80 年代在半工业试验基础上建成了湿法炼锑厂，实际运行时技术指标很不理想，最后放弃了该工艺。2016 年初湖南某厂建成了 1kt/a 碱性湿法炼锑生产线，但是增生的硫化钠没有进一步处理，电流效率低，阴极锑电耗大于 6000kW·h/t，金在浸出液中的溶解率大于 10%。氯化-水解法可以获得高纯氧化锑产品，但是需要消耗大量的纯水稀释溶液，废水处理量大，在环保要求日益严格的条件下难以生存。$FeCl_3$ 浸出-电积法对原料适应性强，但是溶液中杂质积累速度快，电积条件难以控制，难以实现工业化生产。近年来，在 $SbCl_5$ 浸出-净化-隔膜电积法的研究上有了新的进展。

以 $SbCl_5$ 酸性溶液浸出锑矿，控制适宜的浸出条件，辉锑矿的浸出率可达到 99.5%以上，硫以单质硫的形式回收；根据浸出液中 $[Sb^{5+}]$ 的浓度，过量添加锑粉，将 Sb^{5+}、Fe^{3+} 还原为 Sb^{3+}、Fe^{2+}，消除其电积时的影响；$[H^+]$ 大于 3mol/L 时，Sb_2S_3 的溶解度足够大，采用硫化法除去浸出液中的重金属杂质 Cu、As、Pb、Cd，之后再用次磷酸钠还原脱除净化液中的砷；净化液进行电积，阴极为紫铜板，阳极为石墨，阳极室与阴极室之间用阴离子交换膜隔开，以杜绝阳离子的反向迁移提高电流效率，电解液中加入合适的表面活性物质，$[Sb^+]$ 为 70g/L 时，可以得到表面平整的阴极锑，阴极锑化学成分除铜以外，全部符合国标 Sb 99.50 产品的要求；含 Sb^{5+} 的阳极液作为浸出剂返回浸出。

　　$SbCl_5$ 浸出–净化–电积法的优点是显而易见的：原料适应性强，回收率高，电流效率高，电耗低，小于 1200kW·h/t；阳极液返回浸出，循环利用，没有废水外排。但是其也有需要完善之处：部分杂质在溶液中有积累上升的趋势，处理高品位锑矿时会出现阴极液逐渐增多的问题。因此，该法要在工业上应用，还需要进一步研究完善工艺。

3.3.4　矿浆电解处理技术的发展

　　矿浆电解是北京矿冶研究总院自主研发的具有我国自有知识产权的湿法冶金技术，是将矿石的浸出、部分溶液净化以及电解沉积等过程结合在一个装置中进行的一种湿法冶金过程，可充分利用电解沉积过程中阳极的氧化反应来浸出矿石。研究表明，采用该技术处理多金属复杂矿及伴生矿，具有有价元素的综合利用好、金属回收率高等特点。

　　北京矿冶研究总院在开展了高砷锑金精矿矿浆电解小型试验、连续扩大试验的基础上，与湖南某集团合作在某公司建设了 1000t/a 阴极锑工业试验生产线，采用矿浆电解工艺处理高砷含金锑精矿。工业试验表明，对不同品位原料，锑浸出率大于 98%、砷浸出率小于 1%，阴极锑含砷约 0.3%，金几乎全部富集于浸出渣中，绝大部分砷和硫均留置在渣中，从根本上避免了大量砷碱渣的产生和低浓度 SO_2 的危害，实现了锑、砷、金较好地分离，特别是生产现场环境较火法工艺有较大优势。生产过程中 1t 阴极锑主要消耗工业盐酸 286kg，总电耗 3389kW·h/t，其中矿浆电解直流电耗 1318kW·h/t。

　　矿浆电解处理高砷含金锑精矿目前还存在一些问题需要解决：一是铁的开路问题，矿浆电解过程原料中的铁有 4% 进入溶液，会造成溶液中铁的富集，降低电流效率，因此需要定期对溶液除铁，寻求一种简单、方便、经济的除铁方案对矿浆电解工艺的平稳运行具有重要意义；二是实际生产能力较低，主要是因为矿浆含锑浓度不能太高，流量不能太大，否则会因为隔膜袋的阻挡而迅速沉降或造成浸出时间不够，因此设备利用率低，生产效率低，难以扩大生产规模。

4 锑冶炼新技术

4.1 鼓风炉炼锑技术现状

锑冶炼原料主要为辉锑精矿，国内锑冶炼仍采用 20 世纪 60 年代开发的鼓风炉挥发熔炼技术。鼓风炉挥发熔炼是将锑精矿通过制团、压球后与焦炭按一定配比加入鼓风炉中，一起加入的还有石灰石、铁矿石和石英砂等造渣剂。锑精矿中的硫化锑在高温条件下迅速升华挥发进入与鼓风炉连接的鹅颈与火柜，并被其中吸入的空气氧化形成氧化锑。而锑精矿中的脉石成分则与造渣剂一起形成熔融炉渣，此外还会有少部分金属锑和锑锍生成。炉渣、金属锑和锑锍从鼓风炉底流入前床，通过前床的静置保温实现分层，然后分别放出。氧化锑经冷却降温，采用布袋收集，作进一步处理。

该工艺自开发应用至今已有半个多世纪，其存在的主要问题如下：

（1）能耗大。鼓风炉挥发熔炼需要加入炉料 35%～50% 的焦炭为熔炼过程提供热量，而硫化锑的氧化会放出大量的热，但其氧化过程多在鹅颈、火柜中进行，反应热不仅没有合理利用，而且后续需要大面积的表面冷却器降低烟气温度，综合能耗（标煤）超过 1500kg/t。

（2）污染大。熔炼过程高焦率势必需要往鼓风炉内鼓入大量助燃空气，进而使得熔炼烟气量大，锑精矿燃烧过程产生的二氧化硫被稀释，形成的大量低浓度二氧化硫烟气，无法满足制酸要求，不仅造成硫资源的巨大浪费，而且需要消耗大量石灰去吸收低浓度二氧化硫，同时脱硫过程产生的石膏渣堆存，存在二次污染的问题。此外，由于鼓风炉正压操作，而设备的密封性差，跑冒滴漏现象严重，现场操作环境十分恶劣。

（3）资源浪费严重。为满足鼓风炉熔炼渣型要求，需要加入大量造渣剂，进而形成大量炉渣和锑锍，锑和金等有价金属在炉渣和锑锍中损失严重，金属回收率低。另外，由于鼓风炉密封性差，大量氧化锑烟气逸散，锑金属损失量大。

（4）工艺复杂，设备占地面积大。鼓风炉挥发熔炼工艺复杂，需要鼓风炉、前床、鹅颈、火柜、表冷器、布袋等冶炼及配套设备，且占地面积大。

随着环保压力加剧、资源形势日益严峻、市场竞争越来越激烈，现有鼓风炉熔炼技术已无法满足要求。

4.2　锑冶炼技术研究进展

强化熔池熔炼工艺是正在研究和发展的一种潜力巨大的熔炼新技术。该工艺充分利用了矿石的内能，可以向自热熔炼和降低能耗方向发展，目前已在铜、镍、铅和锡冶金生产中显示出巨大的优势。

在辉锑矿的熔池熔炼方面，由于铅、锡和锑的性质相似，铅和锡熔池熔炼工艺的成功运用对锑熔池熔炼的研究与发展具有一定的借鉴意义。云南某公司采用熔池熔炼-连续烟化法处理低品位锑矿，并完成了工业试验和产业化应用，取得了较好的技术经济指标。在处理含锑品位为 15%～30% 的低品位锑精矿时，锑的挥发率高达 97.97%，直收率为 90%，渣含锑为 0.47%。该工艺对烟化炉进行了很大的创新，但没有彻底突破原有技术的界限，仍然为周期性生产，烟气中 SO_2 浓度波动很大，不利于后续的制酸。虽然锑氧粉含锑品位大于 75%，但与鼓风炉烟尘比较，成分复杂，杂质含量较高，不利于后续的还原处理。桃江某公司采用富氧顶吹熔池熔炼处理辉锑矿，得到含锑 80% 以上的高品质锑氧，烟气含硫达到 6.5%～16.7%，可直接制酸。但高速气流搅动熔池，炉渣和金属无法分离，需要停炉静置分层后方可放出物料，熔炼仍不具有连续性。还有研究人员采用富氧顶吹熔池熔炼技术处理硫化锑精矿，并进行了半工业试验，获得了含锑 78%～82% 的高品质锑氧和易于制酸的高浓度 SO_2 烟气，但渣中含锑较高且不稳定。

目前在工业上应用的几种锑富氧熔池熔炼工艺具有以下优点：

（1）节能效果非常明显。采用富氧气体进行熔炼，由于空气中氮气所带走的热量大大减少，不添加外部热源或者仅加入少量燃料供热就可以实现熔炼过程热量平衡，铜、铅、镍等硫化物精矿燃烧放热得到了充分利用。

（2）冶炼过程得到极大强化。由于不需要加入高熔点、高结构性能的冶金焦炭，过程不像鼓风炉熔炼那样存在料柱，炉内为均一性很强的冶炼熔池，熔池内熔体被鼓入的富氧空气强烈搅拌，床能力和熔炼效率大大提高。

（3）硫的回收率高，环境友好。底吹熔炼炉出炉烟气中 SO_2 浓度在 8% 以上，有利于两转两吸制酸工艺，硫的总回收率可达 98% 以上，实现了 SO_2 资源化利用。

（4）流程简单，生产效率高，生产成本低。精矿不需要制团，可直接冶炼，并且减少了后续工艺环节，主金属及其他有价金属的分散损失少，回收率较高；加之过程能耗低、硫得到了资源化利用，整个熔炼过程成本得到了有效控制。

总体而言，富氧熔池熔炼各方面的指标均优于鼓风炉熔炼，是一种潜力巨大的锑冶炼工艺。

4.3 锑富氧底吹熔池熔炼新技术的研究

4.3.1 含金锑精矿富氧底吹熔池熔炼技术

含金锑精矿富氧底吹熔池熔炼技术的核心是实现锑精矿的自热熔炼,而实现锑精矿自热熔炼的关键是采用高氧料比和反射熔炼。一方面,高氧料比可使炉内熔体呈剧烈搅拌状态,使炉内液、固两相充分接触,为反应的传热、传质创造有利条件,最大限度实现硫化锑在熔池内氧化,易实现熔炼过程热量平衡;另一方面,富氧底吹炉为卧式圆筒形,形成熔池后,熔池上部空间呈拱形,升华挥发的硫化锑在熔池上部被大量的氧气迅速氧化,反应热被拱形炉壁反射到熔池表面,热能得到高效利用,即使不加焦炭也能实现自热熔炼。这是采用底吹炉作为熔炼设备的关键,并从侧面反映出侧吹炉并不适用于锑精矿的氧化熔炼;因为富氧侧吹对炉壁的氧化腐蚀十分严重,需采用铜水套降温冷却,导致大量的热量经炉壁散失,同时侧吹炉呈矩形,炉子上部直接与烟气冷却设备连接,硫化锑氧化产生的热量未得到有效利用。所以,富氧侧吹炉熔炼一般需要加入煤或天然气等补充热量,以实现熔炼过程的热量平衡。

富氧底吹熔池熔炼产物为熔炼渣和烟气,避免了金属和锑锍相的产生,熔池内仅有熔炼渣一相熔体,不需要设置熔炼分层措施与金属及锑锍铸锭设备,消除了锑锍相导致的金属损失以及锑锍循环导致的产能下降;熔炼温度控制在 $1100 \sim 1200 ℃$,相比鼓风炉熔炼温度降低 $200 \sim 300 ℃$,可以有效避免金等稀贵金属的挥发损失,从而确保全部富集于熔炼渣中,致使金的回收率较高。针对含金锑精矿,若想在氧化熔炼阶段富集金等贵金属,可在原料中配入一定比例氧化锑,氧化锑与硫化锑发生交互反应产生金属锑,可高效捕集贵金属。

熔融态氧化熔炼渣直接流入还原炉内进行还原熔炼,能有效利用熔炼渣的热量;采用煤、天然气或煤气作还原剂,不再需要昂贵的冶金焦炭;熔融还原采用富氧底吹或者富氧侧吹熔池熔炼技术,富氧技术可以最大限度降低能耗;熔炼采用高硅渣型,有效提高渣中氧化锑活度,降低还原渣中锑含量;高硅渣型还有利于氧化铁活度的降低,使得粗锑中铁含量可以控制在合理范围内;进入氧化熔炼渣中的锑,将最终被还原成金属锑,金属锑可高效捕集贵金属,提高金的回收率。

4.3.2 含金锑精矿富氧底吹熔池熔炼技术原理

锑金精矿中硫含量通常在30%左右,硫化锑燃烧可以释放巨大热量。但与铅和铜等金属硫化物燃烧不同,硫化锑容易挥发,挥发为吸热过程,在1200℃以下硫化锑氧化和挥发热效应:

$$Sb_2S_3 + 4.5O_2 \xrightarrow{\hspace{2em}} Sb_2O_3 + 3SO_2 \quad -1370.472kJ/mol \quad (4-1)$$

$$Sb_2S_3(s) \xrightarrow{\hspace{2em}} Sb_2S_3(g) \quad 70.500kJ/mol \quad (4-2)$$

可以看出，硫化锑挥发后在烟道内燃烧，燃烧所释放热量未得到有效利用，而挥发过程需要吸收大量的热量，导致硫化锑精矿熔炼过程实现自热平衡的难度大大增加。

为了回收贵金属，传统思路是在熔炼过程中产生一部分金属，氧化熔炼过程金属的产生往往通过硫化物和渣中金属氧化物的交互反应制得，这就需要在熔炼过程产生金属、渣和锍三个平衡相，渣为高金属含量氧化渣，锍为未反应硫化物。此时熔炼氧料比不能过高，否则金属相和锍相就无法维持，而硫化锑强烈挥发吸热加大了熔炼过程热损失。为了实现熔炼过程的自热平衡，理论计算和试验研究均显示熔炼过程需要采用高氧料比操作模式，使锍相和金属相均被快速氧化，使其氧化热量绝大部分释放在熔池中，部分锑挥发进入气相，部分过氧化进入渣相。此时熔体仅为单独渣相，贵金属全部进入渣相中。贵金属回收需要将熔炼渣中的氧化锑再还原得到金属锑来捕集，形成贵锑，最终从贵锑中回收金。

为了更有利于熔炼过程的热量平衡，氧化熔炼工序采用了保温效果更好的底吹炉做熔炼设备；为了确保渣含锑和金更低，高锑渣还原采用侧吹炉更为合适。

通过查阅相关热力学数据手册，选择各反应式中反应物与生成物的 $\Delta_f G^\ominus$，计算出各化学反应在不同温度下的 $\Delta G_T^\ominus$ 值。当反应达到平衡时，反应物与生成物处于平衡状态，则吉布斯自由能变为零，故反应的热力学平衡常数可由方程 (4-3) 计算得出：

$$\Delta G_T^\ominus = -RT\ln K_p^\ominus \quad (4-3)$$

在温度为 1200℃时，Sb、Sb_2S_3 为液相，与锑熔炼反应相关的热力学数据见表 4-1。

表 4-1　与锑反应相关的热力学数据

参　数	Sb(l)	Sb_2O_3	$Sb_2S_3(l)$	$Sb_2(SO_4)_3$	O_2	SO_2
$\Delta_f G/kcal \cdot mol^{-1}$	0	−85.149	−1.502	−139.664	0	−60.883

注：1cal = 4.1868J。

由表 4-1 中热力学数据，通过表 4-2 中反应方程可计算出反应的吉布斯自由能变化，同时可以求出该反应的平衡常数。

表 4-2　反应方程的吉布斯自由能变化和平衡常数

反应方程式	$\Delta_r G/cal$	$\lg K_p$
$2Sb(l) + 1.5O_2(g) \xrightarrow{\hspace{1em}} Sb_2O_3$	−85148.8	12.63175

反应方程式	$\Delta_r G/\mathrm{cal}$	$\lg K_p$
$2\mathrm{Sb(l)}+3\mathrm{SO_2(g)} \Longrightarrow 3\mathrm{O_2(g)}+\mathrm{Sb_2S_3(l)}$	181147.9	-26.8731
$2\mathrm{Sb(l)}+3\mathrm{O_2(g)}+3\mathrm{SO_2(g)} \Longrightarrow \mathrm{Sb_2(SO_4)_3}$	42986.1	-6.3770
$\mathrm{Sb_2O_3}+3\mathrm{SO_2(g)} \Longrightarrow 4.5\mathrm{O_2(g)}+\mathrm{Sb_2S_3}\ (l)$	266296.7	-39.5049
$\mathrm{Sb_2O_3}+1.5\mathrm{O_2(g)}+3\mathrm{SO_2(g)} \Longrightarrow \mathrm{Sb_2(SO_4)_3}$	128134.9	-19.0087
$\mathrm{Sb_2S_3(l)}+6\mathrm{O_2(g)} \Longrightarrow \mathrm{Sb_2(SO_4)_3}$	-138161.8	20.4962

注：$1\mathrm{cal}=4.1868\mathrm{J}$。

由表 4-2 数据绘制了 Sb-S-O 系势图，结果如图 4-1 所示。Sb-S-O 系可作为以 SbS(s) 为主的锑精矿氧化时的平衡体系来研究。此外，绘制了铅冶炼行业常用的 Pb-S-O 系势图，如图 4-2 所示。通过将两者进行对比，分析熔池熔炼硫化锑的可行性。

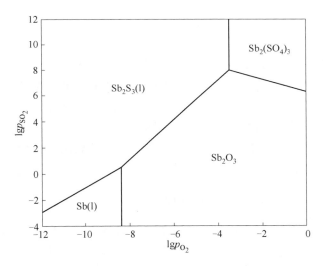

图 4-1　温度为 1200℃时 Sb-S-O 图

硫化锑进行氧化熔炼可能的产物主要为 $\mathrm{Sb_2O_3}$、Sb 和 $\mathrm{Sb_2(SO_4)_3}$，在一定温度下所得产物取决于熔炼炉中的气相成分。在温度为 1200℃时，若氧化气氛控制在 $10\mathrm{Pa}<p_{\mathrm{SO_2}}<10^5\mathrm{Pa}$，$10^{-7}\mathrm{Pa}<p_{\mathrm{O_2}}<10^{-3.42}\mathrm{Pa}$，从图 4-1 可知，其产物为 Sb，增加氧气气氛，当控制在 $10^{-3.42}\mathrm{Pa}<p_{\mathrm{O_2}}<10^5\mathrm{Pa}$，则产物主要为 $\mathrm{Sb_2O_3}$，并且其区域较大，说明氧化熔炼时更容易生成氧化锑，并以烟尘形式挥发。传统的鼓风炉挥发熔炼其氧化气氛主要控制在该区域，氧化锑烟尘较多。图 4-1 也表明，Sb 和 $\mathrm{Sb_2O_3}$ 共存的理论氧分压为 $10^{-3.42}\mathrm{Pa}$，氧势较低，因此，在采用底吹熔炼时应严格进行气氛控制。

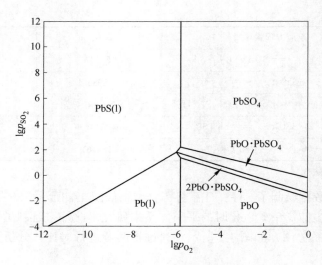

图 4-2 温度为 1200℃时 Pb-S-O 图

比较图 4-1 和图 4-2 可以发现，熔炼得到 Sb 时的氧分压为 $p_{O_2} < 10^{-3.42}$ Pa，熔炼得到 Pb 的氧分压为 $p_{O_2} < 10^{-0.8}$ Pa。由于实际生产过程中氧分压可能较高，因此在炼铅过程中，当 p_{SO_2} 也较高时（$p_{SO_2} < 10^5$ Pa），炼铅过程中除产生粗铅外，也将产生大量含 PbO 的高铅渣，这在富氧底吹炼铅的平衡过程中是显而易见的。但对于炼锑而言，熔炼过程中则将产生大量的 Sb_2O_3，由于 Sb_2O_3 易挥发，得到的渣中含 Sb 会较低，但渣中的锑可以在氧气作用下过氧化成高价氧化锑，导致渣含锑很难直接达到弃渣的要求。

4.3.3 锑富氧底吹熔炼及高锑渣的还原研究

由以上分析可知，锑精矿可实现富氧底吹自热熔炼，但是熔炼渣中金属含量较高，需进一步还原处理。结合锑精矿的自身特点，可考虑采用图 4-3 所示的锑精矿富氧熔池熔炼全工艺流程。目前，国内相关科研机构与企业已共同对锑的氧化熔炼和熔融还原两个关键环节进行深入研究，下面分析其主要研究方案及技术开发过程。

4.3.3.1 实验原料

A 氧化熔炼用原料

氧化熔炼所用的锑精矿为锑金精矿，是锑金矿选矿后的产品，富集了锑金矿中的有用矿物。该矿属石英脉型含金、锑、钨的多金属矿，主要金属矿物有自然金、辉锑矿、黄铁矿、白钨矿、钨铁矿等，毒砂的含量比其他锑矿较低，脉石矿物主要为石英。金主要赋存在辉锑矿和黄铁矿中，在选矿过程中金随辉锑矿和黄铁矿一起富集到锑金精矿中。对锑金精矿进行取样、制样，并研究了锑金精矿的

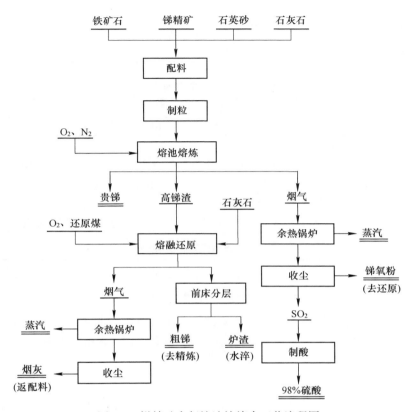

图 4-3 锑精矿富氧熔池熔炼全工艺流程图

物理性质及其化学成分等。锑精矿的主要成分含量见表 4-3。

表 4-3 锑精矿的主要化学成分

元素	$w(Sb)$ /%	$w(S)$ /%	Au /g·t^{-1}	$w(SiO_2)$ /%	$w(FeO)$ /%	$w(CaO)$ /%	$w(MgO)$ /%	$w(Al_2O_3)$ /%	$w(As)$ /%	$w(Pb)$ /%
含量	45.80	29.81	57.70	9.59	13.53	<0.20	0.18	2.52	0.51	0.17

由表 4-3 可以看出，研究所选取的锑金精矿主要化学成分为铁、锑、硫，但金的品位也很高，金的价值量超过了锑，矿石中的锑和金的回收同等重要。为了进一步了解这种矿中主要元素的存在形式，对锑金精矿中主要元素锑、硫、金进行了化学物相的分析，分析结果见表 4-4~表 4-6。

表 4-4 锑精矿中锑的物相

物相名称	锑华及方锑华	硫化锑矿	锑酸盐矿	总计
含量（质量分数）/%	4.91	38.71	2.18	45.80

表 4-5　锑精矿中硫的物相

物相名称	硫酸盐	硫化物	单质硫	总计
含量（质量分数）/%	0.91	28.86	0.04	29.81

表 4-6　锑精矿中金的物相

物相名称	单质+连生金	硫化金	铁氧化金	硅酸盐中金	总计
含量（质量分数）/%	18.01	28.05	10.93	0.71	57.70

从锑金精矿中主要元素锑和硫的物相分析结果可以得出，锑在锑精矿中主要以硫化锑为主，硫主要以硫化物为主。金主要以硫化金为主，其次是单质连生金和铁氧化金，硅酸盐中的金很少。

对这种锑金精矿进行水筛筛析，得到该精矿的粒度组成，结果见表 4-7。

表 4-7　锑精矿的粒度分布

粒径/mm	>0.1	0.075~0.1	0.045~0.075	<0.045	合计
粒度分布/%	16.99	7.07	7.94	68.00	100

由表 4-7 可以看出，这种锑金精矿的颗粒非常细，68% 都在 0.045mm 以下。用比重瓶法对试验中所用锑金精矿的真密度进行测量，测得其真密度为 3.78g/cm^3、堆密度为 1.92g/cm^3。

B　熔融还原用原料

熔融还原研究所用原料为富氧熔炼工业化试验过程中所产生的高锑渣，由于直接取熔融的高锑渣进行研究操作上具有很大的难度，故实验室研究所用炉渣为不同炉批熔炼渣均匀混合后的综合样，将综合样在制样机中磨碎后备用。综合样的化学成分见表 4-8。

表 4-8　熔炼渣综合样的主要化学成分

元素	$w(Sb)/\%$	$w(S)/\%$	$Au/g \cdot t^{-1}$	$w(SiO_2)/\%$	$w(FeO)/\%$	$w(CaO)/\%$
含量（质量分数）	31.40	0.19	32.6	23.21	21.12	9.96

由表 4-8 可以看出，熔炼渣中硫含量很低，熔炼渣中锑主要以高价氧化物组成。熔融还原过程是在还原剂的作用下将锑还原成金属态，并将炉渣中的金捕集在金属锑中一起回收。

4.3.3.2　实验设备

氧化熔炼和熔融还原实验研究均在图 4-4 所示的坩埚炉中完成。由于实验室进行富氧底吹试验不好操作，因而研究过程中采用坩埚内氧气顶吹方式对其进行模拟。具体过程表述为：将金属锑和炉渣一起放入刚玉坩埚中熔化后形成模拟熔池，刚玉管从炉顶插入熔池中，从中鼓入氧气，由其模拟氧枪；配制好的料球从顶部加料口按一定速度加入，进料速度与氧气流量满足氧料比的要求；吹炼过程挥发产生的锑氧粉在引风的带动下由排气管排出，并被收集于收尘室中；经收尘后含有 SO_2 的尾气在图4-5所示的脱硫塔中得到吸收、净化，吸收 SO_2 采用的是烧碱溶液。

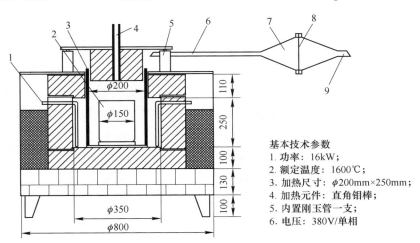

基本技术参数
1. 功率：16kW；
2. 额定温度：1600℃；
3. 加热尺寸：$\phi200mm \times 250mm$；
4. 加热元件：直角钼棒；
5. 内置刚玉管一支；
6. 电压：380V/单相

图 4-4 锑试验研究用密闭坩埚炉

1—钼棒；2—坩埚；3—刚玉内套；4—枪孔；5—水套；6—排气管；7—收尘室；8—不锈钢网；9—接喷淋塔

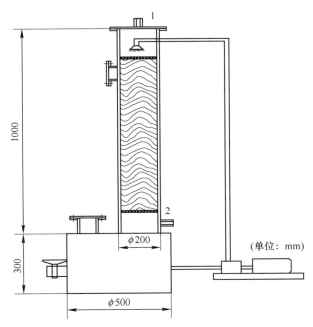

图 4-5 锑试验研究用尾气脱硫塔

1—排气口；2—进气口

熔融还原试验在有电加热的条件下模拟进行，不再需要氧气助燃，因此只需将熔炼渣与造渣剂、还原煤按一定量配制好后置于坩埚中，并将坩埚在试验炉内加热到指定温度条件维持一定时间即可，反应过程中可以从炉顶插入刚玉管搅拌熔体。

4.3.3.3 试验结果与分析

A 氧化熔炼过程各影响因素研究

a 锑的氧化挥发

在炉温为 1200℃ 的马弗炉内，放入盛有 200g 毛锑的黏土坩埚，待金属锑全部熔化后，把通有纯氧的刚玉管插入到黏土坩锅底部进行吹氧，氧气流量为 1L/min。不同吹氧时间下毛锑挥发率如表 4-9 和图 4-6 所示。

表 4-9 吹氧时间对毛锑挥发率的影响

吹炼时间/min	固定条件：纯氧用量 1L/min，毛锑用量 200g，温度 1200℃	
	吹炼后质量/g	挥发率/%
3	184	8
5	175	12.5
7	166	17
9	161	19.5
11	135	32.5

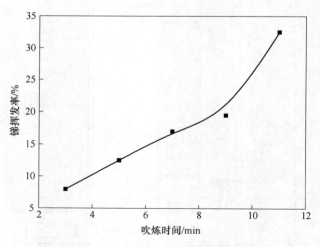

图 4-6 吹炼时间对毛锑挥发率的影响

通过表 4-9 和图 4-6 可以看出，锑在高温下氧化挥发速度非常快，挥发率与挥发时间近于正比关系，11min 即可挥发超过 30%。在后续试验中采用了粗锑造熔池，在硫化锑熔炼完成后即会发生锑的氧化挥发，为此，需要准确把握吹炼时间和吹炼强度。

b 直接熔炼

在进行熔池熔炼试验前，进行了硫化锑直接氧气吹炼试验。在没有底锑熔池条件下，按渣型 $w(Fe_2O_3):w(SiO_2)$ 为 1.5、$w(CaO):w(SiO_2)$ 为 0.6（即锑精矿用量 350g，加配 Fe_2O_3 14g，CaO 34g）进行配料，混合料制球后在 1200℃进行氧气直接吹炼，氧气流量 1L/min；实验全部物料在 10min 内匀速加入，吹炼 30min 后将熔炼产物分别静置 10min 和 20min 后出炉，试验结果见表 4-10。

表 4-10 无熔池直接熔炼试验结果

静置时间 /min	熔炼产物								锑挥发率/%
	熔炼渣		金属锑			锑锍			
	质量/g	$w(Sb)$/%	质量/g	$w(Sb)$/%	$Au/g \cdot t^{-1}$	质量/g	$w(Sb)$/%	$Au/g \cdot t^{-1}$	
10	87.87	25.50	—	—	—	123	48.90	152.93	65.65
20	29.62	6.80	—	—	—	77.89	47.70	54.60	83.70

由表 4-10 可以看出，在没有底锑造熔池时，氧气吹炼 30min 后坩埚中没有金属锑产出，熔炼产物中锑锍量很大，主要为未反应的硫化锑熔化后所形成的物质，延长静置时间后熔炼渣和锑锍量都显著降低，说明氧气停止后锑以硫化锑和氧化锑形式在快速挥发。由此可以看出，要想获得好的熔炼效果，预先形成一个金属锑熔池是非常关键的；只有那样，氧气才可以先与熔融的金属锑发生氧化，生成的氧化锑可以快速将氧传递给落入熔池中的硫化锑精矿，与硫化锑发生交互反应。锑熔炼过程的熔池既是氧的传递媒介又可以强化硫化锑与氧化锑反应的动力学过程，最终使得熔池熔炼过程得以顺利进行。

c 物料粒径

将物料按渣型 $w(Fe_2O_3):w(SiO_2)$ 为 1.5、$w(CaO):w(SiO_2)$ 为 0.6（即精锑矿用量 350g，加配 Fe_2O_3 14g，CaO 34g）配料，混合料制成不同球径的料球后，在 1200℃加入到由 80g 粗锑熔融所造成的熔池中；全部物料 10min 内匀速加入，边加料边吹氧气，氧气流量为 1L/min，料球加完后继续吹炼 30min，熔炼产物分别静置 10min 后出炉。料球粒径对吹炼的影响见表 4-11。

表 4-11 料球粒径对熔炼效果的影响

球径/mm	熔炼产物								锑挥发率/%
	熔炼渣		金属锑			锑锍			
	质量/g	$w(Sb)$/%	质量/g	$w(Sb)$/%	$Au/g \cdot t^{-1}$	质量/g	$w(Sb)$/%	$Au/g \cdot t^{-1}$	
粉料	62.94	7.1	73.01	90.6	246	55.1	41.84	7.56	91.47

球径/mm	熔炼产物								锑挥发率/%
	熔炼渣		金属锑			锑锍			
	质量/g	w(Sb)/%	质量/g	w(Sb)/%	Au/g·t^{-1}	质量/g	w(Sb)/%	Au/g·t^{-1}	
3	63.33	6.53	85.1	88.52	239.1	65.25	42.81	8.03	82.91
5	64.84	4.8	93.75	86.3	226.8	78.31	40.55	8.22	77.68
10	68.53	5.35	91.79	90.31	241.1	118.22	43.1	9.15	64.12

由表4-11可以看出,当物料直接以粉料形式加入到坩埚中进行反应时,硫化锑在高温下非常容易被直接挥发进入气相中。锑挥发率很高,锑锍和熔炼渣中所占锑量较小,同时由于大部分锑都以硫化锑形式挥发了,在氧化作用下所生成的氧化锑不能很好地与硫化锑发生交互反应生成金属锑,熔炼产物中金属锑量小于初始加入的粗锑量。当熔炼物料制球后,随着球径增大,直接挥发强度相应减弱,交互反应两相应增大,金属锑的产量随球径增大而增大,锑的挥发率相应减小。

由此可见,由于硫化锑的直接挥发能力强,导致了物料球径大小对熔炼过程产生十分显著的影响。增大球径,硫化锑直接挥发就会受到一定程度的抑制,更多硫化锑就会在熔池中与氧化锑发生交互反应。硫化锑氧化过程是放热的,与之相反,其直接挥发系吸热过程,过多的硫化锑直接挥发不利于熔池的热量平衡,因此,需要在做工业放大试验时探索与工业条件下相适应的球径,以维持熔炼过程在高温条件下的顺利进行。

d 吹炼时间

将物料按渣型 $w(Fe_2O_3):w(SiO_2)$ 为1.5、$w(CaO):w(SiO_2)$ 为0.6(即精锑矿用量350g,加配 Fe_2O_3 14g,CaO 34g)配料,混合料制成5mm的料球后,在1200℃加入到由80g粗锑熔融所造成的熔池中;全部物料10min内匀速加入,边加料边吹氧气,氧气流量为1L/min,料球加完后继续吹炼不同的时间,熔炼产物分别静置10min后出炉。吹炼时间对吹炼的影响见表4-12。

表4-12 吹炼时间对熔炼效果的影响

吹炼时间/min	熔炼产物								锑挥发率/%
	废渣		毛锑			锑锍			
	质量/g	w(Sb)/%	质量/g	w(Sb)/%	Au/g·t^{-1}	质量/g	w(Sb)/%	Au/g·t^{-1}	
10	30.61	6.83	81.59	95.23	298.9	158.8	42.98	10.61	57.55
20	55.61	5.88	92.9	95.7	289.9	116.02	41.8	7.53	62.15
30	64.84	4.8	93.75	86.3	226.8	78.31	40.55	8.22	77.68
40	63.56	5.7	88.28	90.6	230.75	45.46	46.7	8.93	84.51
50	97.77	7.11	85.35	88.13	298.53	12.18	40.78	13.2	95.55

通过表4-12可以看出，延长吹炼时间，有利于造渣和毛锑的形成。随着吹炼时间的延长，硫化锑不断被氧化。在吹炼时间小于30min前，交互反应占优势，金属锑的量有所增加；继续延长吹炼时间，金属锑氧化占优势，金属量开始减少。

e 氧气流量

将物料按渣型 $w(Fe_2O_3):w(SiO_2)$ 为 1.5、$w(CaO):w(SiO_2)$ 为 0.6（即精锑矿用量350g，加配 Fe_2O_3 14g，CaO 34g）配料，混合料制成5mm的料球后，在1200℃加入到由80g粗锑熔融所造成的熔池中；全部物料10min内匀速加入，边加料边吹氧气，料球加完后继续吹炼30min，熔炼产物分别静置10min后出炉。氧气流量对吹炼的影响见表4-13。

表 4-13　氧气流量对熔炼效果的影响

氧气流量 /L·min⁻¹	熔炼产物								锑挥发率/%
	废渣		毛锑			锑锍			
	质量/g	w(Sb)/%	质量/g	w(Sb)/%	Au/g·t⁻¹	质量/g	w(Sb)/%	Au/g·t⁻¹	
0.8	30.61	6.83	81.59	95.23	298.9	108.1	41.18	10.61	57.55
1	64.84	4.8	93.75	86.3	226.8	78.31	40.55	8.22	77.68
1.2	55.61	5.88	92.9	95.7	289.9	116.02	41.8	7.53	62.15
1.4	63.56	5.7	88.28	90.6	230.75	45.46	46.7	8.93	84.51

通过表4-13可以看出，随着氧气流量的增大，吹炼时间相同时，硫化锑氧化程度会加剧，金属锑的量先增大后减小。当氧气流量小于1L/min时，以交互反应为主导；氧气流量继续增大，金属锑氧化占优势，金属量开始减少。

f 渣型

固定精锑矿用量350g，精锑矿制球，底锑80g，纯氧流量1L/min，温度1200℃，加料时间10min，吹炼时间40min，澄清时间10min，不同渣型对吹炼效果的影响见表4-14。

表 4-14　渣型对熔炼效果的影响

渣型		熔炼产物						
		废渣		毛锑			锑锍	
$w(Fe_2O_3):$ $w(SiO_2)$	$w(CaO):$ $w(SiO_2)$	质量/g	w(Sb) /%	质量/g	w(Sb) /%	Au /g·t⁻¹	质量 /g	w(Sb) /%	Au /g·t⁻¹
0.75	0.5	94.84	4.80	103.75	86.30	226.80	—	—	—
1.5	0.6	43.56	7.70	101.28	90.60	230.75	85.46	46.7	8.93

通过表4-14可以看出，碱性渣有利于造渣和减少锑锍，有利于毛锑的形成。

由于小试验用矿量过小，不能很好反映渣型对熔炼效果的影响，在中试过程计划按原鼓风炉渣型进行熔炼。

氧化熔炼因素影响研究小结：氧化熔炼实验研究表明，锑精矿在高温条件下易挥发，因此，合适的粒径、反应时间、鼓氧强度以及渣型将有利于熔池的形成和锑的熔炼。由于熔池熔炼不仅需要考虑熔炼体系各反应的反应特性，还需要考虑体系热量平衡、熔池搅拌强度以及装备情况，实验研究对熔炼规律的反映极其有限，具体参数需要在熔炼炉工业化试验的条件下进行优化和调节。

B　熔融还原过程各影响因素的研究

富氧底吹熔池熔炼试验研究结果显示，在实验因素条件下，原料中有65%左右的锑挥发进入了气相中，形成了锑氧粉，35%左右的锑和绝大部分的金留在了底吹渣中，形成了高锑渣，必须进一步进行有价金属的还原与分离。

a　底吹渣直接还原熔炼试验

参照试验研究原料的成分，组成结果及高锑渣还原熔炼反应过程的各项理论数据分析，本阶段试验研究内容及思路主要为：

（1）根据底吹渣含铁高，其 $w(FeO)$ 与 $w(SiO_2)$ 之比大于90.7%（$w(FeO)$：$w(SiO_2) = 19.34 : 21.33$）的具体情况，考虑在不加任何熔剂的条件下造高铁渣的试验。

（2）由于底吹渣中含 CaO 仅为5.54%，$w(CaO)/w(SiO_2) = 21.9\%$ 则太低，因此考虑适当提高 CaO 含量，提高量按 $w(CaO)/w(SiO_2) = 40\%$ 配入 CaO。

（3）试验假设底吹渣中锑全部以 Sb_2O_4 形态存在，配入还原用碳量为理论用碳量的1.4倍。

（4）每个试验埚装入试样质量为400g。

（5）试验炉温为1200℃，保温时间为120min。

根据以上因素控制条件，计算得到每批次试验样配入白煤为21.1g，配入CaO为12g。由此得到此次试验固定碳控制条件为：试料400g，白煤21g（1.4倍），CaO 12g（$w(CaO)/w(SiO_2) = 40\%$），炉温1200℃，保温120min。试验样共6个，试验统计数据见表4-15。

表4-15　直接熔炼试验结果

样号	配入物料				产出废渣			Au 在渣中损失 /%	Sb 在渣中损失 /%	产出毛锑				Au 直收率 /%
	试料 /g	白煤		CaO /g	质量 /g	Au /g·t⁻¹	$w(Sb)$ /%			质量 /g	Au /g·t⁻¹	$w(Sb)$ /%	$w(Fe)$ /%	
		配煤 /倍	质量 /g											
1	400	1.4	21	—	196	2.65	0.95	1.51	1.43	130	256.67	79.20	7.87	97.00
2	400	1.4	21	—	191	3.10	0.90	1.72	1.32	126	253.33	81.30	8.20	92.79

| 样号 | 配入物料 | | | | 产出废渣 | | | Au 在渣中损失/% | Sb 在渣中损失/% | 产出毛锑 | | | | Au 直收率/% |
| | 试料/g | 白煤 | | CaO/g | 质量/g | Au /g·t⁻¹ | w(Sb)/% | | | 质量/g | Au /g·t⁻¹ | w(Sb)/% | w(Fe)/% | |
		配煤/倍	质量/g											
3	400	1.4	21	—	223	4.00	0.90	2.59	1.54	132	252.33	80.20	8.70	96.82
4	400	1.4	21	12.0	210	2.95	0.95	1.80	1.53	132	256.00	82.70	6.97	98.23
5	400	1.4	21	12.0	202	3.00	0.95	1.76	1.47	123	249.79	79.60	10.80	89.31
6	400	1.4	21	12.0	213	2.90	0.75	1.79	1.26	126	245.73	80.30	9.39	90.00
平均值						3.10	0.90	1.86	1.43		252.31	80.55	8.66	94.03

由表 4-15 可以看出，富氧底吹渣在不加任何熔剂的条件下，配入理论用量 1.4 倍的还原剂进行还原熔炼，还原渣中锑含量都在 1.0% 以内，优于鼓风炉挥发熔炼指标；还原渣中金含量平均在 3g/t 以上，不及鼓风炉指标；还原得到的粗锑中含铁太高，平均在 8% 以上，效果不理想。

b 加熔剂对比试验

在直接还原试验的基础之上，在试料中添加适量助熔剂纯碱与氧化剂硼砂进行对比试验。加纯碱的目的是提高渣的活度，减少金、锑沉降阻力，研究能否达到降低渣含金的目的。加硼砂的目的是考虑直接还原产出毛锑中含铁太高，研究加入氧化剂硼砂后，能否使毛锑中的铁产生氧化反应来降低毛锑的含铁量。

试验的固定条件与直接还原时相同。试料 400g，还原煤 21g（1.4 倍），CaO 为 12g，炉温 1200℃，保温 120min。纯碱加入量为试料的 5% 和 10% 两个对比，硼砂加入量为试料的 3%。共计试验样 6 个，统计数据见表 4-16。

表 4-16 熔剂对比试验结果

| 样号 | 配入物料 | | | | | | 产出废渣 | | | Au 在渣中损失/% | Sb 在渣中损失/% | 产出毛锑 | | | | Au 直收率/% |
| | 试料/g | 白煤 | | CaO/g | 纯碱/g | 硼砂/g | 质量/g | Au /g·t⁻¹ | w(Sb)/% | | | 质量/g | Au /g·t⁻¹ | w(Sb)/% | w(Fe)/% | |
		配煤/倍	质量/g													
1	400	1.4	21	—	20	—	230	4.80	1.00	3.21	1.76	125	239.73	79.00	9.79	87.11
2	400	1.4	21	—	40	—	248	8.10	1.10	5.84	2.09	130	228.53	78.80	10.62	86.36
3	400	1.4	21	12	20	—	233	4.05	0.90	2.74	1.61	136	231.53	77.70	10.73	91.54
4	400	1.4	21	12	40	—	247	5.40	0.95	3.88	1.80	117	232.67	81.70	10.16	79.13
5	400	1.4	21	—	20	12	228	3.20	0.85	2.12	1.49	90	268.47	81.50	8.16	70.24
6	400	1.4	21	12	20	12	229	3.20	0.75	2.12	1.32	126	238.47	80.20	9.04	87.20
平均值	400	1.4	21					4.76	0.93	3.32	1.68		239.90	79.82	9.83	83.60

从表4-16可以看出，富氧底吹渣在还原熔炼过程中加纯碱不但起不到提高反应效果的作用，反而使废渣含金、锑和毛锑含铁都有较大幅度的升高，起了相反作用；并且从表中数据还可发现纯碱加入量越多，效果变得更差，建议在工业生产中可以不考虑。

c 增加试料重量对比试验

经过以上两次方向对比试验，发现试验产出的废渣含金和毛锑含铁较高，其结果可能主要原因是：

前两次试验的试料太少。每坩埚只装底吹渣400g，因而产出的废渣量少，不好取样，造成取样不准；渣样中难以避免会夹带锑珠使废渣含金和锑偏高。

毛锑含铁高可能是由于还原剂加入过多造成的。以上两次试验是按底吹渣中锑全部以 Sb_2O_4 形态配入1.4倍的还原煤，装试料400g计算得到应配煤为21g；但如果是以 Sb_2O_3 形态配入1.4倍还原煤时，400g试料只能加还原煤15.56g；现加入了21g，经计算已是 Sb_2O_3 理论耗碳量的1.89倍。为此，后续研究试验的调整思路为：

（1）试验视底渣中锑全部以 Sb_2O_3 形态存在；

（2）试样质量从之前的400g增加到1000g；

（3）还原煤按理论量的1.5倍配入，每1000g试料应配入还原煤重为41.7g；

（4）试验底吹渣已换新，成分为：Sb 32.1%，Au 60.9g/t，SiO_2 23.36%，CaO 5.12%，FeO 22.0%，Pb 0.19%，As 0.52%，S 1.14%。

（5）因试料中CaO太少，因此CaO的加入量仍然按 $w(CaO)/w(SiO_2) = 40\%$ 加入。

由上得到此次试验的固定条件为：试料重1000g，煤41.7g（1.5倍），CaO 42g，炉温1200℃，保温100min，共6个试样；同时，此次试验使用的是石墨坩埚。试验结果见表4-17。

表 4-17 试验数据统计表

样号	配入物料				产出废渣			Au 在渣中损失/%	Sb 在渣中损失/%	产出毛锑				Au 直收率/%
	试料/g	白煤		CaO/g	质量/g	Au/g·t⁻¹	w(Sb)/%			质量/g	Au/g·t⁻¹	w(Sb)/%	w(Fe)/%	
		配煤/倍	质量/g											
1	1000	1.5	41.7	42.0	468	1.30	0.90	1.00	1.30	345	173.67	81.20	14.45	98.38
2	1000	1.5	41.7	42.0	403	3.00	1.90	1.98	3.77	358	174.00	83.00	12.44	102.28
3	1000	1.5	41.7	42.0	484	0.90	0.60	0.72	1.36	360	162.00	79.00	15.98	95.76
4	1000	1.5	41.7	42.0	490	1.00	1.30	0.80	1.98	314	191.00	85.30	10.50	95.76
5	1000	1.5	41.7	42.0	510	0.75	1.15	0.63	1.83	340	179.00	82.10	13.86	99.93
6	1000	1.5	41.7	42.0	512	0.60		0.50		368	165.53	77.80	17.43	100.00
平均值						1.26	1.17	0.94	2.05		174.37	81.40	14.11	98.69

由表 4-17 可以看出，还原废渣含金、锑都有了较大幅度的降低，废渣平均含金 1.26g/t，比前两次试验平均值 3.93g/t 下降了 2.67g/t，下降的幅度达 67.93%，金的直收率达 98.69%。废渣含锑平均 1.17%，与前两次基本相当。但含铁不但没降下来，而且还有较大幅度的上升，毛锑平均含铁为 14.11%，比前两次平均值 9.25%上升了 4.86%，上升幅度 52.54%。

此次试验废渣含金锑基本上接近理想指标，但毛锑质量太差，后续试验重点是优化毛锑含锑指标。

d　提高反应熔炼温度对比试验

通过增大处理量和调整还原剂用量后，渣含锑和金的量都控制得比较理想。试验目的是考察提高炉温对反应熔炼效果的影响，研究能否更进一步降低废渣含金锑品位和降低毛锑含铁量。试验的固定条件除炉温从 1200℃ 提高到 1300℃ 外，其他条件相同，使用的坩埚仍为石墨坩埚。

固定条件：试料 1000g，还原煤 1.5 倍 41.7g，CaO 按 $w(CaO)/w(SiO_2) =$ 40%配入为 42g，炉温 1300℃，保温 100min，共计 6 个试样。试验统计数据列于表 4-18。

表 4-18　1300℃炉温下还原效果

样号	配入物料				产出废渣			Au 在渣中损失/%	Sb 在渣中损失/%	产出毛锑				Au 直收率/%
	试料/g	白煤		CaO/g	质量/g	Au/g·t⁻¹	w(Sb)/%			质量/g	Au/g·t⁻¹	w(Sb)/%	w(Fe)/%	
		配煤/倍	质量/g											
1	1000	1.5	41.7	42	454	0.60	0.45	0.45	0.64	372	160.00	76.80	18.44	97.73
2	1000	1.5	41.7	42	480	0.80	0.45	0.63	0.67	362	157.20	74.00	20.45	93.44
3	1000	1.5	41.7	42	497	0.65	0.50	0.53	0.62	390	148.07	72.10	22.42	94.82
4	1000	1.5	41.7	42	480	1.15	0.40	0.91	0.60	371	181.87	75.80	19.07	110.79
5	1000	1.5	41.7	42	470	1.15	0.40	0.89	0.59	334	173.33	74.30	20.41	95.80
6	1000	1.5	41.7	42	480	1.18	0.50	0.93	0.75	372	172.46	72.10	22.46	99.57
平均值						0.92	0.43				165.48	74.18	20.54	98.69

从表 4-18 中可看出，提高反应炉温度是有效果的。废渣指标已非常理想，都达到了"双一"以内。与炉温为 1200℃ 相比，废渣含金从平均 1.26g/t 降低到 0.34g/t，下降幅度 26.98%；废渣含锑从 1.17% 降低到 0.43%，下降了 0.74%，下降幅度为 63.24%。废渣指标大大优于鼓风炉废渣指标，试验的主要目的已经达到。但毛锑质量变得更差，平均含铁从 14.11% 上升到 20.54%，上升了 6.43%。

为什么会出现毛锑含铁如此高的现象呢？分析认为，两次试验都用的是石墨坩埚。由于石墨坩埚的材质主要是碳，在反应熔炼过程中石墨坩埚中的碳与试验物料参与了反应，间接地提高了还原煤的比例，使还原反应的碳过剩而产生铁的还原反应。由于石墨坩埚所提供的强化还原作用，渣中锑含量也有很大降低。由此可见，还原剂用量对指标优化影响显著，为此后续做了还原剂用量试验。

e 还原煤配入比例试验

本次试验目的是摸清楚还原煤用量对废渣含锑品位的影响状况，确定底吹渣还原熔炼过程中还原剂（还原煤）的理想配比。

试验采用耐火泥坩埚，还原煤比例分别为 1.2 倍、1.4 倍、1.6 倍三个对比，共计 6 个试样，每种比例 2 个试样。

固定条件：试料 600g，炉温 1200℃，保温 80min，$w(CaO)/w(SiO_2) = 40\%$。试验数据统计列于表 4-19。

表 4-19 还原剂用量对还原效果的影响

| 样号 | 配入物料 | | | | 产出废渣 | | | Au 在渣中损失/% | Sb 在渣中损失/% | 产出毛锑 | | | | Au 直收率/% |
| | 试料/g | 白煤 | | CaO/g | 质量/g | Au/g·t⁻¹ | w(Sb)/% | | | 质量/g | Au/g·t⁻¹ | w(Sb)/% | w(Fe)/% | |
		配煤/倍	质量/g											
1	600	1.2	20.0	25	320	0.20	4.70	0.18	7.80	164	222.20	94.10	1.34	99.66
2	600	1.2	20.0	25	366	0.40	6.30	0.40	11.97	155	232.40	94.70	1.12	98.58
3	600	1.4	23.5	25	370	0.20	3.00	0.20	5.76	172	214.13	93.20	2.61	100.80
4	600	1.4	23.5	25	364	0.35	2.20	0.35	4.16	175	206.93	92.20	3.65	99.10
5	600	1.6	26.7	25	345	0.40	1.40	0.38	2.50	189	190.53	87.90	7.90	98.55
6	600	1.6	26.7	25	360	0.35	1.10	0.34	2.06	206	179.60	85.20	10.20	101.25
平均值						0.32	3.12	0.31	5.71		207.66	91.22	4.47	99.66

通过此次还原煤比例对比试验可以看出：

（1）总体效果比较理想，毛锑含铁由平均 15% 以上降到了 4.47%。毛锑含铁在 5% 以内，对工业化生产也不会带来多大的困难。

（2）废渣含金指标非常理想，平均仅 0.32g/t，金在渣中的损失率仅为 0.31%，金的直收率达 99.66%。如此高的回收率，鼓风炉挥发熔炼工艺是不可能做到的。

（3）还原煤用量对毛锑含铁的影响规律是成正比关系变化，即还原煤用量越多，毛锑含铁就越高。当还原煤比例为 1.2 倍时，毛锑含铁仅为 1.3% 左右；但是提高到 1.6 倍时，毛锑含铁高达 8.0% 以上，上升幅度达 6 倍以上。

（4）还原煤用量对废渣含金的影响不大，无论是 1.2 倍还是 1.6 倍的煤，渣含金都在 0.3g/t 范围波动不大。

（5）还原煤用量对废渣含锑的影响还是较大的，其变化规律是废渣含锑随用煤量的增加而降低，成反比规律。还原煤比例为 1.2 倍时废渣含锑平均在 5% 左右；而当比例提高到 1.6 倍时，废渣含锑降到了 1.5% 左右，效果是非常理想的。

此次试验总体来说比较理想，存在的问题是废渣含锑偏高，平均为 3.12%。

f 渣型对比试验

通过对前几次的试验过程及数据分析发现，研究过程存在两个非常重要的相关矛盾现象：

（1）要想得到良好的废渣含金、锑指标，就必须增加还原煤的用量；但是当还原煤用量增加后，毛锑含铁也增加，这是矛盾之一。

（2）无论是还原煤用量增加还是减少，废渣含金锑始终不能同时达到一个良好的指标；有时废渣含金指标好，但含锑高，或者废渣含锑低时，含金却高，这是矛盾之二。

有什么好的办法和工艺控制条件能解决这两个矛盾呢？采取什么样的措施能够做到既能达到良好的废渣含金、锑指标，又不会使毛锑含铁升高呢？

总结前五次试验思路，把重点都放在还原煤用量比例和炉温，而没有考虑冶炼渣型对还原反应效果有何影响。之前的试验除了在试料中增加了少量 CaO 外，基本上就是原底吹渣直接入炉进行还原反应熔炼的试验。从前五次试验已经知道，增加还原煤用量可得到良好的废渣含金、锑指标，但毛锑含铁会升高，能否选用一种物质能控制毛锑含铁升高呢？二氧化硅可以与氧化亚铁结合形成 $2FeO \cdot SiO_2$ 进入渣相，基于此原理，能否在反应熔炼过程中增加 SiO_2 含量来抑制 FeO 的还原反应产生呢？因此，本次试验就改变渣型研究试验结果。

前五次实验的底渣成分 SiO_2 与 FeO 的含量基本相当，都在 22%~23%。其 $w(FeO)/w(SiO_2)$ 的比例达 95% 左右，如此高的 FeO 含量，当试料中还原煤比例加大时，毫无疑问会导致 FeO 的还原反应产生。如果降低试料中 FeO 的含量比例，应该说即使还原煤用量增加，FeO 产生还原反应的概率也会减少，毛锑含铁就不会升高。

为进一步研究和验证此矛盾过程中存在的相关因素的关联性规律，本次试验选用的渣型改为鼓风炉挥发熔炼的传统渣型，即 $w(SiO_2):w(FeO):w(CaO) = 40:30:20$。按此渣型 $w(FeO)/w(SiO_2)$ 之比为 75%，比之前的 95% 降低了 20%，也就是说在试料中增加了 20% 的 SiO_2 来抑制 FeO 还原反应的产生。

试验用的底吹渣成分 SiO_2 23.36%，FeO 22%，CaO 5.12%，试验共 6 个坩

埚。每埚装试料 600g，按 40：30：20 的渣型配入计算得到每埚应加入 SiO_2 为 33g，CaO 为 57g，此次用的 SiO_2 为河砂，CaO 为生石灰石。

固定条件：试料 600g，河砂 33g，石灰 57g，炉温 1200℃，保温 100min，还原煤分 1.2 倍、1.3 倍、1.4 倍三种对比，每种两个试样。试验数据统计于表 4-20。

表 4-20　试验数据统计表

样号	配入物料					产出废渣			Au 在渣中损失/%	Sb 在渣中损失/%	产出毛锑				Au 直收率/%
	试料/g	白煤		CaO/g	河砂/g	质量/g	Au/g·t⁻¹	w(Sb)/%			质量/g	Au/g·t⁻¹	w(Sb)/%	w(Fe)/%	
		配煤/倍	质量/g												
1	600	1.2	20.0	57	33	330	2.00	4.40	1.80	7.50	148	244.60	95.30	1.23	98.73
2	600	1.2	20.0	57	33	394	0.50	4.50	0.54	9.21	149	248.20	95.00	1.27	100.87
3	600	1.3	21.7	57	33	376	0.40	3.10	0.41	6.05	156	232.00	93.80	2.32	98.73
4	600	1.3	21.7	57	33	410	0.60	2.85	0.67	6.09	159	227.07	93.00	3.25	98.81
5	600	1.4	23.5	57	33	361	1.20	2.25	1.19	4.22	156	231.40	93.80	2.39	98.79
6	600	1.4	23.5	57	33	360	1.10	2.25	1.08	4.21	158	233.00	93.80	2.58	100.75
平均值							0.97	3.23	0.95	6.21		236.00	94.12	2.17	99.32

从表 4-20 中可以看出：改变渣型后还原渣平均渣含金 0.97g/t，锑 3.23%，仍然为金低锑高。从毛锑含铁情况来看，渣型改变之前配煤为 1.4 倍的 3 号、4 号样毛锑平均含铁为 3.13%，此次配煤为 1.4 倍的 5 号、6 号样毛锑含铁平均为 2.49%，比上次降低了 0.64%，下降幅度为 20.4%，是有效果的；说明增加 SiO_2 可以起到抑制 FeO 产生还原反应，从而达到降低毛锑含铁的效果。但仍存在废渣含锑偏高的状况，试验结果仍不理想。为此，试验又进一步提高了渣中 SiO_2 含量，并加大还原剂用量。通过加大 SiO_2 含量来降低渣中 FeO 的活性，减少其被还原的程度，确认加大还原剂用量可以实现强还原，进一步降低渣中锑和金的含量。

调整试验选用的渣型为：$w(SiO_2)：w(FeO)：w(CaO) = 45：27：18$，还原煤用量比例选用 1.4 倍、1.6 倍和 1.8 倍三个对比。

固定条件：试料 600g，河砂按 $w(FeO)/w(SiO_2) = 27/45 = 60\%$，石灰按 $w(CaO)/w(SiO_2) = 40\%$ 配入。经计算得到河砂为 77g，石灰 57g，还原煤分别为 1.4 倍、1.6 倍、1.8 倍三个对比，炉温 1200℃，保温 100min，试验结果列于表 4-21。

表 4-21 渣型调整试验结果

| 样号 | 配入物料 | | | | | 产出废渣 | | | Au 在渣中损失/% | Sb 在渣中损失/% | 产出毛锑 | | | | Au 直收率/% |
| | 试料/g | 白煤 | | CaO/g | 河砂/g | 质量/g | Au/g·t⁻¹ | w(Sb)/% | | | 质量/g | Au/g·t⁻¹ | w(Sb)/% | w(Fe)/% | |
		配煤/倍	质量/g												
1	600	1.4	23.5	57	77	坩埚损坏									
2	600	1.4	23.5	57	77	371	0.60	0.90	0.61	1.73	160	224.67	93.60	2.88	98.38
3	600	1.6	26.7	57	76	402	1.20	0.65	1.32	1.36	170	216.00	91.30	5.01	100.49
4	600	1.6	26.7	57	76	387	1.10	0.65	1.66	1.31	167	214.67	90.50	5.68	98.11
5	600	1.8	30.0	57	75	414	0.90	0.60	1.02	1.29	169	231.53	89.50	6.43	98.76
6	600	1.8	30.0	57	75	414	1.30	0.55	2.15	1.18	169	213.00	89.60	6.96	98.51
平均值							1.14	0.67	1.35	1.37		216.37	90.90	5.39	98.75

此次试验效果非常理想，之前试验的矛盾问题已经得到解决，既做到了废渣含 Au、Sb 指标优良，而且毛锑含铁也不高，通过此次试验已经基本达到了底吹渣进行还原熔炼想要达到的目的。从表中还可发现，配入还原煤为 1.4 倍的 2 号样效果最为理想，不仅废渣含 Au、Sb 都达到了"双一"以内，而且毛锑含铁仅在 3% 以内。由此说明，底吹渣进行还原熔炼要想获得良好的指标，渣型影响的因素是非常大的，要想得到优良的指标，除了需要配入合理的还原煤用量比例外，同时还必须选择合适的反应熔炼渣型才可实现。

g 综合条件试验

根据上述调整后的试验验证结果，熔炼还原反应的最佳工艺控制条件为还原煤 1.4~1.5 倍，渣型配比为 45:27:18，炉温 1200℃，在此条件下进行多因素综合条件验证试验。验证试验共进行 11 组比对，其中配煤 1.4 倍进行 6 组，配煤 1.5 倍进行 5 组。

试验固定因素影响条件具体为：试料 600g，渣型 $w(SiO_2):w(FeO):w(CaO)=45:27:18$，配还原煤分别为 1.4 倍和 1.5 倍，炉温 1200℃，保温 100min，试验结果统计见表 4-22 和表 4-23。

表 4-22 配煤 1.4 倍试验结果

| 样号 | 配入物料 | | | | | 产出废渣 | | | Au 在渣中损失/% | Sb 在渣中损失/% | 产出毛锑 | | | | Au 直收率/% |
| | 试料/g | 白煤 | | CaO/g | 河砂/g | 质量/g | Au/g·t⁻¹ | w(Sb)/% | | | 质量/g | Au/g·t⁻¹ | w(Sb)/% | w(Fe)/% | |
		配煤/倍	质量/g												
1	600	1.4	23.5	57	77	411	0.25	0.70	0.28	1.49	162	220.90	93.00	2.72	97.94

续表 4-22

样号	试料/g	白煤 配煤/倍	白煤 质量/g	CaO/g	河砂/g	产出废渣 质量/g	产出废渣 Au/g·t⁻¹	产出废渣 w(Sb)/%	Au在渣中损失/%	Sb在渣中损失/%	产出毛锑 质量/g	产出毛锑 Au/g·t⁻¹	产出毛锑 w(Sb)/%	产出毛锑 w(Fe)/%	Au直收率/%
2	600	1.4	23.5	57	77	418	0.35	0.70	0.40	1.52	166	218.45	92.60	2.88	98.94
3	600	1.4	23.5	57	77	423	0.40	0.60	0.46	1.32	164	219.40	93.50	2.45	98.47
4	600	1.4	23.5	57	77	381	0.45	0.65	0.47	1.29	168	213.95	92.60	2.16	98.37
5	600	1.4	23.5	57	77	394	0.30	0.70	0.32	1.43	165	214.40	93.00	2.80	96.81
6	600	1.4	23.5	57	77	385	0.60	0.55	0.63	1.10	164	217.50	92.80	2.92	97.62
平均值							0.39	0.65	0.43	1.36	164.75	217.43	92.92	2.66	98.03

表 4-23　配煤 1.5 倍试验结果

样号	试料/g	白煤 配煤/倍	白煤 质量/g	CaO/g	河砂/g	产出废渣 质量/g	产出废渣 Au/g·t⁻¹	产出废渣 w(Sb)/%	Au在渣中损失/%	Sb在渣中损失/%	产出毛锑 质量/g	产出毛锑 Au/g·t⁻¹	产出毛锑 w(Sb)/%	产出毛锑 w(Fe)/%	Au直收率/%
1	600	1.5	25.2	57	77	401	0.30	0.50	0.33	1.04	171	211.25	91.60	3.94	98.86
2	600	1.5	25.2	57	77	403	0.60	0.45	0.66	0.94	170	209.40	91.10	4.38	97.42
3	600	1.5	25.2	57	77	394	1.10	0.45	1.19	0.92	170	209.35	91.80	4.26	97.40
4	600	1.5	25.2	57	77	413	0.35	0.40	0.40	0.86	172	212.15	91.20	4.10	99.57
5	600	1.5	25.2	57	77	328	0.35	0.50	0.31	0.85	152	222.30	92.50	3.39	92.20
平均值							0.54	0.46	0.58	0.92	166.80	212.89	91.64	4.01	98.31

从综合条试验结果来看，控制熔炼还原过程的高硅酸性渣型，可非常巧妙地解决渣含锑降低和锑含铁降低难以兼顾的矛盾。提高渣中 SiO_2 含量，既能有效地将毛锑中铁含量控制在 3% 以下，又能做到产出废渣含 Au、Sb 品位同时能达到“双一”以内的理想指标，金的直收率高达 98% 以上，试验指标都优于传统鼓风炉挥发熔炼生产工艺的指标。

4.3.3.4　熔融还原试验研究小结

从以上多个试验结果数据分析可以看出，采取固体碳对富氧底吹渣进行还原熔炼实现金属与脉石的进一步完全分离方法，能够实现比较好的分离技术指标。对熔炼还原过程中影响反应效果最为重要的因素主要是：反应熔炼温度、还原煤用量和熔炼渣型等。

A　熔炼温度的影响

炉温是保证还原反应能够有效进行的先决条件。从炉渣的性质分析，提高炉温可以增加炉渣的活度，对反应过程中产生的金属沉降分离和降低废渣含 Au、Sb 量是有好处的。试验的炉温从 1200℃ 提高到 1300℃，效果是很明显的；废渣含 Au 从 1.26g/t 降到了 0.92g/t，下降 0.34g/t，下降幅度为 55.8%。但是存在问题也很明显，就是随着炉温的升高，产出毛锑含铁也大幅度升高，毛锑含铁由平均 14.11% 上升到 23.97%，上升了 9.86%，上升幅度为 69.84%，产出的毛锑含铁高、质量差，不利于工业生产。

调整渣型后炉温为 1200℃ 时，废渣指标很理想。因此，没有必要再去提高炉温。如果一定要提高炉温，带来的不良后果会使毛锑含铁升高，而且要达到 1300℃ 的反应熔炼工艺温度，在以后规模生产过程中的生产设备也可能难以实现，所以本试验炉温只要能保证大于废渣的熔点且有一定的过热系数就可以。反应熔炼炉渣的熔点都在 1050~1100℃。此试验炉温在 1200℃，已大于炉渣的熔点，并且也有一定的过热系数，所以试验炉温为 1200℃ 是合理的。

B 还原煤用量的影响

还原煤用量对反应熔炼的效果影响是很大的，根据以上试验结果可以得到结论：

（1）废渣含 Au、Sb 品位随还原煤用量增加而降低，成反比规律。如果各种熔炼工艺条件控制得合理正确，废渣含 Au、Sb 都可实现"双一"。也就是说，要想得到良好的废渣指标，就要尽可能地提高还原煤用量比例。

（2）随着还原煤用量的增加，产出毛锑含铁升高，质量变差，成正比规律；由于毛锑质量变差，不仅对以后的生产带来不利，而且会使生产成本增加，金属回收率降低，企业效益变差。

当还原煤用量为理论量的 1.1~1.2 倍时，毛锑含铁基本上在 2% 以内比较理想。但是废渣含 Au 在 6g/t、Sb 在 4% 以上。当还原煤用量增加到 1.6~1.8 倍时，废渣指标很理想，基本都可达到"双一"以内，但毛锑含铁就变得很高，达到 20% 以上。

C 渣型的影响

富氧底吹渣采用固体碳进行还原熔炼来实现金属与脉石分离的生产工艺，要想得到理想的分离效果，反应熔炼渣型是关键的。从试验结果可看出，渣型中 $w(FeO)/w(SiO_2)>70\%$ 时，分离效果都不理想；在这种渣型条件下，无论还原煤用量是多还是少，都难以得到试验所希望的理想效果。当还原煤用量低时，虽然产出的毛锑含铁会少，但废渣含 Au、Sb 都很高；而当还原煤用量增大时，虽然废渣含 Sb、Au 降低，但毛锑含铁升高很快。选用 $w(SiO_2):w(FeO):w(CaO)=45:27:18$ 高硅渣后，$w(FeO)/w(SiO_2)<70\%$，试验效果才变得理想。

SiO_2 可与 FeO 结合生成 $2FeO \cdot SiO_2$ 进入渣相。当向炉渣中增加 SiO_2 时，由于它能与 FeO 结合生成化合物，从而减少了游离 FeO 在渣中的活度，降低了 FeO

与碳质产生还原反应的概率，使单质铁还原产出量减少，从而毛锑含铁也就会降低。选用 $w(FeO)/w(SiO_2)=60\%$ 的高硅渣后，非常巧妙地解决了先前的矛盾，不仅能够得到非常理想的废渣指标，废渣含 Au、Sb 可实现"双一"，而且毛锑含铁也并不高，仅在 3% 左右。

由此可以得出结论，富氧底吹渣采用固体碳还原反应熔炼工艺，渣型对产出毛锑含铁的影响变化规律是：$w(FeO)/w(SiO_2)$ 比值变大时，毛锑含铁增加；反之，比值变小时，毛锑含铁也减少，成正比关系。因此，要使毛锑含铁减少，就可选用酸性较大的高硅渣，且 $w(FeO)/w(SiO_2)$ 的比值还应小于 70%，才能获得理想的分离效果和优良的生产作业指标。

4.3.3.5　结论

通过以上诸多因素条件试验研究，可得到以下结论。

(1) 氧化熔炼试验研究表明：锑在高温下易挥发，因此合适的粒径、反应时间、鼓氧强度以及渣型，将有利于熔池的形成和锑的熔炼。由于熔池熔炼不仅需要考虑熔炼体系各反应的特性，还需要考虑体系热量平衡、熔池搅拌强度以及装备情况；实验室条件试验仅对熔炼规律的产生方向进行验证，对其过程控制具体参数的优化和调节仍需在工业化的专用熔炼炉系统内进行进一步试验和分析研究。

(2) 富氧底吹产出的高金高锑渣，采用固体碳进行还原熔炼的生产工艺是完全可行的，不仅金属与脉石的分离效果好，指标优良，而且生产工艺简单，工业设备不复杂，容易实现。大多企业可利用现有的冶炼设备，如鼓风炉等均可进行生产；如果采取侧吹炉作为还原设备，则更易实现流程流畅和指标优化。

(3) 采用固体碳进行还原熔炼工艺方案来处理富氧底吹渣，只要掌握好了有关的生产过程工艺控制条件，金属与脉石的分离效果是非常理想的，完全可以实现"双一"；废渣含 Au 可达到 0.5g/t，含 Sb 可达 0.5%，金的直收率可达 98% 以上，产出的毛锑含铁可控制在 3% 以内，优于现有鼓风炉挥发熔炼的生产作业指标。

(4) 本试验研究最佳的工艺控制参数为：

1) 还原煤用量是三氧化二锑理论量的 1.4 倍；

2) 还原熔炼过程最佳控制渣型条件为 $w(SiO_2):w(FeO):w(CaO)=45:27:18$ 的高硅酸性渣；

3) 反应熔炼温度为 1200℃。

在上述主要工艺控制参数下，试验过程中产出的废渣含 Au、Sb 都可以达到"双一"以内，可为规模化生产提供参考。

4.4 锑富氧底吹熔池熔炼新技术的开发应用

4.4.1 锑富氧底吹熔炼过程工业化技术开发

4.4.1.1 硫化锑精矿富氧底吹熔池熔炼过程平衡计算

每个工序均以 100kg 原料为基础进行计算，同时为了简化计算过程，计算中可根据试验数据对某些数据进行合理的假定。下面介绍物料平衡计算方法。

A 反应主要原辅材料

a 原料与熔剂成分组成

试验所用原辅料中锑精矿、石灰石、河砂、铁矿石的主要化学成分组成见表 4-24 ~ 表 4-27。

表 4-24 锑精矿元素化学成分

成分	Sb	S	Fe	SiO_2	CaO	Au*	As	Pb	Al_2O_3	MgO	其他
含量（质量分数）/%	45.80	29.81	11.85	9.59	0.20	57.70	0.75	0.19	0.39	0.30	1.12

注：* 代表 g/t。

表 4-25 石灰石化学成分

成分	Fe	SiO_2	CaO
含量（质量分数）/%	0.90	7.48	50.06

表 2-26 河砂化学成分

成分	Fe	SiO_2	CaO
含量（质量分数）/%	0.19	91.80	1.08

表 2-27 铁矿石化学成分

成分	Fe_2O_3	SiO_2	CaO
含量（质量分数）/%	69.23	20.78	3.62

b 原料与熔剂的物相组成

研究所用锑精矿原料中锑分别呈 Sb_2S_3、Sb_2O_3 和 Sb_2O_4 存在，其 Sb 含量分别为 43.80%、1.60% 和 0.40%。假设其他金属及氧化物在锑精矿中分别为：铅以 PbS，砷以 FeAsS，CaO 以 $CaCO_3$，MgO 以 $MgCO_3$，铁除以 FeAsS 形式存在外，还以 FeS_2 和 Fe_2O_3 形态存在，可得锑精矿具体化学物相组成见表 4-28。

表 4-28　锑精矿化学物相组成（质量分数）　　　　　　（%）

组成	Sb	S	As	Pb	Fe	SiO_2	CaO	Al_2O_3	MgO	CO_2	O_2	合计
Sb_2S_3	43.80	17.27										61.07
Sb_2O_3	1.60										0.32	1.92
Sb_2O_4	0.40										0.10	0.50
FeAsS		0.32	0.75		0.56							1.63
FeS_2		12.19			10.67							22.85
PbS		0.04		0.19								0.22
Fe_2O_3					0.62						0.26	0.88
SiO_2						9.59						9.59
$CaCO_3$							0.20			0.16		0.36
$MgCO_3$									0.30	0.33		0.63
Al_2O_3								0.39				0.39
合计	45.80	29.81	0.75	0.19	11.85	9.59	0.20	0.39	0.30	0.49	0.68	100

c　锑氧产品的物相组成

富氧底吹熔炼过程中除产出高锑渣外，还能够产出锑氧产品，其物相组成计算结果见表 4-29。

表 4-29　锑氧的物相组成（质量分数）　　　　　　（%）

组成	Sb	S	As	Pb	Fe	SiO_2	CaO	O_2	其他	合计
Sb_2S_3	2.48	0.98								
Sb_2O_3	73.72							14.53		
As_2O_3			2.52					0.81		
Pb				1.57						
Fe_2O_3					0.40			0.17		
SiO_2						0.28				
CaO							0.16			
其他									2.38	
合计	76.20	0.98	2.52	1.57	0.40	0.28	0.16	15.51	2.38	100

以 100kg 锑精矿为计算基础，并参考试验数据，假设在富氧底吹熔炼过程中，锑在底吹炉中的分配比为：以锑氧存在的锑占 55%，以高锑渣存在的锑占 45%。入炉物料中锑的总量为 45.8kg，根据上述分配比，可计算产出的锑氧量为：

45.80×55%÷76.20% = 33.06kg

根据表 4-28 中锑氧的物相组成，可计算得出锑氧带走的 Fe、SiO_2、CaO 分别为：

Fe：33.06×0.4% = 0.132kg

SiO_2：33.06×0.28% = 0.093kg

CaO：33.06×0.16% = 0.053kg

B　富氧底吹熔炼配料计算

在火法熔炼过程中，应尽量保证炉渣具有较低的熔点和很好的流动性。结合鼓风炉熔炼所采用的渣型，则底吹炉熔炼硫化锑精矿所采用的渣型一般为：$w(FeO)/w(SiO_2) = 0.80 \sim 1.25$，$w(CaO)/w(SiO_2) = 0.40 \sim 0.60$，本次计算选择渣型为 $w(FeO)/w(SiO_2) = 1.0$，$w(CaO)/w(SiO_2) = 0.50$。通过换算锑精矿中的 $w(FeO)/w(SiO_2) = 1.59 > 1.0$，$w(CaO)/w(SiO_2) = 0.02 < 1$，因此，选择加入的熔剂为河沙（$a$kg）及石灰石（$b$kg），则计算熔炼过程进入渣中的铁、硅、钙为：

Fe：11.85+a×0.19%+b×0.90%−0.132 = 11.718+0.0019a+0.009b

SiO_2：9.59+a×91.80%+b×7.48%−0.093 = 9.497+0.918a+0.0748b

CaO：0.20+a×1.08%+b×50.06%−0.053 = 0.147+0.0108a+0.5006b

由此可列方程组为：

(11.718+0.0019a+0.009b)×72/56÷(9.497+0.918a+0.0748b) = 1.0

(0.147+0.0108a+0.5006b)÷(9.497+0.918a+0.0748b) = 0.50

可解得：a = 5.06，b = 14.83，即需要加入的河沙为 5.06kg，石灰石为 14.83kg，进入渣中的 FeO、SiO_2、CaO 分别为 15.25kg、15.25kg 和 7.63kg。

C　炉渣产出量及其成分计算

除上述计算的 FeO、SiO_2、CaO 含量外，炉料中含有 0.32%的硫，渣含锑在 30.6%左右，其他成分占 6.9%，下面介绍具体计算方法。

（1）渣的产出量计算：

(15.25+15.25+7.63)÷(1−0.32%−30.6%−6.9%) = 61.32kg

（2）渣中 S 和 Sb 的含量计算：

渣中 S：61.32×0.32% = 0.196kg

渣中 Sb：61.32×30.6% = 18.764kg

（3）渣的组成计算：

FeO：15.25÷61.32 = 24.87%

SiO_2：15.25÷61.32 = 24.87%

CaO：7.63÷61.32 = 12.44%

S：0.32%

Sb：30.6%

其他（包括 Al_2O_3 和 CaO 等）：6.9%

D 需氧量计算

a Sb_2S_3 氧化为 Sb_2O_3

假设锑氧中的硫以 Sb_2S_3 存在，高锑渣中的硫以 FeS 存在，参加反应氧化生成为 Sb_2O_3 的量可以按下列方式计算：

$(100×43.8\%-33.06×2.48\%)×(339.5/243.5)=59.925kg$

Sb_2S_3 反应生成 Sb_2O_3 的方程式：

$$2Sb_2S_3 + 9O_2 =\!=\!= 2Sb_2O_3 + 6SO_2$$

反应过程中，O_2 需用量为：$59.925×32×9/(339.5×2)=25.42kg$

产出 SO_2 为：$59.925×64×6/(339.5×2)=33.89kg$

b FeAsS 的氧化

该过程的反应方程式为：

$$2FeAsS + 4.5O_2 =\!=\!= 2FeO + As_2O_3 + 2SO_2$$

反应过程中，O_2 需用量为：$1.63×32×4.5/(162.9×2)=0.72kg$

产出 SO_2 为：$1.63×64×2/(162.9×2)=0.64kg$

c PbS 的氧化

该过程的反应方程式为：

$$PbS + 1.5O_2 =\!=\!= PbO + SO_2$$

反应过程中，O_2 需用量为：$0.22×32×1.5/239.2=0.044kg$

产出 SO_2 为：$0.22×64/239.2=0.059kg$

d 铁化合物的反应

（1）高锑渣中 FeS 的生成反应。由于在渣中硫与铁的亲和势较大，因此，假设高锑渣中的硫以 FeS 存在，因此以渣中 0.32% 的硫进行计算。

该过程的反应方程式为：

$$FeS_2 + O_2 =\!=\!= FeS + SO_2$$

FeS_2 消耗量为：$61.32×0.32\%×120/32=0.736kg$

O_2 需要量为：$61.32×0.32\%×32/32=0.196kg$

产出 SO_2 为：$0.196×64/32=0.392kg$

（2）Fe_2O_3 交互造渣反应。假设原料中所含 0.88% 的 Fe_2O_3 与 FeS_2 在高温下反应，则可进行下列计算。

该过程的反应方程式为：

$$FeS_2 + 5Fe_2O_3 =\!=\!= 11FeO + 2SO_2$$

FeS_2 消耗量为：$0.88×120/(160×5)=0.132kg$

SO_2 产生量为：$0.88×64×2/(160×5)=0.141kg$

（3）FeS_2 氧化造渣反应。该过程的反应方程式为：

$$2FeS_2 + 5O_2 == 2FeO + 4SO_2$$

FeS_2 消耗量为：22.85−0.736−0.132＝21.982kg

FeO 产生量为：21.982×72×2/（120×2）＝13.19kg

O_2 需要量为：21.982×32×5/（120×2）＝14.65kg

产出 SO_2 为：21.982×64×4/（120×2）＝23.45kg

（4）$CaCO_3$ 的分解。炉料中的 $CaCO_3$ 包括河砂和石灰石中的 $CaCO_3$，其总量为：

（5.06×1.08%+14.83×50.06%）×100/56+0.36＝13.71kg

$CaCO_3$ 分解反应方程式为：

$$CaCO_3 == CaO + CO_2$$

产出 CO_2 为：13.71×44/100＝6.03kg

综上所述，富氧底吹熔炼过程中原料发生化学反应需要的 O_2 量和产出的 CO_2 量分别为：

O_2 需要总量：25.42+0.72+0.044+0.196+14.65＝41.03kg

放出 SO_2 总量：33.89+0.64+0.059+0.392+0.141+23.45＝58.57kg

放出 CO_2 总量：6.03kg

E　烟气产出量及其组成计算

将上述过程中的气体需要量换算为标态下可以得出：

O_2 需要体积：41.03×22.4/32＝28.72m^3

放出 SO_2 总量：58.57×22.4/64＝20.50m^3

放出 CO_2 总量：6.03×22.4/44＝3.07m^3

假如炉内需要氧气量的 10%由烟道风口漏入空气提供，而且氧气刚好完全反应，则汽化器提供的氧气体积：28.72×（1−10%）＝25.848m^3

保护氧枪的 N_2 浓度一般占汽化器氮氧总浓度的 30%左右，因此，汽化器提供的氮气体积为：25.848×30%/70%＝11.08m^3

干空气提供的气体体积为：28.72×10%/21%＝13.68m^3

因此，烟气中 N_2 的总体积为：11.08+13.68×78%＝21.75m^3

假设空气的含湿量为 22g/m^3，则空气带入水分为：

13.68×22×22.4/（18×1000）＝0.375m^3

设 100kg 精矿制粒后所含水分为 6%，河沙和石灰石含水分别为 3%和 2%，则混合物料带入的水分为：100×6%/94%+5.06×3%+14.83×2%＝6.83kg，其体积为：6.83×22.4/18＝8.50m^3

综上所述，烟气的组成为：SO_2 20.50m^3，N_2 21.75m^3，CO_2 3.07m^3（忽略空气中带入的 CO_2），H_2O 8.50m^3。

F 物料平衡计算总表

综合以上各参与物料平衡计算结果，列出反应过程中物料平衡表，见表4-30。

表 4-30 底吹熔炼物料平衡表

序号	投入		产出	
	物料名称	质量/kg	物料名称	质量/kg
1	湿精矿	106.4	锑氧	33.06
2	河沙	5.06	高锑渣	61.32
3	石灰石	14.83	烟气	100.37
4	氧气	36.92		
5	氮气	13.85		
6	空气	17.69		
合计		194.75		194.75

a 热量平衡计算假设条件

（1）以熔炼 106.4kg 湿精矿（100kg 干精矿）为热平衡计算基础；

（2）精矿中的 FeAsS 按下式分解氧化：

$$2FeAsS + 4.5O_2 === 2FeO + As_2O_3 + 2SO_2$$

（3）精矿中的 PbS 按下式氧化：

$$2PbS + 3O_2 === 2PbO + 2SO_2$$

（4）精矿中的 FeS_2 按下式分解氧化：

$$FeS_2 + O_2 === FeS + SO_2$$

（5）入炉的 $CaCO_3$ 全部分解为 CaO 和 CO_2；

（6）入炉物料的温度按 20℃ 计算，渣与锑氧和烟气离开炉内的温度按 1200℃ 计算。

b 热量平衡计算

（1）热收入有以下几项。

1）硫的燃烧热。参与氧化反应硫的生成热为：

$$(29.81 - 33.06 \times 0.98\% - 61.32 \times 0.32\%) \times 9286 = 271984.9 kJ$$

2）造渣反应热：

$$FeO + SiO_2 === FeO \cdot SiO_2$$

$$Q_{渣1} = 15.25/72 \times 1000 \times 10.9 \times 4.184/2 = 4829.8 kJ$$

$$CaO + SiO_2 === CaO \cdot SiO_2$$

$$Q_{渣2} = 7.63/56 \times 1000 \times 20.6 \times 4.184 = 11743.4 kJ$$

3）炉料显热：

（106.4+5.06+14.83）×1.05×20＝2652.1kJ

4）富氧显热。氧气用量为 25.848m³，氧气比热容取值 1.5kJ/（m³·℃），氮气用量为 11.08m³，氮气比热容取值 1.36kJ/（m³·℃），富氧显热为：

$Q_{富氧}$＝25.848×20×1.5+11.8×20×1.36＝1096.4kJ

（2）热支出有以下几项。

1）FeS_2 离解吸热，反应式如下：

$$FeS_2 \Longrightarrow FeS + 0.5S_2$$

该硫化物分解热值为 66.818kJ/mol，则

$Q_{FeS_2离解}$＝22.85/120×66.818×1000＝12723.3kJ

2）Sb_2S_3 离解吸热：

59.925×136489/339.5＝24091.6kJ

3）$CaCO_3$ 离解吸热，反应式如下：

$$CaCO_3 \Longrightarrow CaO + CO_2$$

每千克反应物分解热为：378×4.184＝1581.55kJ/kg

Q_{CaCO_3}＝13.71×378×4.184＝21683.1kJ

4）锑氧带走热：

33.06×0.117×1200×4.184＝19420.6kJ

5）炉渣带走热，炉渣比热容取值为 1.10kJ/（kg·℃），则炉渣带走热为：

$Q_{炉渣}$＝61.32×1.10×1200＝80942.4kJ

6）SO_2 烟气量 20.50m³，N_2 烟气量 11.08m³，CO_2 烟气量 3.07m³，H_2O 烟气量 8.50m³，则烟气带走热为：

Q_{SO_2}＝20.50×1200×0.544×4.184＝55992.0kJ

Q_{N_2}＝11.08×1200×0.340×4.184＝18914.4kJ

Q_{CO_2}＝3.07×1200×0.345×4.184＝5317.8kJ

Q_{H_2O}＝8.50×1200×0.424×4.184＝18095.0kJ

共计：$Q_{烟气}$＝98319kJ

7）炉壁散热

$Q_{炉壁散热}$＝24702kJ

综合上述计算结果，可得出富氧熔炼反应过程热量平衡表，见表4-31。

表4-31 富氧熔炼过程热量平衡表

序号	投入			支出		
	名称	热量/kJ·h⁻¹	占比/%	名称	热量/kJ·h⁻¹	占比/%
1	S 氧化放热	271985	93.05	FeS_2 离解吸热	12723	4.35

序号	投入			支出		
	名称	热量/kJ·h⁻¹	占比/%	名称	热量/kJ·h⁻¹	占比/%
2	造渣放热	16573	5.67	Sb_2S_3 离解吸热	24092	8.24
3	炉料显热	2652	0.91	碳酸钙离解吸热	21683	7.42
4	富氧显热	1096	0.37	锑氧带走热	19421	6.64
5				炉渣带走热	80942	27.69
6				烟气带走热量	98319	33.64
7				炉壁散热	24702	8.45
8				其他	10424	3.57
合计		292306	100		292306	100

4.4.1.2　富氧底吹熔炼过程工艺方案

依据上述的配料计算结果，将硫化锑精矿与石灰石、石英砂以及铁矿石等进行配料，将配好后的混合料加入底吹炉中，鼓入富氧进行熔炼；熔炼过程富氧直接由底吹炉底部鼓入熔池内部，氧气与落入熔池中的硫化锑直接反应，大大加快了反应速度，反应生成的金属锑由于密度较大而沉入到熔池的最底部，最终由虹吸口放出；渣层浮于熔池最上面，视渣线高度，将炉渣从放渣口放出。冶炼烟气经降温后进入收尘器，锑氧被截留在收尘器中，含硫尾气经脱硫装置脱硫后排空。

（1）先将锑精矿、石灰石、石英砂以及铁矿石各自进行备料处理，控制所有物料粒径在 20mm 以下，将备好的上述物料进行配料，配好后的混合料中 Sb 质量分数在 15%~40%，其中硅、铁、钙质量分数应满足 $w(SiO_2)$：$w(FeO)$：$w(CaO)$ 为（8%~30%）：（7%~41%）：（3%~25%），硫质量分数控制在大于 14%；

（2）将上述物料在圆盘或者圆筒制粒机中进行增湿制粒，制粒过程控制物料水分质量分数在 7%~15%，制成合格的球粒粒径控制在 3~25mm；

（3）将制好的球粒通过进料口定量加入炉内，进料落入熔池中，与底吹炉底部鼓入的富氧空气发生氧化，富氧空气中 O_2 浓度控制在 30%~90%，其余为 N_2，富氧空气压力控制在 0.1~0.8MPa，富氧空气中 O_2 流量（标态）与进料量（精矿）满足 140~240m³/t；

（4）控制熔炼温度在 1200~1300℃，反应生成的金属锑以及炉渣都在熔池中澄清分层，熔池分为两层，底层为金属锑，其深度控制在 200~800mm，金属锑由虹吸出锑口放出，上层为炉渣层，整个炉渣层控制在 500~1500mm。

硫化锑精矿富氧熔炼工艺设备连接如图 4-7 所示。

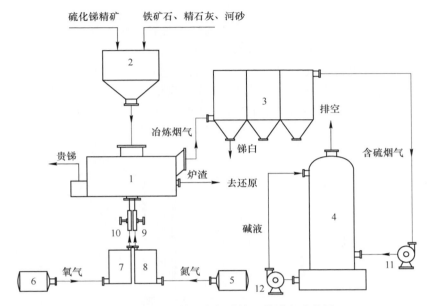

图 4-7 硫化锑精矿富氧熔炼工艺设备连接图

1—底吹炉；2—料斗；3—收尘器；4—脱硫塔；5—氮气储罐；6—氧气储罐；7—氧气汽化器；
8—氮气汽化器；9—调压装置；10—调压装置；11—风机；12—循环泵

4.4.1.3 工业试验主要设备

A 下料系统

硫化锑精矿、铁矿石、精石灰、石英砂等原料经吊篮吊上操作平台，混合均匀后过磅经料斗进入底吹炉。其中，料斗下设电振溜槽，确保下料的均匀性。

B 供气系统

气化系统由氮气、氧气储罐，氮气、氧气气化器，调压装置等构成。氧气储罐有效储存气体量为 $5m^3$，氮气储罐为 $14m^3$。液氧、液氮经汽化器气化后，通过调压装置调整气体流量及压力。根据实验室研究获得的硫化锑精矿富氧熔池熔炼工艺及其参数，入炉富氧空气中 O_2 浓度控制在 $30\% \sim 90\%$，其余为 N_2，富氧空气压力控制在 $0.1 \sim 0.8MPa$，富氧空气中 O_2 流量（标态）与进料量（精矿）满足 $140 \sim 260m^3/t$。气化器设备结构示意图如图 4-8 所示。

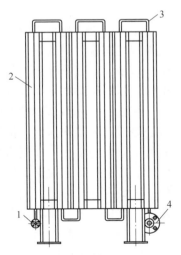

图 4-8 气化器设备示意图

1—液体进口；2—翅片；
3—气化管；4—气体出口

C　底吹炉

底吹炉是硫化锑精矿富氧熔炼工艺的核心设备，炉型为卧式、圆筒形的反应器。最外层为钢板，内衬耐火材料；炉子两端设虹吸出锑口、放渣口以及出烟口，上部设进料口；反应器设有驱动装置，生产过程中可旋转近 90°，便于停止吹炼操作时将喷枪转至水平位置或更换喷枪。本试验采用的试验炉内径为 1120mm、外径为 1644mm、筒体长 2000mm，设备结构示意图如图 4-9 所示。

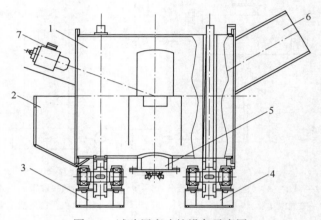

图 4-9　试验用底吹炉设备示意图

1—筒体；2—虹吸口；3—固定端托轮组；4—滑动端托轮组；5—氧枪座；6—烟道口；7—燃烧器

D　氧枪

结构合理、选材适宜的氧枪安装拆卸方便，使用寿命长。本试验氧枪采用等截面双层套管，内管是氧气通道，内外管中间留有缝隙，缝隙中间通冷却介质以保护氧枪，本试验采用氮气保护氧枪。氧枪中心管采用不锈钢管，外层选用耐热钢管，氧枪结构如图 4-10 所示。

氧枪的气体力学参数对底吹炉的技术经济指标有很重要的影响。目前氧气底吹炉最适宜的工作压力、供氧还不能完全通过理论计算准确确定，只能凭经验或通过试验来确定。工作压力过小，熔体可能堵塞枪口；压力过大，气体易射穿熔体。通常情况下，在保证气体不射穿熔体的前提下，压力越大越有利于熔体的搅拌，对炉内的反应越有利。气体流量过小，炉内物料反应不完全，炉内易板结、死炉；流量过大，易氧化生成泡沫渣，严重时发生喷炉。

E　收尘、净化系统

试验设计采用陶瓷收尘器收集产出锑白，如图 4-11 所示。底吹炉出烟口产出冶炼烟气经水冷后进入陶瓷收尘器，锑氧、挥发出来的 Sb_2S_3 以及小颗粒的粉料等被陶瓷管截留在收尘器内，净化烟气通过陶瓷微孔进入后续脱硫塔脱除 SO_2，

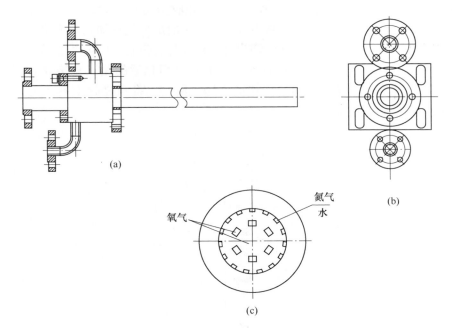

图 4-10 氧枪结构图

（a）氧枪侧视截面图；（b）氧枪口侧视图；（c）氧枪口示意图

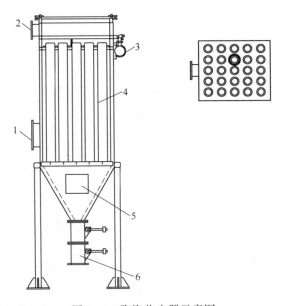

图 4-11 陶瓷收尘器示意图

1—入孔；2—烟气出口；3—脉冲反吹气缸；4—陶瓷管；5—烟气进口；6—出灰口

脱硫塔如图 4-12 所示。但试验过程中，因陶瓷收尘器阻力太大，而实际烟尘量为设计值的 2 倍多，导致收尘效果不理想，大量冶炼烟气从加料口逸出，现场作业环境恶劣。经讨论研究，最终将烟气直接接入工业实验工厂内邻近的 3 号鼓风炉收尘系统，利用 3 号鼓风炉脉冲布袋室收尘，净化后的尾气直接并入该厂的"三废"处理车间，解决了烟尘跑冒的问题。同时，将陶瓷收尘器改为岗位收尘，优化现场作业环境。

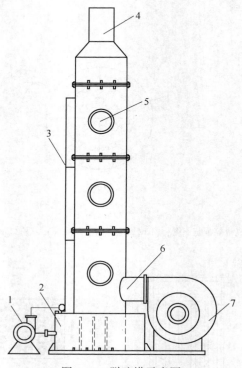

图 4-12　脱硫塔示意图

1—循环泵；2—吸收液储槽；3—循环管路；4—烟气出口；5—入孔；6—烟气进口；7—风机

4.4.1.4　试验控制条件及分析

A　熔炼温度

在正常生产过程中，渣温为 1000~1250℃，有时甚至达到 1300℃，远大于液体锑形成的平衡温度。从热力学的角度来看，这样的温度能满足液体锑的生成条件；从动力学的角度来看，炉内主要的反应属于液-固反应，影响其反应速度的两个因素是温度和物质的扩散速度。在炉内高温和强搅拌状态下，反应能迅速地进行；而且，炉内的高温状态能有效地降低高锑渣的黏度，增大渣的流动性，有利于锑渣的沉降分离，有效地减少金属锑在高锑渣中的夹杂损失。

但是，过高的温度会导致烟尘率的大幅度上升，所以过高和过低的炉温都会导致金属锑的产率降低，在生产过程中需要选择合适的炉温。根据表4-32中的生产数据及生产实践经验，在1000~1250℃范围内，炉渣金含量随着温度的升高而降低，炉渣锑含量随温度的升高而降低，综合成本及指标等因素，渣温选择在1200℃左右是比较适宜的。

表4-32 不同温度下炉渣指标

组成（质量分数）/% 温度/℃	Au	Sb	As	SiO$_2$	FeO	CaO	Pb	S
845	—	40.6	0.3	14.06	16.73	6.5	4.41	9.59
1014	67.3	32.3	0.6	22.33	22.64	8.7	0.87	1.04
1057	73.6	33.3	0.78	21.25	17.47	10.15	0.44	1.34
1086	55.8	31.9	0.5	30.22	16.01	12.47	0.18	0.65
1124	47.6	31.2	0.55	25.84	16.31	10.45	0.1	—
1163	29.7	27.0	—	24.53	22.91	11.35	—	0.13
1184	14.05	28.8	0.62	23.8	16.52	14.53	0.13	0.44
1204	31.7	31.2	—	23.67	21.61	13.17	—	0.1
1245	16.2	29.6	0.65	23.84	16.3	13.85	0.14	0.56

B 渣型

在生产过程中，应选择熔点低、黏度小的渣型，使渣锑得到更好的分离。根据 FeO-SiO$_2$-CaO 系液相状态图，$2FeO \cdot SiO_2$ 即铁橄榄石附近的熔点比较低，约1200℃，加入 FeO 后，熔点有所下降，可降至1100℃。结合炉渣的熔点和黏度来分析，$FeO \cdot SiO_2$-$2FeO \cdot SiO_2$ 组成附近的炉渣具有较低的熔点和较小的黏度。在此基础上增加过多的 FeO，虽然可降低黏度，但熔点也会升高，再提高 SiO$_2$ 的量更不利，不仅熔点升高了，黏度也会增大。所以根据表4-33中的试验数据并结合试验运行结果，渣型选择为 $w(SiO_2) : w(FeO) : w(CaO) = 4 : 3 : 2$ 是比较合适的。

表4-33 不同渣型条件下的废渣指标

渣型		温度/℃	废渣指标				
$w(FeO) : w(SiO_2)$	$w(CaO) : w(SiO_2)$		$Au/g \cdot t^{-1}$	$w(Sb)/\%$	$w(SiO_2)/\%$	$w(FeO)/\%$	$w(CaO)/\%$
0.84	0.48	1040	73.00	33.60	21.52	22.35	10.82
0.86	1.18	1014	67.30	32.30	22.33	22.64	8.70
0.83	0.50	1084	47.00	29.60	24.69	20.67	11.10

| 渣型 | | 温度/℃ | 废渣指标 | | | | |
$w(FeO):$ $w(SiO_2)$	$w(CaO):$ $w(SiO_2)$		Au/g·t^{-1}	$w(Sb)/\%$	$w(SiO_2)/\%$	$w(FeO)/\%$	$w(CaO)/\%$
0.83	0.49	1098	37.80	32.20	24.77	19.44	10.68
0.86	0.50	1100	42.10	32.80	25.27	21.12	10.42
0.81	0.44	1075	36.55	33.00	24.30	21.50	7.59
0.89	0.46	1161	46.40	26.80	23.72	25.34	10.90
0.88	0.43	1121	37.95	32.00	23.11	21.19	8.88
1.15	0.36	1156	29.70	27.00	24.53	22.91	11.35
1.15	0.56	1197	58.20	29.40	22.75	20.64	12.76

C　氧料比

氧料比是底吹炉生产的一项非常重要的控制参数，控制过高会使大量的金属锑氧化进入渣中，无疑会导致渣含锑的升高，同时又会使更多的 FeO 氧化成高熔点、对生产有害的 Fe$_3$O$_4$；控制过低会造成炉内热收入不够、渣流动性差，导致渣锑分离不好而使渣含锑上升，因而氧料比的控制非常重要。从理论上来说，氧料比是应该通过计算来确定，但由于在生产过程中，原料成分的不稳定及氧气计量的不准确，通过理论计算出来的氧料比不能指导生产，所以应该根据放渣时高锑渣的流动性来确定氧料比，渣过稀时减小氧料比，过黏时增加氧料比。

表 4-34 中的生产试验数据显示，随着氧料比的增加，冶炼温度逐渐升高，而废渣中锑、金的含量也有下降的趋势。因此，硫化锑精矿富氧底吹熔池熔炼工艺中的熔炼温度可以靠氧料比来调节，同时，氧料比越大熔炼温度越高，废渣中贵金属含量越少。因此，在满足工艺要求和生产指标的基础上，尽量降低氧料比，达到降低成本、节能减排的目的。

表 4-34　不同氧料比条件下废渣指标

| 氧气量 (标态) /m^3·h^{-1} | 团球量 /kg·h^{-1} | 氧料比 | 温度 (平均) /℃ | 废渣指标 | | | | |
				Au/g·t^{-1}	$w(Sb)/\%$	$w(SiO_2)$ /%	$w(FeO)$ /%	$w(CaO)$ /%
42	260+10	155	1110	54.85	34.00	22.76	20.98	8.47
44	260+13	161	1119	47.60	31.20	25.84	20.97	10.45
45	260+13	164	1150	43.45	33.70	24.52	19.34	9.66
50	260+13	183	1141	24.60	29.40	26.77	23.66	12.69
52	260+10	192	1166	11.93	30.10	23.63	21.66	13.43
54	260+10	200	1161	46.40	26.80	23.72	25.34	10.90

D 熔炼烟气分段收集

不同温度气体中三氧化二砷的饱和含量见表4-35。由此可以看出，只要控制烟气温度在250℃以上，砷在烟气中的饱和含量很高，三氧化二砷就不会从烟气中析出。

表4-35 不同温度气体中三氧化二砷的饱和含量

温度/℃	50	75	100	125	150	200	250
As_2O_3/mg·m^{-3}	0.016	0.31	4.2	37	280	7900	124000

对熔炼烟气进行了分段收集实验。通过调节烟道冷却水流量来调节进入陶瓷膜收尘器的烟气温度，由于缺乏有效的骤冷试验装置，通过考察尾气碱吸收泥中砷含量来间接反映收砷效果。

不同出口温度下陶瓷膜收尘器所收集锑氧粉和碱吸收泥成分见表4-36和表4-37。

表4-36 不同出口温度下陶瓷膜收尘器所收集锑氧粉成分

温度/℃	350	300	250	200	150
$w(Sb)$/%	78.83	77.56	78.31	75.78	75.43
$w(As)$/%	0.036	0.11	0.57	1.43	2.69

表3-37 不同出口温度下碱吸收泥成分

温度/℃	350	300	250	200	150
$w(Sb)$/%	75.33	48.31	15.31	0.67	0.043
$w(As)$/%	10.21	34.11	58.91	3.43	0.89

通过表4-36和表4-37可以看出，采用阶段冷却分段收集方式对烟气进行处理效果非常显著，控制烟气温度在300℃以上时，高温收尘段所得到的锑氧粉砷含量非常低，300℃时仅为0.11%，这就大大降低了锑精炼的难度。但在300℃温度下，高砷烟尘中锑含量仍较高，高温收尘段没有完全将锑收集，有少部分锑跑到了砷烟灰中，还需要从高砷烟灰中继续处理回收有价金属锑；高砷烟灰砷含量可高达34.11%，目前采用湿法或者火法均可以高效除砷并将其稳定化处理，在砷处理流程中将锑资源有效返回，既有利于环保处理，又不影响资源利用率。

由于试验中陶瓷膜收尘器阻力较大，在试验过程中容易堵塞，在对阶段冷却分段收尘试验完成后没有继续使用，而是采用全冷却布袋收尘进行，因而试验锑氧中砷含量较高。

4.4.2　锑氧化熔炼渣鼓风炉还原过程工业化技术开发

4.4.2.1　工业试验研究的目的及方案

锑富氧熔炼过程产生的高锑熔炼渣经实验室还原试验后，获得还原渣含锑和金分别在1%和1g/t以下的理想指标；工业上用于还原实验的理想设备是富氧侧吹炉，将富氧氧化熔炼过程所产生的熔融渣直接流入富氧侧吹炉进行熔融还原，既可以确保操作过程连续化、又可以充分利用液态渣显热。由于无法短时间内具备与工业试验底吹炉相配套的侧吹炉装置，致使直接还原工业试验无法有效进行，为了验证实验室还原小试的结果，工业试验拟采用现有挥发熔炼设备——鼓风炉进行模拟还原熔炼过程；通过验证鼓风炉处理富氧底吹炉产高锑渣的可行性来论证高锑渣熔融还原的可行性，依据现有铅冶炼的经验，侧吹炉还原效果相比鼓风炉还会有较大幅度的提升。

4.4.2.2　工业试验的步骤、参数设置与装备

（1）根据底吹渣成分与性质选择渣型、工艺参数；

（2）试验开始后，视料柱情况调整合适的处理量；

（3）试验从5月25日13:30开始，2h后每个小时取一个废渣样。次日，06:30放炉一次，并取贵锑样，09:00停风检查炉况，21:30试验结束，放炉一次，取贵锑样。

本次试验共准备了75t富氧底吹炉所产高锑渣，其成分见表4-38。

表 4-38　富氧底吹高锑渣成分（质量分数）

$Au/g \cdot t^{-1}$	$w(Sb)/\%$	$w(SiO_2)/\%$	$w(FeO)/\%$	$w(CaO)/\%$	$w(Pb)/\%$	$w(As)/\%$	$w(S)/\%$
58	23	23	20	6	0.3	0.63	2

过程中渣型选择为 $w(SiO_2):w(FeO):w(CaO)=4:3:2$，开始三批处理量为500kg/批。视料柱情况调节到650kg/批，为保证此渣型，每批料添加50kg铁矿石、50kg石灰石。

焦炭210kg/批，焦炭团球比为32%，料批时间为14min/批。料柱控制在650mm左右，鼓风频率45Hz，抽风45Hz。

工业试验所用鼓风炉设备：面积为1.8m²，并配有10m²反射炉前床；前床采用重油加热，配有四座火柜以及主鹅颈一套，表面冷却器一座，冷却面积900m²，160kW中间抽风机一台，脉冲布袋室一座，过滤面积2400m²，225kW风机一台。

表4-39为鼓风炉还原工业试验工艺参数。

表 4-39 鼓风炉还原工业试验工艺参数

日期	班次	投入物料/kg·批⁻¹				鼓风/Hz	抽风/Hz	料柱/mm	下料间隔/min
		高锑渣	焦炭	铁矿石	石灰石				
5月25日	早班	500	210	50	50	45	45	560~870	15
5月25日	中班	650	210	50	50	45	45	550~750	15
5月25日	晚班	650	210	50	50	45	45	600~800	15
5月26日	早班	650	210	50	50	45	45	600~800	14
5月26日	中班	650	210	50	50	45	45	560~780	14

4.4.2.3 工业试验操作情况

试验从某日早班 13:30 开始进料,次日中班 19:50 结束,共投入底吹渣 73.516t、焦炭 23.536t、铁矿石 6.060t、石灰石 6.162t。

投料后,进料量为 500kg/批、600kg/批、650kg/批,料柱均比较稳定,下降也较快,每批进料在炉批时间内均能下降到进料前的高度。整个试验过程非常顺利。

第一次放炉在进料后 17h,由于高锑渣含 S 少,放炉过程中可以看到,锑锍相基本消失,放出贵锑两模,贵锑外观很好,贵锑产率明显比处理辉锑矿高。

鹅颈灰厚难打下、火柜中"红水、返料"多难扒出,这两点一直是所选鼓风炉的生产难题。此实验进行后的第一次停风检查炉况中可以看到,1 号火柜返料大幅度减少,2 号、3 号火柜红水消失,取而代之的是少量结氧;鹅颈灰少,基本不用处理;风嘴相对通亮,由于下料方式影响,布料不均匀依然是存在的。整个试验过程炉身温度较高,炉身、下料口都很干净没有挂料现象。

前床反射炉炉温在 1200℃左右,渣活,流动性好,用木棒探渣层,没有拉丝现象。

4.4.2.4 试验分析

此次工业试验处理的高锑渣,为富氧鼓风炉处理辉锑矿团球的中间产物,两者在结构和成分上都有很大的不同。此区别是试验过程中对比处理辉锑矿团球不同现象发生的主导因素。

(1) 料柱稳定,下降较快。相比处理主要成分为辉锑矿的团球,处理高锑渣料柱更稳定,下降较快。原因主要在于两者,一个为硫化矿生料,一个为氧化矿熟料。两者成分和结构都不同,生料结构更复杂,脉石成分没有完成造渣,硫化锑没有氧化,而入炉高锑渣辉锑矿团球经过富氧底吹炉的处理,完成了一个氧化造渣过程。同时,试验过程中还可以发现,处理高锑渣时,在处理量差不多的情况下最高料柱比处理辉锑矿团球低,这主要是高锑渣粒度比辉锑矿团球大、炉内透气性好的原因。

（2）锑锍相消失。处理辉锑矿团球过程中，锑锍相的形成，主要是由于原料中含一定量的 FeAsS。同时，由于鼓风量一定，有限的鼓入氧气量优先用于焦炭的燃烧和 Sb_2S_3 的氧化，FeAsS 在炉内发生离解生成 FeS 融化流入前床。由于富氧底吹炉的脱硫作用，高锑渣含硫量极少，所以锑锍的产出很少甚至是没有。高锑渣主要是氧化锑，氧化锑是很容易被还原的物质，鼓风炉处理高锑渣过程中，有相当一部分金属锑还原出来流入前床，而硫化锑要与焦炭产生还原，条件非常苛刻，还原反应难以发生，从而解释了处理高锑渣贵锑产率更高的现象。

（3）鹅颈灰极少，"红水"消失，火柜返料量大幅减少。鹅颈灰、火柜返料的形成，主要与原料中粉末含量、炉顶温度、料柱高度有关。可以看到，试验过程中高锑渣粉末含量少，炉顶温度高，试验过程低料柱运行；所以，鹅颈灰、返料量的减少也是顺理成章的事情。"红水"的主要成分是 Sb_2S_3，而入炉高锑渣 Sb_2S_3 极少，甚至是没有，所以 2 号火柜不会产生"红水"。

4.4.2.5 试验数据及研究结论

鼓风炉锑还原熔炼试验过程数据分析结果见表 4-40 和表 4-41。

表 4-40 还原渣试验结果

日期	班次	化验元素及结果（质量分数）				
		$Au/g \cdot t^{-1}$	$w(Sb)/\%$	$w(SiO_2)/\%$	$w(FeO)/\%$	$w(CaO)/\%$
5 月 25 日	早班	0.6	1.8	40.72	26.52	16.82
5 月 25 日	中班	1.5	1.2	40.92	22.56	14.72
5 月 25 日	晚班	0.4	0.83	38.14	29.26	17.07
5 月 26 日	早班	0.8	1.3	38.14	28.34	16.47
5 月 26 日	中班	0.75	0.76	37.05	28.99	13.47
平均值		0.81	1.178	38.994	27.134	15.71

表 4-41 还原贵锑成分

日期	班次	化验元素及结果（质量分数）				
		$Au/g \cdot t^{-1}$	$w(Sb)/\%$	$w(Fe)/\%$	$w(Pb)/\%$	$w(As)/\%$
5 月 25 日	早班	222.67	88.30	6.94	1.15	1.65
5 月 25 日	中班	225.95	89.60	7.38	1.17	1.68
5 月 25 日	晚班	231.50	91.80	4.26	1.20	1.72
5 月 26 日	早班	229.98	91.80	4.10	1.19	1.71
5 月 26 日	中班	218.63	86.70	8.39	1.13	1.62
平均值		225.75	89.52	6.21	1.17	1.67

由表 4-40 和表 4-41 可以看出，鼓风炉还原渣含金和锑分别为 0.81g/t 和 1.18%、贵锑金含量平均在 225.75g/t、锑含量平均在 89.52%。由于鼓风炉炉型限制，加之高锑渣量有限，仅在鼓风炉上试验了不到两天就全部用完，没有足够渣量维持鼓风炉工艺指标优化，能有这样的试验效果已经非常理想。

通过此次试验，可以确定鼓风炉处理富氧底吹炉所产高锑渣是完全可行的，但需要进一步优化试验，降低渣含锑指标。对于鼓风炉处理高锑渣，根据试验情况，从炉况、员工操作强度、及与试验企业原采用的鼓风炉直接处理辉锑矿团球对比都有很大的优化，综合富氧底吹熔炼处理硫化锑金精矿试验情况，"富氧底吹炉强氧化处理锑金精矿——鼓风炉弱还原处理高锑渣"可以作为冶炼厂未来改造过程中考虑的一种工艺。参考铅冶炼采用鼓风炉还原和侧吹炉直接还原工艺的可比性与优劣性，可以认为，工业应用上如果采用侧吹炉对高锑渣做直接还原，工艺指标会更加理想。

4.4.3 与传统锑冶炼技术的对比

锑精矿富氧底吹熔池熔炼新技术立足于节能减排的理念，以硫化锑精矿为原料，实现硫化锑精矿的自热熔炼，熔炼烟气中 SO_2 浓度高，可满足直接制酸要求，从根本上解决了传统炼锑技术中高能耗、高污染的问题。综合分析，该新型绿色清洁冶金新技术具有以下显著特点：

（1）锑精矿氧化段完全可以实现自热熔炼，不需要任何外加燃料；

（2）熔炼烟气含二氧化硫浓度在 8% 以上，完全可以满足直接制酸要求；

（3）富氧熔炼过程只需要加入少量石灰造渣，相对鼓风炉熔炼工艺造渣剂用量大大减少，渣流动性非常好，放渣操作非常简便；

（4）富氧底吹熔池熔炼阶段锑在锑氧粉和熔炼渣中的分配在 (7~6)∶(3~4)，锑氧粉含金可以控制在 2g/t 以下，金几乎全部入渣，熔炼炉渣含锑在 30% 左右，需要进一步还原处理；

（5）熔炼温度控制在 1150~1200℃，比鼓风炉熔炼温度低 200~300℃，80% 以上的砷留于熔炼渣中；

（6）采用廉价的烟煤即可将炉渣中的锑进行有效还原，还原产生的锑可有效捕集黄金等稀贵金属，还原用煤量仅在 5% 左右，还原温度控制在 1000~1100℃，还原渣含锑小于 2%，含金小于 0.5g/t。

以年产 2 万吨金属锑处理规模为例，采用该技术后，由于熔炼过程可以实现自热，每年节省焦炭 2 万吨；传统鼓风炉工艺硫化锑燃烧所释放的低浓度 SO_2 每年需要 4 万吨石灰吸收，采用富氧熔炼后产出浓度在 8% 以上的高浓度 SO_2，不需要石灰吸收，可以每年消除 10 万吨石膏渣的堆存，还可每年产出 5 万~6 万吨硫酸；由于富氧熔炼过程设备大型化和自动化程度高，制氧功率与节省下来的风机、水泵功率基本持平，不会增加额外电耗；由于没有锑锍相产生，熔炼渣量也大大减少，渣含锑也有很大程度降低，采用富氧熔炼技术后，锑和金回收率得到大大提高。初步核算每年减少标煤能耗 2 万~3 万吨，彻底解决了低浓度 SO_2 的污染问题。

因此，该技术的工业化推广及应用实施将会具有明显的经济效益和环保效益。

5 锑污染防治与我国锑工业环境

5.1 锑污染与环境

锑是一种广泛分布的有毒元素，在岩石圈中主要以 Sb_2S_3 存在，并与砷的硫化物和氧化物共存。锑在地壳中的自然含量为 0.2~0.6ppm，其中土壤为 0.2~10ppm，海水为 0.18~5.6ppm，淡水约 0.2ppm（$1ppm = 10^{-6}$）。锑及其化合物的用途非常广泛，主要用于生产合金材料、陶瓷、玻璃、橡胶、纺织、医药、电池、油漆、烟火材料及阻燃剂等，其中制作阻燃剂是锑的主要应用领域；同时还用于生产半导体、红外线检测仪、两极真空管及用作驱虫剂等。当前，全球锑的用量较大，每年为 12 万~15 万吨，其中美国是最大的锑消费国，年消费量 2.5 万~2.7 万吨；其次是中国，年消费为 1.2 万吨左右；第三是日本，每年消费约 1 万吨；欧盟各国的年消耗量为 2.6 万~3.0 万吨。

锑不是动植物必需的营养元素，环境中常以金属、氧化物、硫化物形态存在，含锑化合物能使动物和人体产生多种疾病，许多研究证明，锑对人体及生物具有慢性毒性及致癌性。在国际上，早在 1979 年，锑及其化合物就被美国环保局及欧盟列为优先控制污染物名单，它也是日本环境厅密切关注的污染物，在巴塞尔公约中关于危险废物的越境迁移限定中就将锑列为危险废物。近年来，锑在全球阻燃剂及合金材料领域的特征性能呈现更加突出的消费引领作用，以及经济快速发展带来的污染物排放超标、土壤流失、岩石风化等系列环保危害问题，致使人类生存环境中锑富集污染状况急剧加速，对人们日常生活的危害越来越严重。因此，研究和分析锑在现今环境中的分布特征和存在形态，了解和掌握其对动物和人体的毒性、生物有效性的规律和途径，对提高我国锑污染治理和防治措施，具有非常重大的现实和绿色发展意义。

5.1.1 环境中锑的污染与来源

由于人类活动的影响及锑化合物应用范围的不断扩大，锑对环境的污染也日益严重。环境中锑的污染源分为天然源和人为源，方式主要来源于天然排放和人工排放，途径主要有以下几种。

5.1.1.1 锑矿区及冶炼厂污染物排放

据国内外相关权威机构调查分析，在锑冶炼厂周围表土和植物中锑的浓度分别达到 1489mg/kg 和 336mg/kg；在铜冶炼厂周围的河流沉积物中，锑的浓度可达 1%；在铅冶炼厂周围的土壤中，锑的浓度可达 260mg/kg。在一些采矿和冶炼厂的废水及城市填埋场的渗滤液中，锑的浓度为 10~40μg/L；在一个污水处理厂的废水中，锑的浓度达 0.3~2100μg/L。

湖南的锡矿山作为世界上最大的锑矿之一，经监测数据表明，其矿区周围的土壤、水体及植被都受到污染，周边地表水中锑的浓度为 0.037~0.063μg/L，地下井水中锑的浓度为 24.02~42.03μg/mL，矿区周围土壤中锑的浓度则高达 1565mg/kg。

5.1.1.2　城市垃圾废物

一些研究表明，城市废物中锑的浓度为 8~40g/t。Watanabe 等人对日本城市废物中的锑进行了研究，结果表明每吨城市废物（干重）中含锑 40~50g、美国与加拿大分别为 40g 和 33g。据估计，在日本每年大约排放至少 $5×10^7$t 城市垃圾，假如每吨垃圾含锑 40g，则每年城市废物排放约 2000t 锑，相当于日本锑用量的 20%；这还不包括一些工业废物如建筑、化工行业，废旧汽车及电子仪器等，这些行业含有更高的含锑防火材料和塑料用品。

城市废物中锑的浓度平均为 2.9mg/kg（湿重）和 5.2mg/kg（干重）。在日本，普通家庭生活垃圾中锑的浓度达到 7.6mg/kg，其中 80% 来自布料、窗帘、纺织品和塑料中的阻燃剂。因此，在城市垃圾焚烧后的废物中，也含有一定量的锑，如城市垃圾焚烧所产生的灰渣中锑的含量可达 38mg/kg，焚烧工厂废水中 Sb 的浓度为 2.3~4.0mg/L。一些国家用含锑的焊料焊接水管，这也会增加自来水中的锑含量。

5.1.1.3　含锑燃料的燃烧释放

大气环境中的锑主要来自煤炭和石油的燃烧及化工、冶金过程的烟气排放。地壳岩石中锑的含量一般在 $0.2~8×10^{-6}$，但页岩中锑含量最高可达 300ppm，石油中含量最高可达 $1×10^{-6}$，原煤中含锑量为 $0.05~10×10^{-6}$ 范围。在我国的煤炭中，锑含量在 $0.02~348×10^{-6}$，平均为 $7.06×10^{-6}$，含量最高的是贵州和内蒙古出产的煤。据统计，自 1957~1974 年在英国某地进行观测，发现大气中的锑含量有季节性变化，冬季因燃烧取暖，大气中锑含量增加。美国在 1978 年因冶炼加工、燃料燃烧等向大气排放约为 480t 锑。近年来，据相关环保机构监测，在美国远郊大气环境中锑的浓度为 $0.0045~1ng/m^3$，近郊大气环境中锑的浓度为 $0.6~7ng/m^3$，中心城市大气环境中锑的浓度为 $0.5~171ng/m^3$。

5.1.2　环境中锑的污染途径

锑并不算是一种新型的污染物，锑和含锑金属矿开采或冶炼，以及其他工艺应用锑或化合物时，都能产生含锑或其化合物的废气、废水和废渣污染环境。北京师范大学环境科学研究所某团队曾在湖南某矿区周围采取表层土壤分析测试研究表明，矿区周围受污染的土壤、水体和植被其锑污染源均可追源自尾矿砂、冶炼炉渣、炼锑砷碱渣等的重金属浸出污染土壤，含锑废水灌溉土壤和大气锑尘的污染途径方式等，而且发现稻田土中锑的含量比旱土中锑的含量高，对所收集的植物分析研究表明植物中锑的浓度也较高。

（1）大气污染。锑进入大气中的主要途径包括自然过程和人为过程。每年通过自然过程，如火山喷发等释放到大气中的锑约有 700t；通过人为过程，如锑矿的开采、冶炼以及矿物（含石化）燃料的燃烧，使锑以蒸汽或粉尘的形式进入大气的约有 2800t。虽然锑还不是大气的主要污染物，但随着锑矿的不断开采和冶炼，矿物（含石化）燃料的不断燃烧，必将使更多的锑以蒸汽或粉尘的形式进入大气，从而加重污染。此外，在城市大气锑污染中，交通运输环节中的汽油燃烧、汽车及汽车配件（如刹车片）的摩擦是锑释放到大气中的主要途径之一。

（2）土壤污染。通常情况下，土壤中锑含量很低。含锑岩石的风化和大气中锑尘的降落，是土壤中锑的主要来源。每千克土壤锑含量为 0.2~10mg，平均值为 1mg。锑富集在土壤的表层，并且会发生价态变化，为植物吸收。植物锑含量为 $0.0001 \sim 0.2 \times 10^{-6}$。虽然土壤中锑含量很低，并且锑在土壤中相对稳定，迁移性较差，生物利用性较低，但是在环境条件改变的情况下，锑可能会恢复其毒性，增大可移动性，从而对生物体造成危害。

（3）水体污染。矿区含锑的矿石被流水侵蚀、工业废水排放、大气锑尘随雨雪降落或自然沉降，都会引起水中锑含量增加。河流中锑含量为 0.01~5μg/L，平均值 0.2μg/L。锑在淡水中以五价锑的形态存在。海水中锑含量为 0.18~5.6μg/L，平均值为 0.24μg/L。当水体中的锑浓度达到 3.5mg/L 时，就会对藻类产生毒害。当水体中锑浓度达到 12mg/L，会对鱼类产生影响。

5.1.3 锑污染过程中存在的形态与迁移

锑作为稀有元素，在环境中属于微量元素，却普遍存在且具有毒性，其致毒机理主要为抑制酶的活性。锑在土壤、沉积物和水环境中的化学形态比较复杂，存在无机及有机形式。锑的无机形态主要以三价、五价锑的形态存在，在氧化性水体中，主要以五价锑的形态存在；但在一些海水中，热力学不稳定的三价锑也能检测到。根据热动力学平衡计算，厌氧条件下锑应该以五价锑的形态存在。沉积物中的锑主要与不稳定的 Mn、Fe 和 Al 的水和氧化物结合，并能被胡敏酸结合。影响锑吸附的因素包括基质表面电荷、锑的化学形态及表面的相互作用。锑的有机形态目前标准中只有五价的三甲基锑化合物，它有三种不同形式：三甲基氯化锑（$TMSbCl_2$）、三甲基氢氧化锑（$TMSb(OH)_2$）和三甲基氧化锑（TMSbO）。但在一些河流和港湾的沉积物中，发现有一甲基、二甲基、三甲基和三乙基锑的衍生物存在，且其量在溶解锑中所占的比例较小（10%左右），并且发现单甲基物比二甲基物的含量要高且主要集中在表层水体。

锑化合物的毒性强弱主要取决于其结合体价态，不同价态的毒性强弱顺序依次为：Sb（0）、Sb（Ⅲ）、Sb（Ⅴ），而有机锑化合物的毒性一般较无机锑化合物小。锑的天然矿物主要以两种化合物形态存在，分别为 Sb_2O_3（锑白）和 Sb_2S_3（生锑），丰度为 0.2~0.3mg/kg。土壤中锑的背景含量比较低，为 0.3~8.4mg/kg，通常小于 1mg/kg。我国土壤中锑的背景浓度为 0.38~2.98mg/kg，而土壤中锑的最大允许浓度为 3.5mg/kg 或 5mg/kg。

5.1.3.1 岩石矿物中锑的迁移与形态

由于锑及其化合物的两性特征，使得锑及其化合物在水中盐的作用下，以及在环境酸碱度变化时很容易通过淋溶及地下水的作用，从矿床中迁移出来进入地表水环境中。矿物的开采和冶炼则加剧了锑迁移到地表环境的速度。根据 Meck 研究团队对津巴布韦 68 个尾矿堆的监测分析：尾矿堆的渗出液中锑的平均浓度均在 1.5mg/L 以上，最高达到 7.68mg/L；尾矿堆周围的河流中锑的浓度在 0.85~3.44mg/L 之间，均远远超过了世界卫生组织 0.02mg/L 的指导标准。我国和其他国家的锑尾矿堆周围的水体也存在类似的现象，尾矿堆的渗出液不仅造成周围水体的污染，也会造成周边区域土壤的锑污染。同时，在锑矿冶炼过程中大量的锑华（Sb_2O_3）随废气进入空气中，增加了大气中颗粒物锑的含量，使得大气中的锑浓度远远超过非污染地区中锑的浓度。而大气中含锑颗粒物又会沉降到地表环境，或直接被人体吸入，对矿区周边的居民身体健康造成伤害。

锑的挥发性强，并具有较强的亲硫性和一定的亲氧性，主要以三价硫化物或氧化物的形式存在于岩石圈矿床带中。矿物中锑的含量一般在 1.25%~12% 之间，通过选矿，精矿中的锑含量可以达到 60%~65%。锑在自然环境中存在的矿物达 120 多种，主要以辉锑矿（Sb_2S_3）、方锑矿（Sb_2O_3）、白锑矿（Sb_2O_4）、硫汞锑矿（$HgS_2 \cdot Sb_2S_3$）、脆硫锑铅矿（$Pb_2Sb_2S_3$）和黝铜矿（$Cu_8Sb_2S_7$）等矿物形式存在，不同的锑矿物中，锑的含量差别很大，以氧化物和硫化物矿中锑的含量最高。

5.1.3.2 大气环境中锑的迁移与形态

大气中的锑可随着大气环流进行长距离的迁移，同时也能随着雨、雪的沉降而迁移到表层水、土壤和植物中。粒径在 2μm 以下的颗粒物在大气中有很长的驻留时间，并能通过大气环流进行长距离的传输，因此，锑已成为全球性的污染物质。锑作为一种优控污染物、潜在的致癌物，在大气中以气溶胶或可吸入粒子形式存在，能直接通过呼吸作用进入人体。相关实验表明，动物体内的锑无法通过甲基化解毒，因此大气中的锑直接威胁着人类的健康，更需要引起人们的注意。目前对锑在大气中的研究远远少于 As、Cr、Hg、Pb 这四种有毒金属及其化合物，对大气中锑的存在形态之间的相互转化、作用机理研究更少，相关的内容还有待于进一步的深入。

大气中的锑主要存在于颗粒物中，一般来说，大气中的锑浓度从每立方米几个到几十个，甚至几十个以上。Furuta 团队对日本东京的大气监测发现：在东京的大气中锑的浓度在 $5.7 \sim 16 ng/m^3$，在粒径小于 $2\mu m$ 的颗粒物中锑的浓度达到 $199\mu g/g$，在 $2 \sim 11\mu m$ 的颗粒物中，锑的浓度为 $188\mu g/g$，在大于 $11\mu m$ 的颗粒物中，锑的浓度为 $53\mu g/g$；在城市垃圾焚烧炉的飞灰中，锑的浓度达到 $89.9\mu g/g$。国际上 Smichowski 团队和 Weckwerth 团队对不同粒级的大气颗粒物中锑的分析也得出了类似的结果。

根据国际相关研究机构的结果显示，大气中锑的存赋形态主要以 Sb（Ⅲ）和 Sb（Ⅴ）为主，其中 Sb（Ⅴ）约占总锑的 80%；同时，还检测出了三甲基锑（TMSb）和几种具有氢化物活性的未知的锑的化合物存在。在城市生活垃圾焚化炉的飞尘中，锑也主要以 Sb（Ⅴ）的形式存在。

5.1.3.3 水环境中锑的迁移与形态

水环境中的锑主要来源于岩石风化，土壤流失，采矿业、制造业及垃圾沥出液的污水排放等。其中，矿物的开采和冶炼则会加剧锑迁移到地表环境的速度，显著增加矿区周围水体中锑的含量。近年来，随着 Sb_2O_3 在制作聚乙烯苯二酸盐包装材料（PET）上的催化应用，而随着 PET 材料在使用、废弃中的浸出，包装材料中的 Sb_2O_3 会不断溶解释放到水中，从而增加了桶（瓶）装水中的 Sb 含量。据报道，英国化学研究人员威廉·肖迪克对 15 种热销的瓶装水进行化学检验，结果发现天然地下水中的锑含量约为 1ppm，而刚出厂的瓶装水的锑含量平均为 160ppm（$1ppm = 10^{-6}$），并且时间越长温度越高，塑料瓶中的锑元素在水中的释放量越大。在无污染的水体中锑的浓度含量并不高，并同时存在无机锑和有机锑状态，但会受到生物化学作用的影响而发生转化现象。不溶性的锑盐可从水中向底质迁移，使底泥（沉积物）的锑富集量达到水体中的 $10^4 \sim 4.4 \times 10^5$ 倍；在沉积物中锑主要与不稳定的 Mn、Fe 和 Al 水合氧化物结合，也容易被胡敏酸结合；其存在方式除主要集中在铁-锰结合态（22.2% ~ 66.4%）、残渣态（5.66% ~ 53.5%）外，还能够以吸附形式的状态存在。同时，沉积物中存在的铁、锰氢氧化物除能够吸附锑外，还具有将毒性较大的 Sb（Ⅲ）转化为 Sb（Ⅴ）的功能。

锑在自然水环境中多以 Sb（Ⅲ）和 Sb（Ⅴ）两种氧化态存在，并受水环境的氧化还原条件的影响。一般而言，在氧化性水体中主要以 Sb（Ⅴ）（Sb（OH）$_6^-$）存在，厌氧水体中则主要以 Sb（Ⅲ）（Sb（OH）$_3$、Sb（OH）$_2^+$、Sb（OH）$_4^-$）形式存在。由于受水体中存在的细菌生物活性及其活跃效应的影响，会出现不同程度的 Sb（Ⅲ）和 Sb（Ⅴ）两种氧化态共存及相互转换的情况。

近年来，随着对有机锑研究的深入，甲基化锑在多处水环境中被发现，且呈现出越接近水体表面甲基化锑浓度越高的趋势。Krupp 研究团队在河流和海港的沉积物中发现了一甲基锑、二甲基锑、三甲基锑、三乙基锑的存在，只是其含量在溶解锑中所占的比例较小（10%左右），并且发现单甲基物比二甲基物含量要高且主要集中在表层水体中。目前，甲基锑的形成过程还不明确，由于锑在元素周期表中与 Sn、Pb、As、Se、Te 元素邻近，因此，专家推测其可能与它们一样存在着特有的生物群系用以完成甲基化，现已有证据表明存在一种真菌能够把无机锑转化成三甲基锑。同时，另有研究发现，Sb 可以抑制 As 的生物甲基化，而 As 能够加强 Sb 的生物甲基化过程。

5.1.3.4 土壤环境中锑的迁移与形态

土壤中的锑主要来源于岩石的风化和大气的沉降。由于选矿、开采等人为因素的影响，使得矿区周围的土壤中锑含量很高。澳大利亚 Tighe 研究团队曾测得海滨漫滩土壤中的锑浓度在 $1.8 \sim 18.1\mu g/g$，平均值为 $9.9\mu g/g$，且锑的含量随深度增加而明显减少；而我国湖南某矿区内的土壤中测得的锑含量在 $100.6 \sim 5045\mu g/g$，远超过土壤中锑的最大允许值 $3.5\mu g/g$ 或 $5\mu g/g$；西班牙的 Extremadura 锑矿区的土壤中总锑含量高达 $225 \sim 2449.8\mu g/g$，Tuscany 地区的老锑矿区土壤中锑的含量最高达 $15000\mu g/g$。可见，矿区土壤中锑的污染相当严重。

虽然土壤中锑的含量远远超过背景值，但可被生物利用的锑很少。如西班牙 Extremadura 锑矿区土壤中总锑含量很高，但可被生物利用的锑只有 $1.37\% \sim 2.10\%$；德国的旧矿区污染土壤中可迁移至植物中的锑为 $0.02 \sim 0.29\mu g/g$；西班牙 Tuscany 地区的老锑矿区土壤中锑的含量最高达 $15000\mu g/g$，但相应的水溶性的锑含量还不到 $35\mu g/g$。我国湖南某矿区附近，水田的含锑量要高于旱地土壤的含锑量。总的来说，土壤中锑的溶解性低，迁移能力差，生物利用率低。

锑在土壤中的迁移、转化和生物利用率与锑的存在形态、吸附状态以及土壤的性质有关。研究表明，锑在土壤中主要以低溶解性的硫化物形式存在，同时容易连接在土壤中不移动的 Fe 和 Al 的氧化物或有机物上，从而导致锑的迁移能力下降。富含有机质的酸性土壤对 Sb（Ⅴ）的吸附能力高于碱性土壤，而富含氧化铁的土壤则相反；酸性土壤对 Sb（Ⅲ）的吸附能力要强于碱性土壤。同样沉积物中的锑主要与不稳定的铁、锰、铝的水合氧化物结合，同时也能被胡敏酸结合。由于从沉积物中能够萃取出的锑很少，表明沉积物对锑的吸附能力也很强，而这种因素强烈地影响了锑在沉积物和水体之间的分配。目前，国内外相关科研机构及团队对锑在沉积物与水体之间的具体迁移转化过程以及锑在沉积物上吸附解吸过程的专业研究还不多，大多专家倾向于其有可能和土壤中锑的迁移转化、吸附解吸过程存在类似的机理。

土壤中金属元素的形态大多可分为水溶态、可交换态、碳酸盐结合态、铁锰氧化物结合态、有机物结合态和残渣态六种形态。锑在土壤和沉积物中的化学形态主要以有机和无机两种形态存在，其中无机形态主要以 Sb（Ⅴ）和 Sb（Ⅲ）存在。国内外相关研究表明，土壤中锑存在形态以残渣态为主，其次是 Fe/Mn 结合态、有机/硫化物结合态和碳酸盐结合态，可交换态和水溶态最少。土壤中存在的锑主要以 Sb（Ⅴ）的形态存在，几乎占总锑量的90%以上；生物可利用态锑浓度一般在 2.5~13.2mg/kg，中等可利用态锑占 1.62%~8.26%，生物不可利用态锑的浓度占 88.2%~97.91%。在中等还原性的土壤中，锑主要与相对不稳定的铁、铝水合氧化物相结合。在有机质含量高的土壤中，锑也容易与土壤有机胶体相结合。土壤中腐殖酸对锑的配合作用在土壤锑吸附中起到了很重要的作用，研究表明：在低浓度的污染水平下，高殖酸对 Sb（Ⅲ）的吸附达到50%；当吸附达到容量最大值时，吸附量会随着锑浓度增加而减少。Britton 团队研究发现，锑主要存在于表层 0~30cm 的土壤层中，在 0~10cm 的表层土壤中，锑被紧紧地吸附在土壤腐殖酸部分。

土壤中水溶性和可交换态锑容易被植物吸收，而其他形态锑的生物有效性较低，对环境的影响相对较小。虽然土壤中锑的迁移性比较低，但当以溶液的形式存在时，容易被植物吸收，并与必要的代谢物竞争，影响植物的正常生长，进而可能通过食物链等途径危害人类健康。不同形态的锑在植物根系表层的吸附行为不同，毒性较小的五价锑很少直接吸附在根系表面，而毒性较大的三价锑可直接吸附在根系表面，被植物吸收。因此，在高浓度污染地区，随着土壤中 Sb（Ⅴ）转化为 Sb（Ⅲ）概率的增加，土壤中锑对植物的毒害也会相应加深。目前，对土壤中不同价态及形态的锑之间的相互转化与反应规律的深入研究显得尤为迫切和重要。

我国某研究团队运用逐级提取形态分析方法，对相关锑矿区周边土壤中锑的存在形态进行研究分析表明，矿区周边土壤中的锑主要以残渣态为主，其次是有机-硫化物结合态、Fe-Mn 结合态和碳酸盐结合态，而水溶态和可交换态所占的比例最小。

5.1.4 锑对人类及其生态环境的影响

5.1.4.1 锑的生物有效性影响

人类对锑的认识和应用已有近 4000 年的历史，早在远古时代人们把它当成了包治百病的万能药，用于治疗瘟疫、发烧和抑郁症等各种疾病。由于锑脆，长期以来在工业上未得到广泛应用。随着 19 世纪工业技术的发展，锑及其化合物在工业生产和生活上的应用得到了空前的扩展。目前，锑不仅用于印刷、铅酸电池、颜料和陶瓷釉彩等方面，而且是锑系阻燃剂和机动车刹车片的主要成分。

锑化学性质与砷相似，具有金属性和非金属性，它不是生物体必需的元素，有较强的毒性，对人体及其他生物具有慢性毒性和致癌性。锑可在人体内与巯基相结合，抑制琥珀酸氧化酶等的活性，从而破坏人体细胞内离子平衡，使细胞内缺钾，引起体内代谢紊乱，导致多系统、多脏器损害。锑曾在医疗卫生方面有重要应用：如锑剂，曾广泛用于亚洲霍乱、间歇性歇斯底里症、肺结核、血吸虫病、黑热病等许多疾病的治疗。由于人类活动的加剧，使环境中的锑及其化合物能通过各种环境介质及途径进入人体及动物体中，危害生命健康。由于锑能在动、植物体内蓄积并产生毒害作用，还能够进行长距离的迁移，已被美国环境保护总局（USEPA）和欧盟（EU）列为优先控制的污染物。

近年来，由于锑在工农业和人们的日常生活中的广泛使用，在人体及动植物中都已检测到锑的存在和富集。锑不是植物必需的微量元素，自身也不会被植物所吸收以至产生毒性，但在环境中它是以溶液的形态存在，进而很容易被植物吸收，并与必要的代谢物竞争，吸收累积达到一定浓度后对植物产生毒性。在未受到污染的陆生植物中，Sb 的浓度通常为 $0.2 \sim 50ng/g$，但在锑矿区和废弃的矿渣堆上生长的植物中锑含量远远高于此值。在西班牙 Tuscany 地区的老锑矿区尾砂堆中生长的香叶树的基叶中锑的平均含量达 $1367\mu g/g$，花中达 $1105\mu g/g$，长叶车前草的根中锑的平均含量达 $1150\mu g/g$，雪轮艾的芽中锑的平均含量达 $1164\mu g/g$。国内某研究团队通过实验发现，水稻能从土壤中富集锑，其根部对 Sb（Ⅲ）富集浓缩系数（富集浓缩系数＝植株中锑元素的浓度/土壤中锑元素的浓度）在 $0.285 \sim 2.035$ 间，对 Sb（Ⅴ）的富集浓缩系数在 $0.228 \sim 1.503$ 之间，不同部位对锑的富集能力不同；高浓度的锑对禾苗的生长有抑制作用，且 Sb（Ⅲ）的危害作用强于 Sb（Ⅴ）。国外 Feng 研究团队的研究表明：一些蕨类植物对锑也有很好的耐受性，能较好地富集锑。锑在植物中主要以有机物形式存在，且以一甲基锑为主要有机物形式。

锑可以通过呼吸、饮食或体表等途径进入人和动物体内。人体中总锑的平均含量为 $0.1\mu g/g$，总锑在各组织中的分布程度不同，其中骨骼中含量最高，其次是头发，最低的是血液。Sb（Ⅲ）进入血液后主要存在于红细胞中，而 Sb（Ⅴ）主要存在于血浆中。国外 Poon 研究团队的动物实验表明，进入大白鼠体内的可溶性 Sb（Ⅲ）在各组织中的分布顺序为：红细胞≫脾、肝>肾>脑、脂肪>血清；锑在动物和人体中主要以有机锑形式存在。

5.1.4.2 锑对动物和人体的毒性效应

人体及动物可以经过水、空气、食品、皮肤接触和呼吸等各种途径接触到环境中的锑。人体通过食品和水每天吸收的锑量估计在 $4.6\mu g/d$，与其他元素一样，锑及其化合物的理化性质、毒性大小取决于锑的氧化态及其结合体。不同价态的无机锑化合物，其毒性大小的顺序为：Sb（0）> Sb（Ⅲ）> Sb（Ⅴ），有机锑化合物的毒性一般较无机锑小。Sb（Ⅲ）与红细胞具有高亲和性，其毒性是Sb（Ⅴ）的 10 倍左右，Sb_2O_3 被认为是致癌物质。Sb（Ⅲ）主要通过粪便排出，Sb（Ⅴ）则是由尿液排出。

随着锑及其化合物的广泛使用，人们与锑的接触越来越密切，婴儿猝死综合征（SIDS）的出现，锑矿工人长期职业暴露易引发的多种疾病（如锑疹、尘肺病等），引起人们对锑的环境毒性的重新认识和进一步重视。在锑矿操作工人中肺癌病例的大概率出现，使得锑及其化合物被疑似致癌物。当胎儿处于母体子宫内或在婴幼儿时期暴露于锑污染的环境时，发育中的器官更容易吸收和存留锑，受到永久性的损伤。锑的急性中毒表现为腹痛、呕吐、脱水、肌肉痛、抽筋、尿血、无尿及尿毒等症状，甚至引起肝硬化、肌肉坏死、肾炎、胰腺炎等。

动物实验在一定程度上也表明，锑具有一定的致癌性。Poon 团队通过实验表明：当饮水中的锑浓度大于 $54\mu g/g$ 时，大白鼠会发生机体组织的生物化学变化；增加剂量，则会出现更加严重的症状，如肝硬化和血尿等；Huang 团队的动物实验也表明，$SbCl_3$ 能损伤哺乳动物的 DNA 和编程性细胞（apoptosis）死亡，从而证明了 $SbCl_3$ 具有基因毒性和细胞毒素性质。同时，相关研究还发现锑化合物也会影响人体某些酶及器官的作用，如三价锑的 $SbCl_3$ 和 Sb_2O_3 能够增加老鼠V79 细胞和人体淋巴细胞姐妹染色体（SCE）的交换速率，五价锑的 Sb_2O_5 和$SbCl_3$ 对姐妹染色体交换速率没有影响。

国外 Gebelsn 团队对锑和砷的毒理学机理进行了较为完善的总结和对比，相对于砷来说，人和动物对锑的吸收能力较弱，砷是强致癌性物质，而锑的毒性远弱于砷，致癌性也不明确。进入动物体内的 Sb（Ⅴ）主要以 $Sb(OH)_6^-$ 的形式存在，而 Sb（Ⅲ）则以 $Sb(OH)_3$ 的形式存在；由于红血球对 $Sb(OH)_3$ 比对$Sb(OH)_6^-$ 有更大的亲和力，因此 Sb（Ⅲ）比 Sb（Ⅴ）毒性大。在生物体内，Sb（Ⅴ）和 Sb（Ⅲ）进行甲基化的可能性很小，Sb（Ⅲ）虽然也可以和谷胱甘肽（GSH）耦合，但不稳定，水解后 Sb（Ⅲ）可再次进入循环系统，因此，Sb（Ⅲ）不能从生物体中有效去除，而 Sb（Ⅴ）则容易被排出体外。目前，人们对锑的致癌机理已经有了一些研究，基本能确定锑是断裂剂物质使用，但对锑的基因毒性，目前还没有一致的意见。

锑不仅影响土壤及淡水水体，而且还影响到海洋生态系统。目前，关于海水中锑的报道不太多，海水中锑的浓度约为 $200\mu g/L$。多数人认为锑在海水中不太活跃是保守物质，海水中的锑主要由海岸地质环境决定，因为深海锑的浓度不同并且认为不存在深海锑循环。最近，Takayanagi 团队的研究发现，锑对红鲷鱼（Pargus mgjor）这种主要的商业鱼具有急性毒性作用，并确定了不同形态的锑在不同接触时间下的半致死浓度。其中，96h LC50 指标为：$SbCl_3$ 为 12.4mg/L，$SbCl_5$ 为 0.93mg/L，$K[Sb(OH)_6]$ 为 6.9mg/L，并且发现 Sb（V）对某些生物的毒性比 Sb（Ⅲ）大。

5.1.4.3 人体锑中毒主要症状及预防措施

锑对人体及环境生物具有毒性作用，锑及其化合物已经被许多国家列为重点污染物。锑及其化合物的毒性取决于其存在形式，不同锑化合物毒性差异很大。一般来说，金属锑毒性大于无机锑盐，三价锑的毒性大于五价锑，无机锑的毒性大于有机锑化合物，水溶性化合物的毒性较难溶性化合物强，锑元素粉尘的毒性较其他含锑化合物强。锑及其化合物可以通过呼吸道、消化道或皮肤等途径进入人体，从而引起锑中毒。

锑中毒可以分为以下两类：

（1）急性中毒。锑可以通过职业暴露、食物摄入以及药剂服用等多种途径引起急性锑中毒。急性锑中毒可以造成皮肤黏膜、心脏、肝脏、肺及神经系统等多个组织器官的损害，在临床上表现为呕吐、腹痛腹泻、血尿、肝肿大、痉挛及心律紊乱等症状。

（2）慢性中毒。长期在低浓度锑环境下作业的人员，随着体内锑含量的慢慢增加可能会发生锑慢性中毒。锑及其化合物的慢性毒性试验证实，锑与细胞中的巯基发生不可逆转的结合，进而干扰含巯基蛋白质和酶类的正常代谢，从而对生物体产生损害作用，主要表现为肺功能改变、慢性支气管炎、肺气肿、早期肺结核、胸膜粘连和尘肺病。此外，心血管系统和肾脏也会受到损害。据相关研究报道，在饮水中添加三价可溶性锑盐-酒石酸锑钾，经过 90 天的慢性暴露，锑能够引起老鼠体内轻微化学和血液学的改变，同时，引起甲状腺、肝脏、胸腺、脾脏和脑垂体等组织相应的结构变化。当锑的浓度达到 5mg/L 时，可使雌性老鼠血糖显著下降。

为了预防锑中毒，可以采取以下措施：

（1）医用锑剂应严格掌握适应证、剂量。

（2）含锑染料、杀虫剂等应妥善保管，以防误食。

（3）加强科普教育，不用含锑器皿盛放酸性食物或烹煮加热食物，不使用含锑餐具。

（4）在锑或者锑制品冶炼和生产工厂工作的人员应采取必要的防护措施。

（5）在锑环境下作业的人员应定期到医院做检查。

（6）锑摄入量的控制：世界卫生组织规定锑的人体每日摄取容许量为 0.86μg/kg，美国和欧盟规定人体每日摄取容许量为 0.4μg/kg；世界卫生组织规定饮用水中锑的卫生标准为 20μg/L，美国为 6μg/L，欧盟为 5μg/L，日本为 2μg/L；我国《生活饮用水卫生规范》（GB 5749—2006）中规定锑的限值为 5μg/L。

5.2 锑的防治与环境保护

5.2.1 锑的污染防治

5.2.1.1 水体中锑的污染防治技术

目前，去除水体中锑的方法主要包括吸附法、沉淀法、氧化还原法、离子交换法、挥发法、溶剂萃取法等。其中，沉淀法工艺简单、投资少、操作方便、适应性强，在工业废水处理中占重要的地位。但该法需要大量的沉淀剂，且产生的大量含锑废渣无法利用，长期堆积也易造成二次环境污染危害。

吸附法是一种简单易行的废水处理技术，一般适合于处理量大、浓度较低的水处理系统；该方法具有性能优良、成本低廉的优点，故得到了更多的应用。然而，在废水处理时还要考虑到共存离子的竞争作用，增加了处理难度，而且吸附剂与金属化合物之间有较强的吸附作用，导致吸附剂的再生、回收和再利用存在一定的难度。如工业应用上，相比于用盐酸和其他试剂洗脱的 Sb（Ⅲ），Sb（Ⅴ）很难从氨基磷酸树脂上洗脱下来；对此，国外的 Riveros 团队研究发现，含有 0.5~1.0 g/L 硫脲的 5~7mol/L 盐酸溶液是有效的洗脱 Sb（Ⅴ）的洗脱剂。

目前，国内外众多研究学者也都在致力于开发不同的吸附剂对水体中锑的吸附去除技术。例如：Kolbe 团队在对比了工业铁矿石和合成铁矿石对水中锑的去除后，发现在酸性条件下吸附量最大，两种铁矿石的吸附量相近，由于晶体结构不同，其吸附特性不尽相同。Xu 团队将铁锰氧化物与铁氢氧化物和二氧化锰进行对比研究，证实了铁锰氧化物的应用前景，同时，还研究了铁锰氧化物吸附去除锑的机理，指出铁锰氧化物中氧化锰部分主要是将 Sb（Ⅲ）氧化为 Sb（Ⅴ），而氧化铁部分则主要吸附 Sb（Ⅲ）和 Sb（Ⅴ）。另有研究表明，在锑的各种吸附剂中，有机吸附剂和活性炭因其具有优良的吸附、解吸性能，在去除和回收水溶液中锑的应用最具前景。Sun 团队将蓝藻细菌微囊藻经过酸处理改性，大大增强了其吸附性能，并确认了该种生物吸附剂的优良再生性能。此外，对吸附机理的研究表明，该吸附不改变五价锑的形态，主要通过静电引力和配合作用吸附水体中锑，其中参与的官能团主要有氨基、羧基和羟基。鉴于生物吸附的节能环保效应，对生物吸附剂筛选和强化改性的研究和应用已成为目前水体重金属控制研究的重点和热点。

据统计，我国锑生产企业有近 300 家，但大部分锑冶炼和采选企业都属中小型企业，设备陈旧、技术落后，而且现有污水处理技术对锑的去除效果都不太理想，且难以在满足水质标准要求的同时又兼顾处理的经济性，因此寻找高效、环保、廉价的除锑吸附剂仍是今后研究的重点。

5.2.1.2 土壤环境中锑的污染防治技术

土壤重金属污染具有隐蔽性、不可逆性和长期性等特点。传统的治理土壤重金属污染的方法主要有两大类：

（1）基于机械物理或物理化学原理的工程措施，包括换土修复法、化学清洗法、热处理法、电化学法等；

（2）基于污染物土壤地球化学行为的改良措施，如添加改良剂、抑制剂等降低土壤污染物的水溶性、迁移率和生物有效性，以减轻污染物对生态环境的危害。

以上这些传统的治污方法具有快速、高效的去污效果，但是由于投运的设备庞大、复杂，造成治理投入的成本较高，且对土壤扰动性大，不适合大规模地应用于大面积污染土壤的治理和修复；也会破坏土壤结构，导致土壤生物活性下降和肥力退化。在大多数情况下只能暂时缓解重金属危害，而不能从根本上解决重金属的污染问题，存在二次长期污染的风险。

近年来，随着科技的不断快速发展和人们对边缘学科的探索，将生态学、土壤学、植物学和环境工程学等进行综合分析，利用某些植物对特定重金属的耐适性和超富集特征，从中筛选出既具有经济价值又能高效吸收及大量富集积累含锑等重金属的植物，用于污染土壤的提取修复，是科学家为了实现上述目标并能产生良好生态效应及具有经济开发价值的植物修复新技术的研究方向。当前，这种绿色、经济、彻底且具有永久性治理效果的修复技术已经成为土壤修复研究的热点，并在技术开发中得到应用和实践推广。

国内外相关研究表明：苎麻能在重金属污染地土壤中旺盛生长，定居并成为矿区的优势植物，其作为矿区废弃地生态恢复的潜力植物将具有很大的研究价值；四九黄菜心和苋菜分别可作为修复田垦区重金属锑轻度和较高浓度污染的修复植物；凤尾蕨属中的蜈蚣草表现出对污染环境中锑的修复能力；凤尾草可同时富集砷和锑，在砷存在的条件下，砷的超富集植物大叶井口边草同样也能大量富集锑，而且在改良剂的作用下，其对重金属锑的富集效果有所提升，对于修复砷、锑共同污染的环境具有极大潜力。这些相关研究成果都为今后植物修复技术的发展和应用提供了一定的理论基础，因此，超富集植物的筛选和富集机理的研究仍然是今后研究的一个重点和热点，尤其是筛选出对锑及多种重金属有超富集作用的植物物种，对于推动锑污染土壤及复合重金属污染土壤的修复工作将具有重大意义。

锑污染的植物修复技术虽然是一种低成本、发展潜力大的污染修复方法，但鉴于其技术特征单一，主要依赖植物生长特性等特征局限性，致使该技术存在修复周期长、效率不高等特点，从而限制了其在实践中的快速应用与发展。为解决和突破该技术的缺陷与弊端，近年来在总结和研究开发各种治污修复技术的基础上而开发的新型植物组合修复技术得到了迅猛发展，该技术主要包括：螯合剂—植物修复、基因工程—植物修复、电压—植物修复、化学改良剂—植物修复等。

由于植物组合修复技术能很大限度地清除土壤中的重金属，加快污染治理效能，并且节省投资，相比于单一的植物修复方法，具有周期短、操作程序更简单的优点，因此，植物组合修复技术将更可能在短期内大量运用到实践中。

5.2.2 锑的环境保护与发展

锑是我国的特征战略资源之一，随着我国经济的快速发展和转型升级，我国对锑矿产的开发利用将更加广泛和重要，因此加强对锑污染的研究，进行锑的毒性及生物有效性的研究和评价，将为治理锑污染提供更多科学合理的理论依据。在分析锑的迁移转化基础上，对环境中不同形态锑提出科学性的治理措施，为锑污染防治过程中的某些关键环节提供新的思路和方法具有非常重大的意义。

锑作为全球性污染物，是目前国际上最为关注的有毒金属元素之一。当前，在现有环境和条件下，为进一步遏制锑污染快速发展的势头，最切实可行的办法是减少用量，特别是催化方面，采用新型催化剂如钛基或其他体系的催化剂。钛基催化剂催化活性高，且对环境友好，用于代替锑基催化剂已是大势所趋。此外，还应减少煤和油的燃烧，选择有效控制锑排放的措施。设计新材料取代有污染的材料，通过新型合金和催化剂的设计替代现有含锑合金。同时，国家相关部门应该加强监管，从锑开采到应用直至废弃的全过程实施监控。

虽然大量的调查与研究已经证明锑是一种有害的危险物质，不仅影响植物而且还危害动物与人体，应该引起人类的高度重视，特别是我国作为锑储量和生产量的大国，更应该关注锑污染的调查与研究，评价其毒性和生物有效性等基础研究工作的开展。目前关于环境中锑的行为、毒性及生物有效性等领域的研究，国内外众多研究机构已进行了不少的学术研究与开发工作，取得了丰厚的科研成果。因此，鉴于我国的相关研究现状，建议在以后的专项研究中应该注重和加强以下研究工作：

（1）加强环境介质及生物体中锑及其化合物的化学行为的研究，为锑污染防治提供理论基础。例如：锑在水与大气之间，水与沉积物之间的化学形态转化及迁移机理的研究；海洋表层水等氧化性水体中 Sb（Ⅲ）的来源和纵深处 Sb（Ⅴ）存在形态的成因机理研究；锑在土壤颗粒上的吸附机理及其影响因素的研究，特别是分子水平的研究几乎是空白；锑从土壤转移到植物体的具体机理与机制及其在植物体内代谢过程的研究；土壤中不同价态的锑之间，尤其是有机锑之间，无机锑和有机锑之间转化的研究；锑及其化合物在生物体内的转化机制及对机体的毒性效应与反应机理的研究。

（2）完善锑污染防治的主体范围或对象特征研究，提高复杂环境条件下锑对宏观生态系统影响的研究方法。在锑污染的研究中，过去主要集中于土壤和水体领域的污染研究，而锑在大气中的存在价态，物质存在形态，锑和其他物质的连接方式, 不同粒级的颗粒物和锑含量间的关系研究缺乏, 如大气中锑对人体健康及鸟类飞禽的影响等。同时, 锑的甲基化还没有实验性的证明, 有机锑的生物来源也不明确; Sb (Ⅲ) 和 Sb (Ⅴ) 在生物体内的甲基化具体机理目前尚不完全清楚; 对于锑是否有致癌性没有统一的意见, 锑的基因毒性等还有待于进一步地研究。

(3) 新型、高效、环保、绿色的锑污染防治修复技术的开发与研究, 仍将是未来锑行业环保治理的重点和热点。加快推进污染水体、沉积物、污染土壤中锑的除去处理技术研究, 开发高效、环保、廉价的除锑吸附剂净化水体技术, 寻找锑的超富集植物, 研究强化土壤锑及复合重金属污染控制的植物组合修复技术, 为锑污染的治理工作提供更高效、节约、永久性的绿色净化技术, 为评价环境风险、指导环保治污工作实践、提高人类生活环境质量提供条件保障和技术支撑。

所有这些, 都将为科研工作者在锑的环境地球化学领域的研究提供广阔天地。

5.3 锑的环境标准

由于锑的毒性和生物有效性, 各国对环境中的锑都制定了比较严格的标准。Eikmann 和 Kloke (1993) 认为土壤中锑的允许浓度为 5mg/kg, Crommentuijn 等强调土壤中锑的最大允许浓度为 3.5mg/kg。德国规定人体每日平均吸锑量为 23μg/d。WHO 规定锑的人体 ADI 值为 0.86 μg/kg, 按体重计算实际吸入量为 0.17 ~ 0.33μg/kg。欧盟规定饮用水中锑的 ADI 值为 54μg/L。美国环保局规定人体对 Sb 和 Sb (Ⅲ) 的 ADI 值为 0.4μg/kg, 空气中锑的允许浓度为 6μg/L (劳动环境空气中含锑量不得大于 0.5mg/m³), 饮用水中锑的最高污染水平为 6μg/L。

美国加利福尼亚环保局根据化合物不产生致癌和非致癌毒性风险, 计算了饮用水中锑及其化合物的健康保护浓度。其计算公式如下:

$$C = (NOAEL \times BW \times RSC)/(UF \times L)$$

式中, $NOAEL$ 为未观察负效应水平, 由于缺乏 $NOAEL$ 值, 用 0.43mg/kg 的 $LOAEL$ 值代替, mg/L; BW 为成人体重, 以 70kg 计算; RSC 为相对源贡献率, 以 40% 计算; UF 为不确定性因子, 为 300; L 为成人每天消耗的水量, 取值 2L/d。

根据上述公式得:

$$C = (0.43\text{mg/kg} \times 70\text{kg} \times 0.4)/(300 \times 2\text{L/d}) = 0.02\text{mg/L}$$

因此, 美国加利福尼亚州确定饮用水中锑的公共卫生目标 (PHG) 为 20μg/L。

2002 年, 我国实施的《地表水环境质量标准》要求水源地的锑含量不得超过 0.005mg/L，2007 年我国环保部颁布的《展览会用地土壤环境质量评价标准（暂行）》中规定锑的含量不得高于 12mg/kg（A 级）和 82mg/kg（B 级）。

目前，还没有关于食品中锑的允许标准及通过食品吸收锑的慢性毒性致死浓度、亚致死浓度和长期毒性效应数据。

5.4 我国锑工业的整体环境状况

由于世界各国对锑金属的需求稳步上升，加之我国为锑金属储备大国，改革开放四十多年来我国锑工业得到迅猛发展，如今我国锑工业已经处于从量变到质变的关键阶段。特别是"十四五"以来，我国锑工业在产业规模、产业集中度、产品结构、节能减排、安全环保及含砷碱渣无害化处理等方面取得长足进步。目前，我国作为锑生产及消费大国，锑行业的整体环境状况有如下特点：

（1）我国继续保持为世界最大的锑生产国，产业规模相对集中与稳定，同时，我国也是世界锑工业绿色发展的主要力量。

（2）我国锑产业的环境问题的集中度进一步提高。由于我国目前的锑产业已经在湖南、广西、云南、贵州形成四大产业基地，四大产业基地的锑产品合计产量占全国总量的 80% 以上。因此，锑行业所带来的环境影响也主要集中在湖南、广西、云南、贵州等地，这为锑行业的环境治理提供了一定的便利。

（3）锑污染治理技术取得重要进展。《锑冶炼砷碱渣综合利用关键技术与示范》课题获得显著的生产效益，荣获 2014 年度中国有色金属工业科学技术一等奖。2015 年，由中南大学、郴州某公司等企业联合研发的《有色冶炼含砷固废治理与清洁利用关键技术》研究成果荣获国家科学技术进步二等奖，同时，该项目成果被列入《国家先进污染防治示范技术名录》。

（4）锑清洁冶炼技术攻关取得进展。为攻克锑清洁低碳冶炼技术难题，实现锑冶炼工业的重大技术进步，以中南大学、中国恩菲、昆明冶金研究院为代表的科研院校进行了大量的研究和试验，为我国的锑清洁冶炼技术提供了坚实的技术保障。

虽然锑清洁冶金及锑环境治理技术取得了长足进步，但对于我国而言，锑工业对环境的影响依然很大并将长期存在。与其他有色金属冶炼行业一样，锑行业污染主要来源于产生的"三废"，锑行业中的废气主要是锑火法冶炼过程中产生的低浓度二氧化硫；废水主要是选矿、湿法及火法冶炼所产生的废水，其中，火法冶金产生的废水较少，选矿废水的量最大；废渣主要包括选矿厂的尾矿及各种冶炼渣，其中选矿厂尾矿一般存储在尾矿库中，正常情况下不会对环境造成严重危害；而危害最大的是锑火法精炼过程中产生的可溶性砷碱渣。

锑行业在生产过程中产生的废气、废水和废渣等对当地的水、空气及土地等都有相当大的污染，比如，我国广西、云南、贵州和湖南等地 A 层土壤中锑的背景值平均浓度分别为 2.93μg/g、2.44μg/g、2.21μg/g 和 1.87μg/g,远高于我国其他地区的锑背景值平均浓度,而这些地区均是我国的产锑大省。再比如,我国未受污染的自然水体中锑的含量很低,平均浓度不超过 1μg/L。但研究人员对湖南某矿山周围的水体进行研究发现,所有水体的锑浓度在 4581~29423μg/L,已经远远超出了国家饮用水标准。由此可见,锑工业生产过程中会给当地的土壤、水、大气带来大量污染,这些分布在环境中的锑元素能够被植物吸收,通过食物链传给人类,对人类的肺部、心脏、肝脏、肾等都会产生一定的危害,严重时可引发癌症。因此对我国而言,锑金属的环境治理风险相当严峻,政府及行业企业应该积极加大对锑行业环境问题的重视,努力实现锑资源的清洁生产。

5.5 我国锑工业现阶段的发展环境

5.5.1 我国锑工业生产环境

中国的锑业生产具有悠久的历史,锑资源总量占世界总量的 50% 以上。由于国内及世界各国对锑金属需求的上涨,近年来我国锑业得到了迅猛发展,锑产量占世界总产量的比重越来越大,2003~2012 年期间,中国锑产量占世界锑产量比例最低为 81.48%、最高为 90.91%;且 2012 年的锑产量比 2003 年的锑产量增长了约 53.33%。目前,我国的锑主要用于阻燃剂、催化剂、铅酸蓄电池、塑料稳定剂等方面,随着这些物品需求的大量增长,我国锑消费量也在逐年增长。据美国市场调研公司报告,2008 年全球阻燃剂消费超过 145.2 万吨,到 2014 年为 195.2 万吨,期间的年复合增长率超过 4.9%。锑资源需求的快速增长也带动了我国锑工业的迅猛发展,但在高速发展的同时,我国锑工业生产中也存在着相当严重的环境污染危害问题。锑资源发展过程中的环境危害问题主要有以下几个方面。

(1) 过度开采,锑资源保证程度差。近年来,我国锑资源开采量均为世界第一,远高于我国自身国内发展的需求量,多余的产品基本都是用于出口。据中国有色金属工业协会统计,如果按照现行开采规模计算,锑作为战略资源的保证年限为 5 年,由此可见我国的锑资源虽然储量丰富,但由于长期的过度开采,锑资源的保证程度已经比较差了。

(2) 乱采盗挖,锑资源浪费及破坏严重。由于利益驱动,有些地方出现了私采滥挖的现象,由于其缺乏技术设备支持,往往采富弃贫,加之生产工艺落后,其金属回收率往往只有正常企业的一半左右,这种破坏性的生产方式无疑会对国家的资源与矿区的生态环境造成严重的破坏。

(3) 产品结构落后,锑产品深加工能力低下。由于国内锑产品技术开发和新产品应用起步较晚,致使我国锑产品深加工业落后于美国、日本等国家。在我国生产的锑产品中,以氧化锑和锑锭等初级产品为主,深加工产品所占比例不大。而国际市场对锑深加工产品的需求量占锑产品总需求量的90%以上，导致我国作为锑资源大国，却在国际市场上没有多少主动权的不良现象。可见，科技含量低是我国锑产品市场发展中一个极大的阻碍因素。

（4）再生锑重视程度不够，锑资源被大量浪费。随着高品位的锑矿石被消耗殆尽，我国锑矿的开采、选冶等环节的成本逐渐上升，而再生锑作为一种廉价的锑金属来源在市场中占有的地位越来越重要。据中国有色金属工业协会统计，参照再生铅、锡领域发展状况，目前世界再生锑年均产量为5.5万~6万吨，并主要集中在美国、英国、德国、法国等发达国家；在这些发达国家，资源再生利用率达到80%，而我国只有20%。未来，随着我国人口的不断增长和工业的快速发展，矿产资源将会日趋紧张。由于锑金属的回收再生还没有受到应有的重视，已使我国的锑金属回收再生能力远远落后于国外。据估计我国每年再生金属产量占金属新增总量不到5%，因此，在我国每年都有大量的再生锑金属被浪费。

由此可见，虽然我国锑金属工业发展趋势总体良好，但锑金属工业发展过程中也存在相当多的问题，特别是锑工业给生产和生活环境带来的危害及社会发展影响，需要引起全社会的重视。

5.5.2 我国锑工业技术环境

我国锑工业生产主要分为采矿、选矿及冶炼三个步骤，由于各个过程所采用的生产工艺及生产原料有所不同，对环境的污染也有所不同。下面就各个过程的环境污染情况进行分析。

我国锑矿采矿多为地下开采，仅有少量为露天开采后再进行地下开采。不同的矿山所采用的开采方法有所不同，在我国，主要的开采方法有人工底柱浅孔留矿法、胶结填充法、杆柱护顶砂浆充填法；分段空场法、留矿法等，这些方法产生的污染物主要有废水、尾砂和废矿石等。废水主要为尾砂用水回填井下后采空区的渗漏水和山体渗出水，受锑矿类型和锑品位差异影响，采矿废水中锑的浓度变化较大。通过对十几家采矿企业调研监测分析发现，目前大部分企业很少对采矿废水进行处理，仅有少部分企业建有收集池将采矿废水收集起来作为枯水季的循环用水，大部分采矿企业外排废水中锑浓度为0.2~13.9mg/L，远超国家相关标准。

目前，我国锑工业采用的选矿方法主要有拣选、浮选及重选等，其中以浮选为主，其次为拣选。由于我国锑精矿成分繁杂，伴生情况复杂，单一浮选流程的回收率较低，因此大多采用浮选与其他手段相结合的方法，如重介质选（重选—浮选流程（广西某选厂））；拣选（重选—浮选流程（湖南某选厂））；手选（重介质选—浮选流程（锡矿山某选厂））。选矿过程中产生的污染物质主要是选矿废水和选矿尾矿，据统计，选矿过程中产品产生的量与废水产生量的比值大约为

1∶3，且如果不对废水进行任何处理，外排废水中锑的浓度为 58.9~86.5mg/L，如直接外排会对环境产生大量的危害。

　　锑金属冶炼过程中同样也会产生大量的废水、废气及废渣。根据相关部门统计，锑金属冶炼过程中产生废水的主要环节有：（1）烟气脱硫过程中产生的废水，烟气脱硫过程中外排废水的锑浓度为 3.30mg/L。（2）冲渣产生的废水，冲渣过程直接与炉渣接触，因此废水中锑浓度较高，如果不经处理，外排的废水中锑浓度可达 70.4~80.5mg/L；（3）冷却水，冷却水用量大，因此外排冷却水中锑的浓度一般低于 0.5mg/L；当冲渣水与冷却水混排时，废水中锑的浓度为 0.83~9.62mg/L。对于小型冶炼企业，由于其缺少废水回收装置，常将冲渣、冷却、生活水等混合外排，外排的废水中锑浓度为 0.0065~0.1651mg/L，同样高于国家相关标准。

　　锑工业产生的废气主要有两大类：第一类废气主要以工业粉尘为主，包括采掘、爆破、筛分、储存和运输过程，洗矿、破碎和选矿过程中产生的含尘废气和选矿废气；第二类废气主要为冶炼过程中产生的含二氧化硫、烟尘、锡、锑、汞、铅、锌、砷等污染物的冶炼废气。目前，我国锑冶炼一般采用鼓风炉挥发熔炼–反射炉还原熔炼及精炼工艺，选矿得到的锑精矿在鼓风炉熔炼过程中，硫化锑挥发氧化，脉石造渣后放出，该技术的优点是原料适应性强，可处理硫化矿和氧化矿；挥发率高（92%）、回收率高、锑氧品位高（80%）；生产能力大，劳动条件好。二氧化硫可以制酸，污染较小，适于处理高品位矿。据有关部门统计，鼓风炉排放烟气中的主要成分有 SO_2（0.2%~0.8%）、O_2（16%~18%）、CO_2（23%）、CO（0.9%）和 N_2。附着在尘粒上的金属锑、砷，含硫烟气洗涤废水经一级沉淀处理后排放废水中锑浓度为 2.04~3.80mg/L。锑冶金过程中同样也会产生大量废渣，其成分主要为焙烧炉渣、鼓风炉渣、一次砷碱渣和二次砷碱渣等多种废渣，各废渣浸出液锑浓度分别为 3.54mg/L、4.39mg/L、264.77mg/L 和 62.65mg/L。

　　由上述分析可知，在锑工业生产过程中，采矿、选矿、冶炼过程均对生态环境有相当大的危害。

5.5.3　我国锑工业装备环境

　　我国绝大多数的锑矿采矿采用地下开采方式，地下开采主要分为矿床开拓、矿块切割和矿块回采三个步骤。在国外，锑矿采矿主要采用上向垂直深孔或倾斜孔分条落矿的阶段崩落法，以实现连续回采，并广泛采用自行设备，将大面积的底部放矿结构改为无轨设备装运的端部出矿结构，取得了较优的采矿技术经济指标。随着采矿技术的不断完善和发展，常规的空场法、充填法和崩落法各有其适用条件与特点，在具体的矿床赋存条件下，结合式采矿方法更受到用户的青睐，并具有良好的发展前景。地下采矿方法的发展趋势是不断简化采场结构，采用新的工艺技术和新设备，机械化开采，实现大型化、集约化生产，实现地下采矿安全、高效、低强度开采，实现资源的最大化利用。

近年来，我国锑矿的采矿技术及装备都有了长足进步，其中应用的新技术与装备有：

（1）全尾矿膏体充填采矿技术。通过全尾砂充填采矿技术研究，实现尾矿向井下采空区回填，减轻尾矿储存压力，有效控制井下采矿地压，实现全尾矿膏体充填采矿。

（2）大空区条件下采矿地压控制技术。针对大空区条件下矿柱回采及顶板处理面临的地压问题，在现有地压微震监测及声发射、矿柱压力计监测收集数据的基础上，通过数据与现场地压现象的对比分析，对地压分布、转移及显现的规律进行更深入的研究，以便有效控制现场采矿地压，保证开采安全。

（3）粗颗粒水砂充填采矿技术。该采矿技术采用无轨采矿、大能力水砂充填空区，生产能力大，成本低，拟全面推广应用于厚大矿体的开采。

（4）采矿新设备、新工艺研发。矿山作业自动化将是我国矿业发展的必然趋势，目前，国内很多矿山已采用了斜坡道开拓、自动凿岩台车、遥控铲运机等先进采矿设备，实现了凿岩自动化、出矿自动化、充填自动化。

对于锑选矿技术而言，选矿工艺及方法随着矿物的性质有所差别，对于难浮的氧化锑矿，目前的工业应用以重选为主，但由于跳汰、摇床的回收率低，且难以回收细颗粒矿物。近年来，国内学者采用离心选矿机加皮带溜槽、振摆皮带溜槽、螺旋溜槽、塔型旋转溜槽等方法对细粒氧化锑矿进行回收的探究，但效果不是很明显，但在氧化锑矿浮选领域取得了较为可喜的进展。目前，较为先进的锑氧化矿选矿方法主要有离析浮选、细菌预氧化加浮选等手段可以取得较好的技术指标。同时，国内外的选矿工作者也对其他类型的锑矿选矿工艺流程及药剂制度进行了详细研究，均取得了较为良好的结果。

锑冶金环节作为锑工业中最重要的一环，也是锑工业中污染物质较多的环节。我国锑冶金技术主要分为火法冶金与湿法冶金技术，目前由于火法冶金技术成熟，成本较低，采用火法冶金的冶炼企业已经达到95%以上。国内火法冶金主流工艺主要是采用锑精矿的鼓风炉挥发熔炼—粗氧化锑粉反射炉还原熔炼流程。其主要过程为：锑精矿制粒后与焦炭、熔剂一起加入鼓风炉内，进行挥发熔炼，锑进入高温烟气，通过冷凝收尘后以粗氧化锑的形式回收，低浓度 SO_2 烟气脱硫后排空，粗氧化锑在反射炉内通过还原熔炼后得到粗锑，粗锑精炼脱除砷铅后得到精锑产品。鼓风炉挥发熔炼工艺具有原料适应性强、处理能力较大、易于机械操作的优点，自 1965 年由原锡矿山矿务局研究成功后，在我国获得快速发展，现已成为我国主要炼锑方法。但该流程存在的"低料柱、薄料层、高焦率、高温炉顶"特殊作业条件也决定了此工艺存在焦率大、能耗高、炉龄短、烟气冷却和收尘系统庞大的弊端，尤其是排出的低浓度 SO_2 烟气严重污染生态环境，至今仍然是制约行业可持续清洁高效发展的痛点。2007 年，锡矿山某公司在鼓风炉挥发熔炼的基础上，成功开发出了锑精矿鼓风炉富氧挥发熔炼新工艺，于当年转化为生产力，并建成了 20kt/a 世界上最大的锑冶炼厂；富氧熔炼技术与传统鼓风炉作业相比，冶炼能力由 $20\sim25t/(m^2\cdot d)$ 提高到 $32\sim40t/(m^2\cdot d)$，提高 60%；焦率由 32% 下降到 25%，下降幅度 22%；能耗（标煤）基本达到国家锑冶炼准入条件 1030kg/t 的锑锭标准，生产效率明显提高，生产指标得到优化，并可以处理锑金矿；但仍然存在烟气二氧化硫浓度较低 [$w(SO_2)<5\%$]，难以实现硫资源的高效、低成本利用，易造成环境危害风险；过程中产出的粗氧化锑粉仍采用传统的反射炉还原熔炼工艺产出粗锑，熔炼过程产生的含锑渣（俗称为"泡渣"）返回锑鼓风炉处理。该传统操作过程虽然简单可行，但生产能力低下 $(0.5\sim0.8t/(m^2\cdot d))$，存在泡渣含锑高、劳动强度大、生产现场环境较差、原料适应性不强、技术经济指标较差等问题。

目前，挥发焙烧主要用来处理低品位锑矿，直井炉挥发焙烧是一种古老的冶炼方法，从 19 世纪末就开始使用，至今我国的一些冶炼厂仍然广泛采用。该法适合处理低品位的硫化锑块矿，锑氧质量好，是易于还原熔炼和精炼的好原料；有利于提高硫氧混合锑矿选冶综合回收率，降低成本；但直井炉处理能力低，只有 $3.05\sim4.48t/(m^2\cdot d)$，劳动强度大、劳动环境差，物料的适应性差，低浓度 SO_2 烟气污染严重，不能处理品位高、粒度细的硫化锑精矿，因此直井炉挥发焙烧工艺正在被淘汰。

平炉在近十余年得到了发展，其适合挥发焙烧处理中、低品位锑矿，生产特点是炉头强鼓风、薄料层、周期作业，优点是回收率高；但是同样存在处理能力低 $(0.9t/(m^2\cdot d))$、能源消耗高、低浓度 SO_2 烟气污染严重、劳动强度大、劳动环境差等问题。

5.6 我国锑工业的环境治理

人类对锑的应用可以追溯到远古时代，当时锑及其化合物被用于治疗瘟疫、发烧和抑郁症等各种疾病，甚至被认为是万能的。但是在这一阶段，由于锑质脆易断裂，所以并未被广泛地应用于工业，这一特点也限制了其应用，这种状况一直持续到工业革命才有所改观。19 世纪工业技术（如冶金、合金技术）的飞速发展，最终使得锑及其化合物在工业生产和生活中开始广泛应用。由于锑及其合金具有半导体特性、耐磨性、阻燃性，被用于半导体器件、电池、耐磨合金、子弹、轮轨刹车片、烟火、防火材料等。此外，锑及其化合物也在医疗行业被延续应用，例如治疗亚洲霍乱、间歇性歇斯底里症、肺结核、血吸虫病、黑热病等的锑剂药物随着生物与医学科技的发展，锑对人体及动物体的慢性毒性和致癌性被越来越多的证据证实。医学研究表明，锑由呼吸道进入人体血液会先与巯基结合，进而干扰酶的活性和破坏细胞内离子平衡，引起新陈代谢紊乱，会对神经系统和其他器官造成损伤。鉴于锑及其化学品的健康危害，美国环保局和欧盟先后将其列为优先污染物。

近年来，由于人们对锑资源的大量开发和广泛利用，使得大量含锑化合物被释放到了环境中，将会对生态环境及居民生活带来不良的环境和健康风险。污染环境中的锑主要来自锑矿采选、冶炼和含锑化合物的使用，部分来自高锑煤的燃烧和含锑电子垃圾的废弃。目前，在我国虽然没有发现严重的大规模锑污染问题，也没有出现由于锑污染而引发的地方病，但是锑污染依然不能被忽视。作为世界上最大的也是最为主要的锑生产国，全世界90%的锑出自我国，我国所面对的锑污染风险要远比其他国家严峻，国外目前没有相关的案例供我们参考，因此我们必须从自身做起，防范由于锑污染而引发的环境问题。

5.6.1 我国锑工业的污染治理

目前我国锑工业开采、选矿及冶金各个环节、过程均面临严重的环境污染问题，并制约了锑行业的可持续快速健康发展。

5.6.1.1 锑的废水治理

在锑领域众多影响环境污染治理的问题中，对含锑废水进行有效的处理是目前我国锑工业所面临的首要环境难题，现行的处理技术主要有电化学法、化学沉淀法和离子交换法。

（1）电化学法基于金属的电化学反应作用，利用充满焦炭和铁屑的柱状反应器过滤酸性废水，出水加碱中和，可使废水中锑浓度由28mg/L降至0.14mg/L。

（2）化学沉淀法在工业中的应用主要是调节含锑废水pH值为5~6，膜滤后，再调整滤液pH值为9~10，二次膜滤，锑浓度可由300mg/L降至25mg/L。实践中常用的两种方法为：1）投加铁盐和硫离子，硫离子与锑生成不溶物可去除锑，而铁盐不会带来二次污染，故常用于饮用水处理；2）pH值调节与投加铁盐联用，因该技术经济实用，常用于给水处理中，通过调控pH值，利用三氯化铁（$FeCl_3$）对锑有良好絮凝作用的性质进行强化混凝，污水中锑的去除率高达80%~90%。Meeak等用$FeCl_3$和聚合氯化铝（PAC）分别进行混凝烧杯实验，处理自配的和天然的含锑水样，结果表明，PAC的去除作用不大，$FeCl_3$是比较有效的除锑药剂，三价锑较五价锑更易去除且不受pH值影响，并得出去除五价锑的最佳pH值为5。利用$FeSO_4$和$Ca(OH)_2$组成混凝药剂，对含锑废水进行混凝吸附共沉淀，含锑废水中锑含量可从3.1mg/L降至0.098mg/L。Belzile研究表明，人工配制的水合铁氧化物和水合锰氧化物对三价锑的主要作用为吸附-氧化-释放，即吸附后氧化成五价锑再释放出来。整个过程经测定为一级反应，速率常数为（0.887±0.167）d^{-1}（人工配制水合铁氧化物）、（0.574±0.093）d^{-1}（天然水合铁氧化物）、（1.52±2.35）d^{-1}（人工配制水合锰氧化物）。

（3）离子交换法主要是利用离子交换树脂和活性氧化铝进行有效的处理含锑废水。研究表明，XAD-8型离子交换树脂对无机形态的三价锑和五价锑有很强的吸附作用，系统最优pH值为4~6；在此条件下，三价锑的平均去除率比五价锑高12.5%。Xu的试验表明，五价锑极易被活性氧化铝（AA）吸附，当pH值为2.8~4.3时，吸附效果最好，饱和的AA可以用50mmol/L氢氧化钠溶液再生，便于重复利用。研究还发现，硝酸盐、氯化物和亚砷酸盐对吸附影响很小，而砷酸盐、EDTA、酒石酸盐和硫酸盐可以显著降低其吸附能力，同时，还推测活性氧化铝和五价锑以静电吸附和特性吸附为主。

（4）利用生物制剂法处理含锑废水试验。废水取自洗矿水，在实验室进行试验，用水量为300mL，锑的初始浓度为24.5mg/L。根据洗矿水中锑的初始浓度，按锑为5的比例增加生物制剂，经30min的配合反应和30min的水解反应后，调节pH值至8~9，使锑废水浓度明显下降。同时，在优化工艺条件下，将用水量增至2L进行了5组平行的扩大试验，处理后的上清液中锑浓度低于0.5mg/L。

5.6.1.2 锑的废气治理

对锑生产提取过程中排出的废气进行有效治理也是锑工业健康发展面临的一大难题，目前，我国锑工业中废气的治理主要集中在低浓度SO_2烟气及含尘废气的治理方面。

在SO_2烟气治理上，对含SO_2浓度在3.5%以上的冶炼烟气，主要采用接触法自热生产硫酸并配套尾气处理设施，使其浓度降至400mg/m^3以下再排放；对低浓度SO_2烟气采用氨碱法、双碱法、石灰-石膏或其他高效烟气组合脱硫净化新技术处理后，以低于100mg/m^3达标排放。

桃江某公司采用石灰-纯碱双碱法治理烟气量小于60000m^3/h、SO_2浓度为0.35%~0.5%的鼓风炉烟气，以Na_2CO_3稀溶液在塔内吸收SO_2，塔外用石灰将其转化成$CaSO_4$，克服了系统内结垢问题。锡矿山某公司将炼锑中产生的含砷碱渣经过浸出，利用含砷碱溶液吸收废气二氧化硫和硫化钠等硫化剂脱砷、硫酸铁深度除砷以及净化浓缩干燥等过程，使难以处理的砷碱渣和废气中低浓度的SO_2得到协同有效处理，锑回收率达到99%，砷的去除率超过90%，SO_2吸收率超过95%，碱转化为亚硫酸钠，外排废气达标。

对凿岩、铲运、放矿、出矿和运输（机车、汽车和皮带）等作业粉尘，大多采用湿式作业来减少粉尘的产生量；对溜井出矿系统、露天穿孔系统及选矿厂的破碎系统和皮带运输系统，一般采用密闭抽尘和旋风除尘、文丘里除尘、泡沫除尘、单电极静电除尘等净化措施相结合的方法来控制废气中粒状污染物。

5.6.1.3 锑的废渣治理

锑工业固体废物来自采矿、选矿和冶炼等生产过程，主要有采矿废石、锑尾矿、含锑精选尾矿和锑冶炼过程产生的砷碱渣、浸出渣、锑炉渣等，尤以采矿废石和砷碱渣产生量大。目前，全国砷碱渣的堆存量高达 5 万多吨以上，且每年的产生量为 0.5 万~1 万吨，占全国年产量近一半的大中型冶炼厂对砷碱渣采用专用渣库房进行了妥善堆存，而小型冶炼厂的砷碱渣基本上是露天堆存，危害极大。一次砷碱渣含锑 20%~40%，含砷 1%~5%，因砷碱渣中含锑较高，通常冶炼企业还要将砷碱渣投入反射炉进行处理，这一过程产生的渣称为二次砷碱渣；其中锑浓度在 10%以下，砷浓度为 4%~10%。按照这种传统方法产生的砷碱渣称为"老砷碱渣"，据测算每生产 1 万吨精锑将产生老砷碱渣 800~1000t。由于砷碱渣中的砷以砷酸钠形式存在，剧毒且易溶于水，因此不宜露天存放。据调查分析，年产 7500t 以上的大型锑冶炼企业每年鼓风炉渣高达 9326t，一、二次砷碱渣达 440t。同时，渣的浸出毒性试验结果表明：各类废渣浸出液中锑浓度为 3.54~264.77mg/L；将废矿石粉碎成豆粒状时的锑浓度为 0.56~0.87mg/L，碾磨成 100 目（0.15mm）的锑浓度为 23.87~26.7mg/L。各类废渣含锑量为 1.58~216g/kg，废矿石含锑量为 1.41~2.17g/kg。除对砷碱渣投入反射炉进行有效利用外，近年来，砷碱渣的综合处置也成为了国内外的研究重点。砷碱渣的处置利用不但能消除废渣对环境的危害，而且可回收其中的有价金属砷和锑，因而具有显著的社会效益和经济效益。

目前，国内以砷碱渣为原料湿法制备胶体五氧化二锑的新工艺得到了技术突破并得到工业应用，该技术过程主要包括水浸、酸浸、锑液的水解和氧化制胶。水浸能较好地实现砷碱渣中的砷锑分离，使砷进入溶液而锑仍然留在渣中。制备胶体五氧化二锑根据原料的不同，可分为直接法和间接法两大类。直接法是把矿石通过碱浸、催化氧化、固液分离、中和胶溶等过程，直接获得 Sb_2O_5 胶体；该法的制备过程比较复杂，杂质分离相对比较困难。间接法是从锑产品再制备五氧化二锑、金属锑酸盐、锑卤化物等一些锑的化合物。当前国内外广泛采用间接法生产胶体五氧化二锑，主要有离子交换法、电渗析法、回流氧化法和胶溶法。

（1）离子交换法。离子交换法是将水不溶性的锑酸钾与一定量的水混合制成含锑 2%~6%的浆状液体，通过装有一定数量的 H^+ 型阳离子交换树脂的离子交换柱，控制流速，构成流动树脂床，浆液循环通过，使浆状液的 pH 值由 6 降至 2，继续循环交换 1h，过滤回收溶液，静置一段时间，得到胶体 Sb_2O_5，其浓度为 10%左右。用离子交换法制备胶体 Sb_2O_5，虽然得到的产品为均匀球形粒子，分散性比较好，有利于进一步制备高浓度的 Sb_2O_5 胶体，但是当胶体中 Sb_2O_5 的浓度大于 10% 以后，离子交换过程很难有效地进行，并且存在离子交换树脂的后续分离和再生等问题，操作过程复杂、成本高，因此离子交换法不适用于大规模的工业化生产。

（2）电渗析法。电渗析法是采用阳离子交换膜隔开的双室电渗析器制备胶体 Sb_2O_5，阳极室放置一定量的焦锑酸钾和水，以铂片为阳极，不锈钢为阴极，阴极室装有一定量的 KOH 或 NaOH 水溶液。控制电流密度在 $0.11 \sim 0.20 mA/cm^2$，使微溶于水的焦锑酸钾中的 K^+ 在外电场和膜的附加电场的作用下，从阳极室迁入阴极室，在阳极室形成 Sb_2O_5 溶胶，其转化率仅为 80%。电渗析和离子交换法具有共同的缺点，即生产周期长、粗产品的浓度低；我国目前难以提供大批量的锑酸盐（如焦锑酸钾）工业产品，所以，这两种生产技术向工业化生产转化比较困难。

（3）胶溶法。离子交换法是传统的生产胶体 Sb_2O_5 的方法，由于生产的胶体浓度低，生产成本增加，经过探索研究发现，先用酸处理锑酸钠形成凝胶，再加入适当种类的稳定剂及适量溶剂，调浆、搅拌，升温到 $40 \sim 90℃$，进行胶溶分散，逐渐转变成无色清亮或乳白色、浓度 15% ~ 30% 的 Sb_2O_3 胶体，可以消除这些缺点，这就是胶溶法制作胶体 Sb_2O_3，即把暂时凝聚在一起的胶体离子重新分散开而形成溶胶。一般当反应温度低于 5℃、反应时间不超过 10h 时，胶溶法可以得到粒子形状规则的胶体，否则胶粒形状不规则。若使用有机胺或磷酸作稳定剂，其加入量与 Sb_2O_3 的计量比（质量分数）分别是 0.07% ~ 0.5% 和 0.5% ~ 5%。胶溶法制得的胶体具有黏度低、颗粒均匀等优点，特别是对于经湿法冶金溶出过程后处理所得到的 Sb^{5+} 溶液，由于其酸性强、浓度稀，难以用冷却或交换介质的方法直接制胶，同时采用化学方法又容易造成产品污染，所以常采用胶溶法制胶。

5.6.2 我国锑工业的环境管理

由于我国锑工业面临诸多环境问题，建议加强锑行业的管理才能有助于减少锑工业对环境造成的影响，应从以下几个方面实施对锑行业的环境管理。

（1）从锑污染的源头控制和加强有效行动治理层面，应加强以下具体工作要求。

1）规范井下采空区的管理。浸出毒性试验表明，废矿石浸出液中锑浓度较高，因此应加强对井下采空区的环保污染控制规范管理。通过在采空区内部设置防渗装置，同时采取多种节水措施减少废矿石回填采空区过程中的用水量，以减少和防止采空区渗出含锑废水从而污染环境。

2）废矿石管理。分析表明，废矿石中锑的浸出浓度仍较高，尤其在矿石粒径小的条件下，因此，对废矿石要严格管理，不能随意露天堆放，应及时回填。

3）尾矿坝的管理。合理选址，科学规划，建立专门的废矿坝堆放废矿石，对废矿坝进行防渗处理，并在坝体两侧建设撇洪沟，以实现雨污分离。坝下建设渗滤液收集处理装置，渗滤液经处理后重复利用或达标排放。

4）废渣综合利用和管理。砷碱渣、砷碱过滤渣等废渣含砷量较高，一般可达1.88%~8.78%，属危险废物，需按危险废物的相关规定严格管理，严禁随意露天堆存。冶炼过程产生的各类废渣含锑量较高（1.58~216g/kg），因此，应加强锑冶炼废渣的综合利用，提高锑的回收率。

（2）从行业统筹规划和着眼未来可持续绿色发展要求方面。

1）进一步完善和规范锑行业准入许可证制度及升级环保排放标准要求，对运营企业的环境行为如各工序水循环利用率，各类废水、废气、废渣的处理要求予以规范；在各工序安装水质水量测量和控制仪表，在污水处理设施排放口设置监控点，在车间或生产装置排放口设置总镉、总铅、总砷、六价铬等水污染物监控点，冶炼工艺安装 SO_2 烟气在线监测仪。

2）切实推行清洁生产审核和 ISO14000 环境管理审核。

3）加强开发和应用先进的选矿技术，提高回收率，降低尾矿品位，促进二次资源和废物的综合回收利用。

4）研究综合回收利用有价金属，实现变害为利、变废为宝的废水处理方法。

5）开发能杜绝或拦截跑、冒、漏的设备和构筑物，以尽量减少废水的产生量和排放量。

5.6.3 我国锑工业的绿色发展

我国是锑资源大国，同时也是锑资源生产和加工大国，在锑资源开采和冶炼过程中会对环境产生危害和影响，我国锑行业发展至今已呈现出较多与社会经济发展不协同的问题，并严重阻碍了我国锑行业的健康可持续发展。

5.6.3.1 我国锑行业绿色健康发展面临的主要问题

（1）宏观调控失控，原生锑产量过大，锑资源消耗过快。1994年，我国锑品产量突破10万吨大关，在1995~1999年锑价跌至成本线以下，其间仍保持了年产8万吨左右的锑品。虽然成立了锑企业联合体，采取了限产保价的措施，但收效甚微，只制约了国有大中型锑品冶炼企业，民企、外企产量仍在不断扩大。

同时，由于受宏观调控失控和地方保护主义的影响，自20世纪80年代中期以来，我国锑冶炼加工能力不断扩张，由于初级锑品生产工艺简单、投资少、见效快，各地小型炼锑厂纷纷上马，特别是在广西，随着从脆硫铅锑矿冶炼中除铅技术的突破，铅锑复合矿的冶炼成本下降，进而超过了传统的硫化锑冶炼，造成全国大部分锑矿山处于停产或半停产状态。广西大厂矿田 100 号矿体的开发，大量民采的介入，每年采出的原生锑金属近 10 万吨，造成全球初级锑品供应严重过剩，同时也使广西锑品生产超过湖南，一跃成为全国最大的锑品生产基地。"7·17"事故后，广西锑品产量每年维持在 3.0 万~3.5 万吨，产量锐减了近 6 万吨，锑价格大幅回升。

另外，锑冶炼加工业的无序布局扩张，也为促使开采环节滥采乱挖提供了便利，造成国内锑资源的大量消耗与挥霍。根据统计，锑总产量三分之一以上为乡镇企业和个体企业生产，由于大部分技术不强，综合回收率低，同时私采滥挖现象是采富弃贫，造成了锑资源的严重浪费。

（2）科技投入不足，初级产品比例过大。我国锑品的生产与出口一直是以初级产品为主，深加工产品比例仅占 20% 左右，锑品总产量的 60% 以上必须出口，造成国内、国外两个市场的不均衡；科技投入严重不足，造成无法提高企业的国际产品竞争力和调整产品结构，这些问题严重制约了中国锑行业的快速发展。在我国生产出口的锑品中，以精锑和氧化锑为主，深加工产品较少，绝大部分为初级产品。但在国际市场的需求中，Sb_2O_3 占 90% 以上，因此，必须有效解决我国锑品附加值低、科技含量低的问题。

（3）国外限制高附加值锑化工产品的进口，也影响和制约了我国锑品深加工业的快速发展。在锑品的国际贸易上，中国一直是出口大国，美、日、韩及西欧等发达国家则是锑品使用大国，这些国家一直采取贸易保护，严格限制中国锑品深加工产品的出口，造成我国和其他产锑国只能出口精锑和氧化锑类的初级产品，不但损害了产锑国的利益，同时，也制约了我国锑品深加工业的发展。

（4）锑品在国内阻燃剂领域应用起步较晚。目前，锑品是阻燃剂应用最大的领域，70% 左右的锑品应用于这方面，美国、日本、韩国及西欧等国在这方面大量应用，而中国的应用近几年才开始增多，这就刺激了国内锑品深加工业的发展。由于起步晚，我国的锑品深加工技术开发落后于国外。但我国现在已开始步入锑消费大国的行列，目前中国锑消费的主要领域是：橡胶及纺织制品阻燃剂用氧化锑、蓄电池用铅锑合金、日用搪瓷制品用锑釉氧化锑、涤纶聚酯和氟利昂催化剂用氧化锑、显像管澄清剂和脱色剂用锑酸钠以及烟火和火柴用硫化锑等。

从 2003 年开始，国内锑品消费量急剧上升，增加的市场份额主要来源于两个方面：阻燃剂应用领域和汽车工业。其中，汽车塑料配件在汽车总重量份额中的比例已经达到 10% 左右，特别是汽车塑料内饰件，一般都要求阻燃；同时，我国塑料行业的高速增长，也带动了阻燃剂中锑的消费增长，2020 年，我国塑料表观消费量接近 13588 万吨，同比增长 14%。

5.6.3.2 我国锑行业绿色健康发展应加强结构调控

(1) 加强宏观调控，强化行业自律，走集团化经营道路。锑冶炼加工企业应通过兼并、重组、联合等方式，在锑资源相对丰富的省（区）建立锑业集团公司，做到产、销一体化管理，稳定锑品的市场，杜绝滥采乱挖、浪费资源的现象，打破我国锑行业被国外垄断的局面。与此同时，各级政府要加强对入围企业的监督管理，国家现在已出台对锡、锑、钨等战略小金属稀有产品实行特定矿种保护性开采和加工的政策，并对企业在投资规模、环保、综合回收、产品深加工、安全生产等指标进行综合评定，在提高行业门槛等举措的基础上，强化对锑行业的宏观调控协同。

(2) 控制产量，进行可持续性的保护开采和冶炼加工。近十多年来的实践证明，锑品价格的波动就是国内锑总产量的变动，只有真正控制了产量，才能使价格稳定。企业并未真正认识到限制产量对行业发展、保护资源的意义，虽然锑企业联合体提出了限产保价的自律机制，但并未真正达到目的。因此，在锑资源的开发上，要采取保护性的开采和冶炼加工的措施，严格控制超量生产，鼓励进行锑品的深加工，规范经营秩序，建立起完备的自律机制，从根本上解决目前存在的行业发展问题。

(3) 强化锑再生资源的回收与利用。矿产资源是不可再生的资源，经济发展与锑储量不足是当前制约锑行业发展的重要因素，要强化锑再生资源的回收与利用。我国是一个人均资源相对不足的国家，人均矿产资源仅为世界平均水平的58%，因此，要把锑资源的再生利用作为锑行业的一项战略。通过对锑资源的合理配置与利用，走循环经济的道路，从而实现锑行业持续稳定发展。

(4) 增加科技投入，调整产业结构，大力发展锑深加工产品。企业只有增加科技投入，才能在市场上立于不败之地。要结合我国锑资源的特点，研究开发具有独立知识产权的技术，这样不仅符合自身的特点，而且可以节省引进费用，如广西大厂矿田的脆硫铅锑矿的冶炼，我国冶金工作者进行了深入的研究，从铅锑合金中直接分离生产商品氧化锑，提高了冶炼的综合回收率，降低了成本，同时也节约了资源。锑的应用主要在锑化合物方面，涉及化工、纺织、电子材料、军工等领域，目前大部分企业无力进行研发。因此，只有调整产业结构，加大科技投入，联合科研院校的技术力量，加速我国锑品深加工的步伐，减少初级锑品的出口，才能达到改变产业结构和市场结构的目的。

(5) 加强地勘，寻找后备资源。我国目前虽然仍是锑资源大国，但锑资源的后备储量已经严重不足，现保有储量仅234.28万吨。随着锡矿山矿田锑矿资源的百年开采和广西大厂矿田100号锡锌锑铅多金属复合矿体的开采完毕，现工业储量已不足80万吨，因此，要通过地质勘探进行储量升级补充工业储量，否则难以保证我国在今后十年对锑的需求。总而言之，我国锑资源的形势是严峻的，需采取以下措施：

1）强化锑资源的探矿工作，地勘部门应与锑生产企业联合进行商业性勘探工作，风险共担，利益共享；

2）现有锑矿山企业要加大科技投入，加强深部探矿工作和矿区边沿找矿工作，增加矿山的锑工业储量；

3）建议国家在新区找矿勘探工作中设立专项基金，投入实质性的勘探工作，保证探矿权人的利益；

4）强化技术创新，提高采、选、冶过程中资源的利用率，推动锑行业的技术进步；

5）加强宏观调控，杜绝滥采乱挖现象，合理地开发与利用资源，严格实行总量控制，将锑行业的管理纳入法治轨道。

整个锑行业的健康绿色发展需要政府与企业双方共同努力，同时，也希望在我国的不懈努力下，中国的锑行业能够绿色健康地发展。

5.6.4　锑工业的智能化环保与监管

环境保护是我国的一项基本国策，党的十八大以来，明确指出"青山绿水就是金山银山"。随着我国环境治理工作的逐步深入和强化，提高环境管理的科学化和信息化水平，有效预防和控制污染事故，在环保工作中具有极大的积极因素。

一个企业的环境自动化装备实施程度最能体现出该企业管理水平的高低，以云南某公司为例：公司现有废水处理设施20余套，废气治理设施80余套，随着环境保护要求越来越严，需要进行检测的位置和项目越来越多，但环境检测人员较少，不能满足公司的环境保护要求，因此该公司将自动化、信息化等先进的技术手段引入日常环境监督管理工作，通过在排污现场安装自动监控设备，取得污染物排放、污染治理设施运行情况数据，传输到生产和环保管理部门，然后有关部门根据这些数据及时调整工艺控制参数，使环保设施时时处在最佳的运行状态，有效地将污染物排放量控制在国家标准范围内。

其具体做法是：为提高该公司的环境管理水平，对冶炼分公司主要排放源初炼系统尾气排放口、炼渣系统尾气排放口以及精炼车间收尘系统、炼铅车间收尘系统等主要环保设施，安装了烟气在线监测系统和运行监控系统，对占公司烟气排放量80%以上的环保治理设施进行了监控管理，与原来安装的澳斯麦特炉出口烟气在线监测系统、全厂污水自动监控系统等形成了较为完善的污染源自动监控控制系统。

安装的污染源自动监控管理系统包括：安装在污染源现场用于监控、监测污染物排放浓度的定位器、流速计、污染治理设施运行记录仪和数据采集、计算、打印和传输等仪器、仪表。大气自动监控系统每分钟监测一组烟气量、烟气温度、湿度、烟气中烟尘、二氧化硫、氮氧化物等污染物浓度、排放量以及烟气中氧气、一氧化碳、二氧化碳等气体含量，累计统计出各监测点的小时排放量、日排放量和年排放量等参数，监测结果全面反映出生产设施和污染治理设施的运行效果。污水自动监控系统可自动监测出水中总有机碳、总氮等污染物含量及污水小时排放量、累计排放量等参数。同时，自动监测系统利用移动 GSM/GPRS 网络进行远程数据传输，实现污水、废气等污染物源的自动监测、数据采集、数据上传、超标报警、远程控制、统计分析和报表打印等，实现监测管理的信息化和自动化。

上述信息化与自动化的环境管理已经取得很好的成效，主要的成效表现如下：

（1）大大提高了污染源监测人员劳动生产率。按传统的监测管理方法，要完成冶炼分公司目前进行的污染源监测任务，需要数十人员和数十套不同种类的监测仪器，分别进行各监测点的样品采集、化验分析、统计计算等工作，是一项繁重复杂的工作，如此多的工作量以前是不可能完成的。安装自动监测管理系统后，大大减少和减轻了监测管理人员日常工作量和劳动强度，采样、化验分析、计算等工作现场瞬时即可完成，而且避免了由于监测人员业务不熟、操作不规范和其他因素而造成的数据偏差、错误和造假情况，使获得的监测数据更加准确可靠。

（2）为污染治理设施的评价和企业环境管理提供了科学依据。过去采用传统人工监测，由于人力、物力和财力等因素的限制，不可能对每个污染源进行长期和系统的监测，因此监测的结果往往不能反映出该污染源的真实情况，给生产工艺改造和污染源的治理决策带来困难，甚至出现由于提供的工艺参数不准，而造成治理工程投资失误的事例。安装自动监测管理系统后，由于自动监测管理系统监测频率高（每分钟可获取一组监测数据），在各种工况条件和作业周期情况下，污染物的排放都能通过监测结果反映出来，使监测结果的真实性更加可靠，给治理设施提供了科学的评价依据，为生产工艺改造提供了所需的准确的设计参数。长期、系统地对污染源进行监测，真实地反映出污染物瞬时排放量和累计排放量，为地方环保部门提供了科学、可靠的执法依据，避免了企业与地方环保部门在环境管理过程中发生不必要的误会。

（3）为公司有效利用资源，创建节约型企业创造了条件。公司主要烟气治理设施既是环保设施又是工艺所必需的有价金属回收设备，主要生产工艺中，烟化炉生产工艺将粗炼系统产出的炉渣和难选锡中矿等含锡物量，通过烟化挥发，从收尘系统中回收锡等金属；粗炼系统、精炼系统等烟尘中也含有大量的锡、铅等金属，因此收尘系统效率的高低直接影响到锡资源的利用率。过去锡金属的排放损失量，靠监测人员手工采样分析，每个样从采样到得出结果最快也要 5~6h，不能将结果及时反馈给操作人员指导生产。安装自动监测管理系统后，由于自动监测管理系统监测频率高、速度快，生产现场就可显示烟尘排放损失数据，生产管理人员和操作人员可以根据自动监测系统反映出的数据，及时调整工艺控制参数，使设备处于最佳运行状态，提高了烟尘中有价金属的回收。仅以烟化炉收尘系统为例，按自动监测系统反映出的数据，及时调整工艺控制参数，若收尘效率以提高 1% 计算，每年可多回收锡金属 180 余吨。

（4）指导操作人员在保证达标排放情况下，减少治理成本。公司主要污染源采用湿式石灰乳洗涤脱硫，石灰乳的加入量直接影响排放浓度和治理成本。过去操作人工不能及时准确掌握烟气中二氧化硫排放变化情况，因此，很难确定合理的石灰乳投入量和石灰乳投入、循环液更换时间，仅凭经验操作很难保证排放源长期稳定达标排放和石灰乳的有效利用。通过对重点排放源实时动态地在线监测管理后，指导环保设施操作人员根据排放浓度及时科学地调整石灰乳投入量，有效控制二氧化硫排放量，减少石灰乳用量损失，降低治理成本。

（5）实现了监测数据的资源共享。实施自动监测管理后，排放源的实时动态在线监测数据，通过无线传输，在政府环保部门的系统终端，可直接获取监测数据和各类统计报表，方便了企业与地方环保部门的沟通，增进了相互间的了解。同时将企业的环保绩效置于公众监督之下，促进了企业将环境保护工作变为企业的自觉行动，收到良好的社会效益。企业环保管理人员也可通过现场直接显示、手机信息接收和远程监控系统数据终端查看等多种方式，时时掌握了解异常排污并报警，预报污染突发事件，获取突发事件的现场数据。

该冶炼分公司在进行环保自动化环境治理后，取得了显著的经济效益和社会效益。公司的烟化炉收尘系统 6 号电收尘器，2020 年平均收尘效率 96.5%。收尘效率提高 1% 后，增加烟尘收尘量 457.439t/a，其中含金属锡 182.975t。

实施污染源自动监测管理是提高管理水平的有效手段，对公司污染源治理和有价金属资源的综合回收起到了积极的作用，产生了一定的经济效益。更重要的是，项目的实施体现了企业践行保护环境的一种责任，为公司树立了良好的社会形象。

6 锑的二次资源开发

6.1 锑矿二次资源概况

锑是一种不可再生的战略性矿产资源，是现代工业发展不可或缺的重要原料。然而，近年来随着全球社会经济的快速发展和资源需求的高速增长，促使人们对锑矿资源的开采处于高强度的无序状态，造成了锑矿资源消耗量过大，保有资源储量逐年急剧下降，资源保障前景堪忧。因此，在当前形势下，锑矿二次资源的战略支撑显得尤为重要和紧迫。

6.1.1 锑矿及分类

锑的性质比较稳定，是元素周期表中的 7 个类金属元素之一（其他类金属还包括硼、硅、锗、砷、碲和钋），与砷元素在物理和化学特性上非常类似。锑矿是指将有工业利用价值的适合选冶条件的锑矿区，主要以单一硫化矿或多组分共伴生及混合态矿床等类型存在。自然界中有 120 多种锑矿物和含锑矿物，主要以四种形式：

自然化合物与金属互化物：如自然锑、砷锑矿；

硫化物及含硫盐类：如辉锑矿、硫砷锑矿、硫锑铁矿、辉锑铁矿、黝铜矿、车轮矿、硫锑铅矿、脆硫锑铅矿、斜硫锑铅矿、硫锑银矿、辉锑银矿、辉锑铅银矿、硫汞锑矿、硫氧锑矿等；

卤化物或含卤化物：如氯氧锑铅矿等；

氧化物：如锑华、黄锑华、锑赭石、锑钙石、水锑钙石、方锑矿等。

我国锑矿床多系单金属矿床，近年来锑多金属共生矿床有所增加，多与钨、金、汞或铅、锌共生，现已探明全国锑矿共有 171 处，主要分布在湖南、广西、西藏、云南、贵州和甘肃等省份，6 省查明资源储量合计占总查明资源储量的 87.2%。锑矿资源的主要产地区域为：湖南省的锡矿山、板溪、沅陵及新晃汞矿；广西壮族自治区的南丹县大厂；贵州省的万山、务川、丹寨、铜仁、半坡；甘肃省的崖湾等锑矿、陕西省的旬阳汞锑矿。图 6-1 为我国主要锑资源分布区域占比。

目前，世界各国生产的金属锑绝大部分是从单一硫化锑精矿和硫氧锑精矿中提炼的，极少量是从锑氧化矿中提取的。锑金属行业矿物冶炼原料主要为辉锑矿、方锑矿、锑华等 10 种矿物，其中，辉锑矿是锑冶炼的最主要矿物原料。我

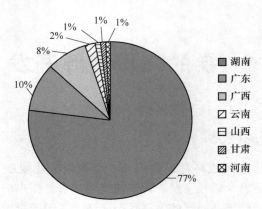

图 6-1 我国主要锑资源分布区域占比

国锑大量出口,可生产高纯度金属锑(含锑 99.999%)及优质特级锑白,也代表着世界锑业先进生产水平。表 6-1 为我国主要的锑选冶矿物类型。

表 6-1 我国锑冶金主要矿物原料

矿物名称	组分构成	$w(Sb)/\%$
辉锑矿	Sb_2S_3	71.4
自然锑	Sb	100
方锑矿	Sb_2O_3	83.3
锑华	Sb_2O_3	83.3
锑赭石	$Sb_2O_3 \cdot Sb_2O_4 \cdot H_2O$	74~79
黄锑华	$Sb_3O_6(OH)$	74.5
硫氧锑矿	Sb_2S_3O	75.2
硫汞锑矿	$HgSb_4S_8$	51.6
脆硫锑铅矿	$Pb_4FeSb_6S_{14}$	35.5
黝铜矿	$3Cu_2S \cdot Sb_2S_3$	25

锑矿的提取方法除应根据矿石类型、矿物组成、矿物构造和嵌布特性等物理、化学性质作为基本条件来选择外,还应考虑有价组分含量和适应锑冶金技术的要求以及最终经济效益等因素。锑矿石的选矿方法,有手选、重选、重介质选、浮选等。

6.1.2 锑矿二次资源

锑矿二次资源包括再生锑领域。二次资源是指工业废渣物中的有用组分和废旧工业品，它包括赋存和残留于采矿、选矿、冶炼、加工后的废渣、废料、废液、废气和尾矿中的有用矿物组分，以及废旧金属材料等。

锑最初主要应用于金属产品（铅锑合金）、非金属产品和阻燃剂等领域，随着科学技术的发展，锑现已被广泛用于生产各种阻燃剂、合金、陶瓷、玻璃、橡胶、涂料、颜料、塑料、半导体元件、烟花、医药及化工等领域。其中，用于阻燃剂生产的锑约占锑消耗总量的60%，制造电池中的合金材料、滑动轴承和焊接剂所消耗的锑占20%~30%，其他方面的消耗为20%左右。

目前，锑二次资源主要来源于铜、铅、锌、锡、汞、砷等重有色金属冶炼和综合回收过程产生的烟尘、废渣以及锑合金、含锑功能材料的废弃物中，主要包括：粗锑氧粉、砷碱渣、高锑砷烟灰、精炼铋烟灰、铅阳极泥、铜阳极泥、废铅酸蓄电池、废锑系阻燃材料、废催化剂、锑基合金及耐蚀材料等。近年来，随着选冶技术的快速发展，重有色金属的复杂低品位多金属（铅、锡、银等）伴生矿物及锑矿区低品位尾矿也成为锑的重要来源之一。据中国有色金属工业协会相关部门统计分析，我国锑生产中锑二次资源的回收利用约占总产量的20%，随着我国锑消费量的增长和管理技术水平的提高，锑二次资源的回收利用会逐步扩大。我国锑资源消费占比如图6-2所示，常见工业锑合金材料成分组成见表6-2，我国主要锑产品分类见表6-3，主要锑二次资源原料的成分组成见表6-4。

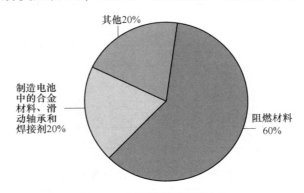

图6-2 我国锑资源消费占比

表6-2 工业锑合金主要成分组成

合金名称	主要成分/%			其他成分/%
蓄电池铅栅板	2.5~5	0.25~0.5	余量	
轴承合金	4~15	锡基83~93	0.35	As 1~3
		铅基1.5~11	余量	Cu 0.5~8
印刷合金	4~23	17~3	余量	Cu 0~2
锑青铜	7			Cu 91，Ni 2

合金名称	主要成分/%		其他成分/%
电缆包皮	1~6	余量	
铅板和铅管	2~6	余量	
焊料	0~2	42~38	余量
软管	2~3	余量	
弹丸	0.5~12	0.25~1.0	
白镴	0~8	余量	20~2　Cu 0.2~5, Zn 0~5
硬铅	6~28	余量	

表 6-3　主要锑产品应用分类

产品	特性及用途
高纯金属锡	生产半导体、电热装置、远红外装置理想材料
锑铅合金	耐腐蚀，化工管道、电缆包皮的首选材料
锑锡、铅、铜合金	强度高、极其耐磨，用于制造轴承、齿轮
锑白	颜料、阻燃剂、玻璃脱色剂和澄清剂、有机合成催化剂、钛白生产用沉淀剂、汽油添加剂
锑白+硫化锑	橡胶填充剂
三硫化二锑	用于生产安全火柴、弹药、鞭炮
五硫化二锑	用于制造橡胶和兽药
三氯化锑	用于医药
葡萄糖酸锑	治疗黑热病
焦锑酸钠	高档玻璃澄清剂、脱色剂
醋酸锑	化纤工业用催化剂

表 6-4　国内主要锑二次资源主要成分组成（质量分数）

锑二次资源	$w(Sb)/\%$	$w(Pb)/\%$	$Ag/g \cdot t^{-1}$	$w(Cu)/\%$	$w(Fe)/\%$	$w(As)/\%$	$w(S)/\%$	$w(Zn)/\%$
粗锑氧粉	36.92	22.91	35.0	—	—	—	1.42	0.96
熔炼渣	1.14	2.37	125.0	0.35	11.31	0.24	35.2	7.62
砷碱渣（二次）	7.36	0.036	—	0.008	1.67	4.19	3.21	0.173
高锑砷烟灰	49.86	4.06	1600	0.72	1.82	15.98	0.014	0.0013
锡电解阳极泥	3.6	34.2	1850	2.53	0.26	0.52		
铜转炉烟灰	1.30	27.48		5.60	3.11	0.62	0.87	15.88
铅阳极泥	46.2	7.8	151000	1.12	0.01	7.35	0.86	—
废铅酸蓄电池（栅板）	4.81	94.8	0.010	0.013	0.001	0.185	—	0.0008

6.1.3 再生锑资源

再生锑属锑的二次资源范畴, 定位于再生利用领域。它是指由废旧铅酸蓄电池、废旧锑合金及冶炼厂加工过程产生的高含锑金属废料 (渣) 等非矿物锑原料, 直接经过火法精炼过程而产出的金属锑及锑合金。

再生锑领域也是我国在重视发展循环经济、环境保护和充分利用金属再生资源的情况下逐步发展起来的产业。随着我国汽车工业、新材料、通信和化学工艺的迅速发展, 锑的需求不断增加, 目前铅酸蓄电池消耗的锑占锑总产量的 20%～30%。铅酸蓄电池消耗量的增大会导致废蓄电池的增多, 使再生锑工业有了更多的原料来源。根据世界金属统计局公布的资料, 世界产铅总量的 80% 用于生产蓄电池, 而总铅产量的 40% 是由再生铅生产获得的, 废蓄电池则占再生铅生产原料的 90%, 其中美国废铅酸蓄电池铅的再利用率已超过 98.5%, 我国国家发改委 2019 年 8 月发布的《铅蓄电池回收利用管理暂行办法 (征求意见稿)》中明确, 到 2025 年底规范回收率要达到 60% 以上的目标。表 6-5 为国内常见的几种再生锑合金原料典型成分。

表 6-5 再生锑合金原料的主要金属元素组成（质量分数）　　　　　（%）

项目	Pb	Sb	Sn	Cu	Bi
蓄电池板栅	85～94	3～8	0.03～0.5	0.03～0.3	<0.1
印刷合金	66～77	15～20	7～13	0.3～0.6	0.2～0.5
电缆包皮	96～99	0.11～0.6	0.4～0.8	0.02～0.8	<0.03
铅板和铅管	94～98	<0.5	0.01～0.2	<0.1	<0.1
软铅管	97～98	1.5～2.5	0.02	0.05～0.1	
弹丸	90～94	4～8	0.6～0.8		
硬铅	85～92	3～8	0.1～1.0	0.1～0.8	0.2～0.8

锑的再生回收是解决废锑资源过度消耗与环境危害问题的根本出路, 是实现锑资源可持续发展的重要保证。其重大意义在于:

(1) 再生锑回收可更加高效、充分地利用锑合金废料, 减少原生矿石的开采量, 延长其开采期限。锑与稀土、钨、锡被并称为我国的四大战略金属资源之一, 2008 年, 我国锑矿查明资源储量为 246 万吨 (锑金属量), 静态保障年限为 36 年。我国是全球最大的产锑国, 2016 年, 国内锑产量 10 万吨, 占全球总产量的 76%。2008～2016 年, 我国锑产量从 18 万吨减少到 10 万吨, 减产 44%; 全球锑产量从 19.7 万吨减少到 13 万吨, 减产 34%。

（2）锑再生回收可节约能源，再生锑能耗仅为原生精锑的 25.1% ~ 31.4%。从锑合金废料中直接回收的再生锑不需要像生产原生精锑那样经过采矿、选矿等工序。据测算，再生锑生产成本比原生精锑低近 40% 左右。

（3）回收再生锑资源有利于环境保护，锑是全球性污染物，是有害于环境和人体健康的金属，也是人们最为关注的有毒金属元素之一。各种锑合金废料若不能加以合理回收，都将成为环境的污染源，尤其是废铅酸蓄电池，只有充分回收利用才能避免其中的锑、铅重金属和硫酸污染环境。为了保证锑工业的持续发展，必须充分利用锑的二次资源，使锑元素进入生产消费和再生产的良性循环。

6.2　锑二次资源的富集与回收

锑二次资源是冶金过程及应用领域不可缺少的重要组成部分和原料来源，也是我国锑资源战略储备的重要环节。重视锑二次资源的开发和利用，对于我国环境安全和提高资源利用水平都将起到非常重要的作用和意义。

6.2.1　重有色冶金过程中锑二次资源的富集与回收

重有色金属包括铜、铅、锌、镍、钴、锡、锑、汞、铋、镉等 10 种金属，除铋、镉外，均有各自独立的采选冶工业生产体系，其矿石主要以多金属共生硫化矿的形态为主。虽然重有色金属因各自的特性及赋存的矿物原料不同，冶金方法及其生产流程各异，但都可以从生产过程中综合回收多种伴生元素。国内重有色金属的主要冶炼方法及可回收的伴生元素概况见表 6-6。

表 6-6　10 种常见重有色金属冶金方法及可富集回收元素

金属	原料	预处理	冶炼生产	精炼	可综合回收的元素
铜	硫化矿	造锍熔炼	转炉吹炼	电解	S、Au、Ag、Se、Te、Re、Bi、Ni、Co、Pb、Zn、As
	氧化矿	浸出—萃取	电积		
铅	硫化矿	烧结/制粒	氧化、还原熔炼	电解精炼 火法精炼	S、Ag、Au、Bi、Sb、Sn、Tl、Se、Te、Cu、Zn、In、As
锌	硫化矿	焙烧—团矿焦结	蒸馏	精馏	S、Cd、In、Ag、Pb、Cu、Bi、Sb、Sn、Tl、Ge、Ga、As、Hg、Se
		焙烧	浸出—净化	电积	
	氧化矿	烟化挥发	浸出—萃取	电积	
镍	硫化矿	造锍熔炼—吹炼	磨浮	电解	Co、S、Cu、Au、Ag、Se、Pt
	氧化矿	造锍熔炼、焙烧	还原	电解	
	混合矿	加压氨浸	加压氢还原		

金属	原料	预处理	冶炼生产	精炼	可综合回收的元素
钴	铜镍矿伴生	硫酸化焙烧— 浸出	还原—电解		S、Cu、Ni、As
锡	氧化矿	精选—焙烧— 浸出	还原熔炼	火法精炼	Cu、Pb、Sb、Zn、In、Bi、Cd、Ge、Au、Ag、As、W、Ta、Nb
				电解	
锑	硫化矿	焙烧	还原熔炼	火法精炼	S、Au、Pb、Se、Te、As、Cu、Sn
		碱浸	隔膜电解	火法精炼	
	复合矿	挥发焙烧	还原熔炼	火法精炼	
汞	硫化矿	焙烧	热分解/蒸馏	电解精炼	S、Sb、As
铋	硫化矿	焙烧	火法粗炼	电解精炼	Pb、Cu、Sb、Ag、As、Te、S、Sn、Zn
	铅铜伴生物	混合熔炼/ 浸出—置换	转炉熔炼	火法精炼	
镉	烟尘	浸出—净化	锌置换	真空蒸馏	Zn、Cu、Pb、Co、Ni、Sb、Tl、As
	净化渣		电积		

6.2.1.1 铅冶金过程中锑的富集与回收

A 锑的富集与回收

在铅基矿物中，均存在锑共伴生现象，因此，在铅冶金过程中锑的富集与回收主要通过冶炼过程中的氧化烟尘、浮渣及铅阳极泥的途径进行。铅精矿中锑及各种元素的化学成分见表 6-7。

表 6-7 铅精矿成分（质量分数）实例

序号	$w(Pb)$ /%	$w(Zn)$ /%	$w(Fe)$ /%	$w(Cu)$ /%	$w(Sb)$ /%	$w(As)$ /%	$w(S)$ /%	$w(MgO)$ /%	$w(SiO_2)$ /%	$w(CaO)$ /%	Ag /g·t^{-1}	Au /g·t^{-1}
1（国内）	66.0	4.9	6	0.7	0.1	0.05	16.5	0.1	1.5	0.5	500	3.5
2（国内）	59.2	5.74	9.03	0.04	0.48	0.08	19.2	0.47	1.55	1.13	547	
3（国内）	60	5.16	8.67	0.5	0.46		20.2		1.47	0.46	926	0.78
4（国内）	46	3.08	11.1	1.6		0.22	17.6		4.5	0.48	800	10
5（国外）	76.8	3.1	1.99	0.03		0.2	14.1	0.2		0.75		
6（国外）	74.2	1.3	3	0.4		0.12	15	0.5	1	1.7		
7（国外）	50	4.04		0.47	0.03	0.004	15.7		13.5	2.3		
8（国外）	49.4	11.7		2.3			17.2		3.16	0.65		

铅冶炼过程中锑及各伴生资源的走向，如图6-3所示。国内外铅冶炼企业产出的铅电解阳极泥的主要成分组成见表6-8。

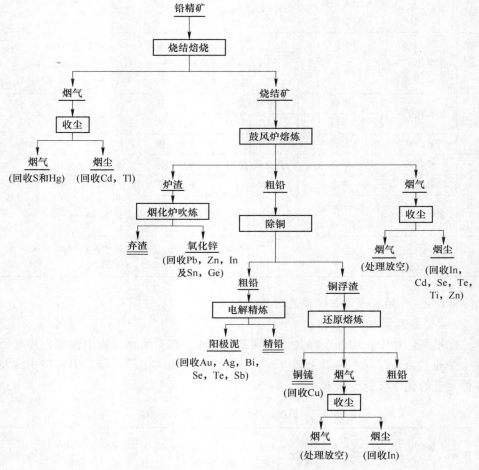

图6-3 铅冶炼过程中锑及各伴生元素分布走向

表6-8 国内外铅冶炼企业产出的铅阳极泥化学成分 （质量分数） （%）

序号	Pb	Cu	Sb	As	Bi	Sn	Te	Ag	Au
1（国内）	10~25	0.5~1.5	10~30	5~20	4~25		0.1~0.5	8~14	0.02~0.07
2（国内）	17.45	1.17	16.93	19.5	2.0	6.0	0.05~0.31	5.01	0.001
3（国内）	15.15	1.07	18.10	18.7	3.2	13.8		1.85	0.003
4（国内）	6~10	2.0		25~30	10		0.1	8~10	0.02~0.045
5（国内）	8.81	1.32	54.3	0.67	5.53	0.38		2.63	0.025
6（国外）	5~10	4~6		25~35	10~20		0.1~0.15		0.2~0.4

序号	Pb	Cu	Sb	As	Bi	Sn	Te	Ag	Au
7（国外）	8.28	10.05	43.26			2.13		12.82	0.21
8（国外）	19.70	1.80	28.10	10.6	2.1	0.07		11.50	0.016
9（国外）	15.60	1.6	33.0	4.6	20.6		0.74	9.5	0.11

在金属铅的冶炼提取过程中，除少部分锑在铅精矿的烧结、焙烧过程中进入烟尘外，其余皆留存于烧结块和返粉中，并在还原熔炼过程中几乎全部与铅一起进入粗铅，少量与铁、砷结合以黄渣形式析出；在粗铅火法精炼除锑过程中，可被分离与富集到碱性砷锑锡渣及过程烟尘中，并在铅电解精炼过程与 Au、Ag、Cu、Bi、As、Se、Te 等稀贵金属一起留在阳极泥中（锑以单质锑及银锑间化合物形态赋存）。

铅电解阳极泥经洗涤、干燥预处理后，采用火法还原熔炼、氧化精炼的工艺使锑与其他稀贵金属分离，分别进入浮渣或烟尘中，得到富集，然后经转炉吹炼工艺使锑以高纯度锑氧粉或铅锑合金的形式作为可深加工原料进行出售。国内传统的利用含锑富集物生产锑白（高纯度锑氧粉）原则流程见图6-4。

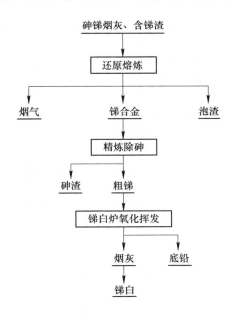

图 6-4　利用含锑物料生产锑白原则流程

B　应用实例

a　实例一

我国某有色金属资源化综合回收企业以铅、锌冶炼过程产出的鼓风炉烟灰、铅泥、废铅酸电池拆解酸泥、电解铅阳极泥、铅冰铜及低品位多金属硫化铅矿等冶金工业危固废物为原料，采用清洁火法冶金与低温还原造锍熔炼等新技术，进行锑、铅、锌等资源的高效提取和无害化环保处置，达到了资源化综合利用和发展循环经济的目的。其原料主要成分组成见表6-9。

表 6-9　我国某有色金属资源化综合回收企业原料成分组成 （质量分数）

类别	$w(Pb)/\%$	$w(Fe)/\%$	$w(Sb)/\%$	$w(Cu)/\%$	$w(Zn)/\%$	$w(As)/\%$	$Ag/g \cdot t^{-1}$	$w(S)/\%$
铅银渣	7.43	15.29	0.04	1.05	5.0	0.04	816	13.14
氧化铜烟灰	20.68	4.52	1.65	28.65	3.48	0.26	32	1.26
铅泥	25.06	3.14	0.52	—	3.5	0.20	582	4.15
锌浸出渣	3.03	6.15	0.38	0.11	7.04	0.23	110	2.25
铅冰铜	18.05	26.03	1.15	12.47	8.05	0.54	320	16.38
废铅酸电池板栅	94.8	0.001	4.81	0.013	0.0008	0.185	0.010	—
铅阳极泥	7.8	0.01	46.2	1.12	—	7.35	151000	0.86
黄渣	11.2	17.8	6.5	24.3	0.12	23.4	80	3.6
多金属硫化矿	3.51	10.63	2.76	0.38	7.91	0.21	181.3	6.78
氧化铁粉	1.26	58.47	0.36	2.65	1.09	0.25	180	2.05

该企业采用的工艺流程如图6-5所示。

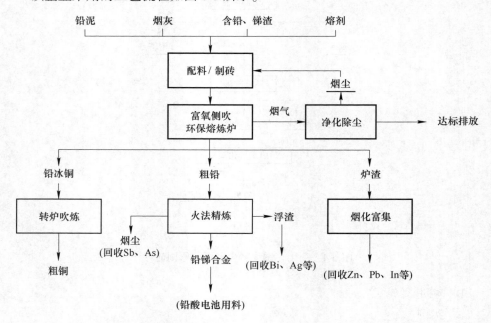

图 6-5　我国某有色金属资源化综合回收企业含铅、锑物料综合利用的工艺流程

　　该工艺主要处置过程为：外购原辅材料由汽运进厂，进入原料储存库进行分类分批存放。采用铲车将各库存原料及所需添加剂等物料按照配伍要求，依次加入电子配料机的料斗进行全自动配料，混料均匀后送入全自动液压制砖机进行压团制砖，团块经自然干燥后与焦炭、石灰石一起加入富氧侧吹环保熔炼炉进行高温还原熔炼反应，生成的高温熔体经电热前床澄清沉淀分离后，通过不同高度的虹吸口产出粗铅（铅锑合金）、铅冰铜和炉渣，铅冰铜直接流入转炉进行吹炼，得到粗铜产品；粗铅（铅锑合金）经火法精炼除杂、提纯后得到铅锑基础合金产品供铅酸电池制造企业使用，精炼浮渣可经转炉熔炼后进一步富集和回收银、铋等金属。环保熔炼炉及转炉产生的烟气经急冷降温、布袋除尘、脱硫脱硝净化后可达标排放。该过程中产出的浮渣、烟尘及其他有价金属废料均返回环保熔炼炉进行配料。

　　环保熔炼炉产出的炉渣经水淬降温后，采用高温烟化挥发技术进一步回收锌、铅、铟等有价金属，尾渣经选铁后用于生产环保烧结砖或送水泥、建材单位作为绿色建材原料利用。

　　上述工艺过程中铅的总回收率达到97%以上，锌回收率96%以上，锑回收率95%以上，银回收率98%以上。各伴生有价金属全部实现闭路富集循环，最终以有色金属基础产品或富集中间产物的形式出售或利用，实现了有色金属危固废物的资源化利用和无害化处置，达到了我国循环经济"3R"原则要求，对提高我国重金属污染防治措施和加快环境生态治理具有非常重大的积极意义。

　　b　实例二

　　我国是全球最大的电解精炼铅生产国，产能占世界总产量的近50%，同时也是全球最大的铅酸蓄电池生产国、消费国和出口大国，其中铅酸蓄电池用铅占国内总产量的88%以上。在铅冶金过程中，铅电解阳极泥也是锑二次资源的重要来源之一。国内外铅冶金企业阳极泥主要代表成分组成见表6-10，铅阳极泥物相组成见表6-11。

表6-10　国内外一些厂家产出铅阳极泥化学成分（质量分数）　　　　（%）

序号	Pb	Sb	Ag	Cu	Bi	Au	As
1	10~15	12~25	12	2~3.5	9~10	0.043	7~9
2	12~15	15~30	3~5	2~3	2~4	0.0025~0.004	20~30
3	15~28	24~46	3.6~6.3	0.4~5	4~7	0.003~0.015	17~29
4	15~17	8~12	1.50~1.8	2~3	16~18		10~12
5	6~10	25~30	8~10	1~3	8~12	0.02~0.045	20~25
6	8.81	54.30	2.63	1.32	5.53	0.025	0.67
7	15.60	33.00	9.5	1.60	20.6	0.11	4.6

续表 6-10

序号	Pb	Sb	Ag	Cu	Bi	Au	As
8	22.14	4.37	3.61	3.34	11.79	0.0056	13.4
9	19.72	12.27	0.13	12.56	11.19	0.0002	<0.1
10	8~16	45~49	16.7~18.7	2.50~3.7	<0.1		

表 6-11　铅阳极泥主要元素及物相组成

金属相	元素符号	金属物相及其化合物
银	Ag	Ag, Ag_3Sb, $AgCl$, $\varepsilon'-Ag-Sb$
锑	Sb	Sb, Ag_3Sb, $Ag_ySb_{2-x}(O \cdot OH \cdot H_2O)_{6\sim7, x=0.5, y=1\sim2}$
铅	Pb	Pb, PbO, $PbFCl$
砷	As	As, As_2O_3, $Cu_{9.5}As_4$
铋	Bi	Bi, Bi_2O_3, $PbBiO_4$
铜	Cu	Cu, $Cu_{9.5}As_4$
锡	Sn	Sn, SnO_2
金	Au	Au、Au_2Te
铝	Al	Al_2O_3、$Al_2Si_2O_3(OH)_4$
硅	Si	SiO_2, $Al_2Si_2O_3(OH)_4$

　　我国某铅冶炼企业针对自产的高锑低银铋铅阳极泥，采用联合开发的新工艺和火法清洁冶金技术在提取铅、锑金属产品的同时，高效分离伴生的铜及银、铋、金等稀贵金属，达到节能降耗和绿色冶金的目的，也为企业提高资源开发效益，降低和改善能源消耗，改进传统冶金技术水平做出了有益的实践，对提升行业铅阳极泥清洁利用与回收具有重要的积极意义。该企业自产铅阳极泥化学成分组成见表 6-12。

表 6-12　我国某铅冶炼企业铅阳极泥主要化学成分（质量分数）

元素	$w(Pb)$/%	$w(Sb)$/%	$w(Bi)$/%	$w(Cu)$/%	$w(Ag)$/%	$w(As)$/%	Au/$g \cdot t^{-1}$	$w(Sn)$/%	$w(S)$/%	$w(H_2O)$/%
铅阳极泥	10.36	47.5	5.32	1.65	3.79	8.31	18	0.58	0.52	18.6

　　该企业针对高锑低银、铋铅阳极泥开发的新型清洁节能锑合金制造及有价稀贵金属提取工艺流程如图 6-6 所示。

　　该工艺流程集成了我国先进的转炉冶炼节能新技术和真空冶金多元素高效分离的特点，对复杂多金属合金原料进行定向分离和高效提取，其主要过程为：采

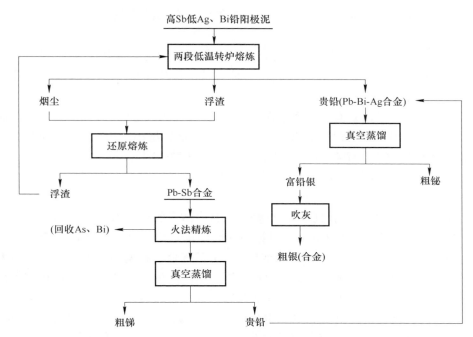

图 6-6 某企业高 Sb 低 Ag、Bi 铅阳极泥清洁回收提取工艺流程

用在同一台新型节能转炉中先将铅阳极泥加热熔融后，进行鼓风氧化吹炼，加快砷锑的挥发，待挥发完全后，再按一定配料比例加入还原剂无烟煤、熔剂纯碱等辅料进行还原、造渣、鼓风搅拌的作业，还原过程控制炉温在 900~1000℃，使难氧化的金、银、铜、铋、碲等金属被还原后进入贵铅（Pb-Bi-Ag 合金）中，并将残留的砷锑金属造渣去除。得到的贵铅（Pb-Bi-Ag 合金）经设计的多级真空蒸馏系统分离后，可分别得到粗铅、粗铋、富铅银产品，富铅银产品经吹灰除杂后可得到粗银（Au-Ag 合金）产品。

转炉吹炼收集到的高砷锑烟尘和浮渣再经转炉还原熔炼后，得到富铅锑合金，经火法精炼除砷、铋后进行真空蒸馏，得到粗锑产品和贵铅（Pb-Ag 合金），粗锑可作为锑母合金使用或出售，贵铅返铋真空回收系统利用。

该工艺方案经过企业多年实践，与传统处理方法相比，具有以下特征：

（1）采用低温氧化，优先分离和富集砷锑，提高贵铅含银品位，缩短生产周期，降低生产成本；

（2）流程短，锑、银、铋回收率高，有价金属分离较彻底，资源与能源消耗少；

（3）生产过程密闭作业，设备简单，操作环境友好，无"三废"排放，可实现清洁生产；

（4）可根据原料成分特点，控制作业条件，产出纯度较高的系列锑基母合金，产品市场应用灵活；

（5）可实现多金属组分的高效分离与富集，特别适合我国低品位复杂多金属锑二次资源的综合回收和循环利用，具有较好的经济效益、环境效益、社会效益。

在技术经济指标方面：熔炼过程中锑的脱除率能够达到95%以上，真空蒸馏过程中锑的富集率可达到97%以上；粗铋产品中铅含量小于1%，铅、铋金属直收率分别大于98%、97%，银的富集直收率超过97%以上。

6.2.1.2　铜冶金过程中锑的富集与回收

A　锑的富集与回收

锑属亲铜元素，在铜精矿中除铜外，还含有微量的锑元素，伴生锑的含量通常在0.03%~0.12%。在铜的冶金过程中锑会逐渐富集，其富集途径主要是先后通过铜熔炼及精炼过程得到实现，最终在火法精炼烟尘和铜电解阳极泥中富集为具有可回收利用价值的锑二次资源原料。铜矿冶炼过程中锑的主要分布及富集物为贵金属净化渣、电解阳极泥、过滤渣及转炉锑白粉、转炉渣等；而在再生铜回收领域，转炉烟灰、黑铜及黑铜泥也是锑二次资源的重要富集来源渠道。图6-7为铜矿冶炼过程中主要伴随金属的富集走向分布。表6-13为我国铜矿熔炼过程中锑及其他杂质元素的分布，表6-14为我国某铜冶炼中各元素走向及分配比例。

表 6-13　我国几种铜矿熔炼工艺主要过程的锑及其他杂质元素分布（质量分数）

（%）

炉型	熔炼产物	Pb	Sb	Bi	As
冰铜	底吹熔炼炉	39.95	22.50	20.78	4.14
	诺兰达炉	13	15	9	8
	闪速炉	78.14	59.32	75.64	41.34
	澳斯麦特炉	48.95	60.77	31.12	9.11
炉渣	底吹熔炼炉	16.60	58.10	10.17	7.51
	诺兰达炉	13	29	21	7
	闪速炉	18.31	35.28	9.60	23.99
	澳斯麦特炉	24.22	25.93	14.29	12.74
烟尘，烟气	底吹熔炼炉	43.45	19.4	69.05	88.35
	诺兰达炉	74	57	70	85
	闪速炉	3.55	5.40	14.76	34.67
	澳斯麦特炉	26.83	13.3	54.59	78.15

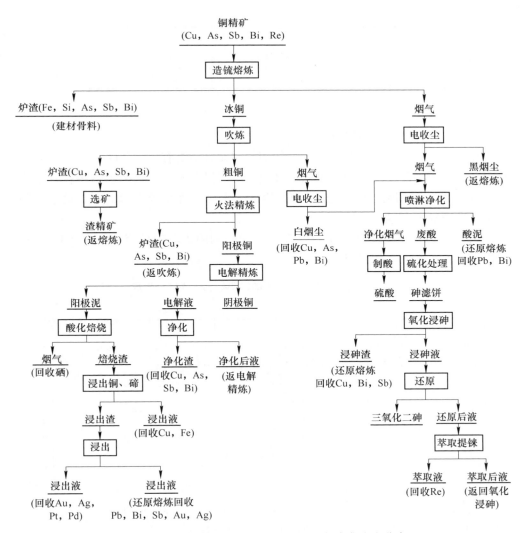

图 6-7 铜矿冶炼过程中主要伴随金属的富集走向分布

表 6-14 我国某铜矿冶炼中各元素走向及分配比例（质量分数） （%）

项目	Pb	Sb	Bi	As
闪速炉烟尘	15.94	13.59	27.00	29.58
转炉渣	21.42	9.78	2.59	3.13
白烟尘	13.53	0.69	20.06	5.05
电炉渣	26.40	33.42	15.72	28.06
铜砷滤饼	0.26	0.06	2.37	5.27

项目	Pb	Sb	Bi	As
黑铜泥	0.77	4.87	5.98	16.30
其他	21.86	37.59	25.92	12.61

B　应用实例

a　铜电解阳极泥中锑的回收

在我国铜冶炼主流工艺过程中，伴随的锑元素最终有大约 70% 进入粗铜，并且大部分在铜电解精炼过程中进入阳极泥，与稀贵金属一起进一步富集；其余约 30% 的锑以烟尘或浮渣的形式被分离。因此，铜矿冶炼系统中锑的回收途径主要来源于铜阳极泥和铜烟灰原料。

表 6-15 为国内外一些铜矿冶炼企业产出的铜阳极泥成分组成，表 6-16 为铜阳极泥中各元素的物相组成。

表 6-15　国内外一些铜矿冶炼企业产出的铜阳极泥化学成分组成（质量分数）

（%）

厂家	Cu	Pb	Sb	Bi	As	Ag	Au	Se	Te	Fe	Ni	Co	S	SiO$_2$
1	9.54	12.0	11.5	0.77	3.06	18.84	0.8		0.5		2.77	0.09		11.5
2	16.67	8.75	1.37	0.70	1.68	19.11	0.08	3.63	0.20	0.22				15.10
3	6.84	16.58	9.00	0.03	4.5	8.20	0.08			0.22	0.96	0.76		
4	6.96	13.58	8.73	0.32	2.6	9.43	0.10			0.87	1.28	0.08		
5	11.20	18.07				26.78	1.64			0.80				2.37
6	40.0	10.0	1.5	0.8	0.8	9.35	1.27	21.0	1.0	0.04	0.50	0.02	3.6	0.30
7	45.80	1.00	0.81		0.33	10.53	1.97	28.42	3.83	0.40	0.23			
8	10~15	5~10	0.5~5	0.1~0.5	0.5~5	2.5~3	0.2~2	8~15	0.5~8		0.1~2			1~7
9	11.02	2.62	0.04		0.7	7.34	0.43	4.33		0.60	45.21		2.32	2.25
10	27.3	7.01	0.91		2.27	9.10	1.01	12.00	2.36					

表 6-16　铜阳极泥中各元素的物相组成

金属	元素符号	金属物相及其化合物
铜	Cu	Cu, Cu$_2$O, CuO, Cu$_2$S, CuSO$_4$, Cu$_2$Se, Cu$_2$Te, CuAgSe, CuCl$_2$
铅	Pb	PbSO$_4$, PbSb$_2$O$_6$
锑	Sb	Sb$_2$O$_3$, (SbO)$_2$SO$_4$, Cu$_2$O·Sb$_2$O$_3$, SbAsO$_4$
铋	Bi	Bi$_2$O$_3$, (BiO)$_2$SO$_4$, BiAsO$_4$
银	Ag	Ag, Ag$_2$Se, Ag$_2$Te, AgCl, CuAgSe, (Au, Ag)Te$_2$
金	Au	Au, Au$_2$Te, (Au, Ag)Te$_2$
砷	As	As$_2$O$_3$·H$_2$O, Cu$_2$O·As$_2$O$_5$, BiAsO$_4$, SbAsO$_4$

金属	元素符号	金属物相及其化合物
硫	S	Cu_2S
铁	Fe	FeO，$FeSO_4$
碲	Te	Te，Ag_2Te，Cu_2Te，(Au，Ag)Te_2
硒	Se	Se，Ag_2Se，Cu_2Se，CuAgSe
锌	Zn	ZnO
镍	Ni	NiO
锡	Sn	$Sn(OH)_2SO_4$，SnO_2
铂族	$\sum Pt$	金属或合金状态（Pt，Pd）

　　铜电解阳极泥中富含金、银、铂、钯、硒、碲等稀贵、稀散金属，是铜冶炼企业提取金、银的最重要原料来源。目前，铜电解阳极泥的处理流程一般分为三类：传统的火法处理流程、湿法处理流程、选冶联合处理流程，大型铜冶炼企业通常采用火法处理，中、小型冶炼企业多采用湿法或联合处理方式。无论哪种处理工艺，基本上都是先采用火法或湿法冶金预处理手段，在优先分离回收伴随重金属（如铜、铅、锌、锡、镍、钴、锑、铋等）的同时，为进一步高效富集提取其里面的稀贵金属（如金、银、碲、硒、铂、钯、铼等）创造条件。另外，在实际生产过程中，大部分企业会将预处理后的铜电解阳极泥与铅电解阳极泥进行合并处理，以利用铅对金、银良好的捕集特性，提高贵金属的回收率。在整个回收、处理过程中，金属锑依据元素结合物特性、工艺处理流程的不同，分别以盐类产品或中间富集物形式产出，常见的有：焦锑酸（锑酸）盐、等级锑白粉、铅锑合金、粗锑（海绵锑）、富锑渣等。图 6-8 为我国某铜冶炼企业采用卡尔多炉熔炼工艺对铜电解阳极泥中金银及锑等有价金属进行综合回收的工艺流程。表6-17 为该综合回收过程中所使用原料及产出中间物料的化学成分组成。

表 6-17　该综合回收过程中使用原料及产出中间物料的化学成分组成（质量分数）

（%）

成分	Ag	Au	Cu	Pb	Sb	As	Bi	Se	Te	SiO_2
铜阳极泥	9.2	0.23	17.3	12.7	1.7	2.7	0.85	3.7	1.0	2.0
脱铜阳极泥	11.04	0.313	0.19	17	2.3	0.83	1.1	4.8	0.84	2.7
多尔合金	95.893	2.437	0.62	<0.01	<0.01	<0.01	<0.01	<0.01	<0.01	<0.01
熔炼渣	0.50	0.007	0.12	28	2.2	0.59	1.1	0.11	0.55	5.1
吹炼渣	1.9	0.046	0.9	56	1.6	0.29	2.4	0.1	2.8	12.0
精炼渣	0.5	0.012	0.67	10.8	0.31	0.043	1.06	0.070	12.8	5.0

　　该企业采用卡尔多炉熔炼工艺方案进行铜阳极泥的综合回收，其主要过程为：先将铜阳极泥分别进行常、高压两段氧化酸浸脱铜碲预处理，并将脱铜后的

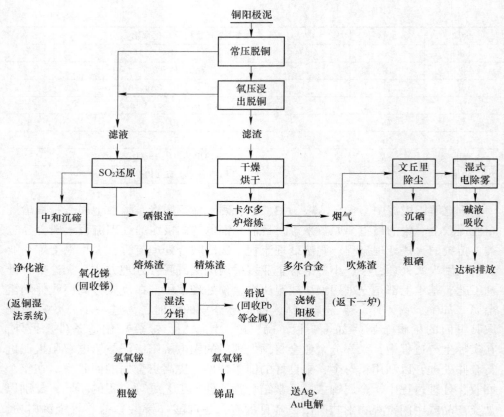

图 6-8 我国某铜冶炼企业采用卡尔多炉熔炼工艺对铜电解阳极泥中金银
及锑等有价金属进行综合回收的工艺流程

阳极泥脱水干燥后送入卡尔多炉进行高温熔炼，在过程中加入反应所需的还原剂、造渣熔剂等辅料。在高温还原熔炼阶段，炉料中的铅被还原生成金属铅，在炉内与贵金属金银形成贵铅，沉于炉底；阳极泥中的杂质与加入的熔剂造渣，浮于熔体上方，在高温下与炉底贵铅分离，同时，部分高挥发性物质以单体或化合物形态挥发，进入烟气除去；在高温吹炼、精炼阶段（1200~1250℃），向炉内鼓入压缩空气，使富集于贵铅中的 Sb、As、Bi、Cu、Te、Se 等杂质先后氧化挥发进入烟气及造渣除去。当合金中除铜外的杂质质量分数小于 0.01% 时，即可放出合金，浇铸成阳极板，送金银精炼工序提取金、银产品及其他稀贵金属。

熔炼过程生成的烟气经骤冷器、文氏管收尘器和气液分离器降温收尘后，进入湿式电除雾器，再经吸收塔用稀碱液洗涤脱除有害成分后，净化尾气可达标排放。湿法收尘产生的尘泥经固液分离后，滤饼返回配料使用，滤液通入 SO₂ 进行二次还原沉淀，得到含量可达 99.5% 左右的粗硒产品，除硒滤液送废水处理站进行处理回收，达标后可返回系统循环利用。

预处理过程中的含铜溶液先经 SO_2 还原，去除硒、银等元素（得到的硒银渣返回卡尔多炉熔炼）后，再采用中和沉淀等工艺回收碲元素（以氧化锑形式），净化后的含铜溶液送铜湿法系统利用。

熔炼过程产生的熔炼渣、精炼渣因富含 Sb、Bi、Pb 等有价金属，可采用湿法硫酸-氯盐体系进行浸出分离，浸出过程中锑、铋元素进入溶液，经除杂净化后可分别得到氯氧化锑和氯氧化铋产品；得到的滤渣（铅泥）可进一步回收提取铅及其他稀贵金属。该过程中锑、铋的浸出回收率分别大于 93%、98%，铅及其他有价金属的回收富集率均大于 99%。

b 含铜废物（料）中锑的富集回收

近年来，随着社会需求和科技的快速提升，新材料行业发展迅猛，带动和促使其上下游产业链不断发展壮大和增强突破，特别是电镀行业和金属材料领域影响最为明显。"十二五"以来，国家加大了对环境治理和发展循环经济的推进力度，促进了资源再生利用和危固废金属资源化回收领域的高速成长与快速技术发展，以含铜危固废物为原料进行资源化提取回收与无害化综合处置成为治理冶金工业固废及电镀含铜污泥危害的有效途径和安全措施，过程中产出的黑铜产品富含一定的锑资源，是铜矿以外铜基金属材料中回收提取锑的重要来源之一。表6-18 为我国黑铜产品国家标准各元素化学成分，表6-19 为我国某企业黑铜产品化学成分组成要求。

表 6-18 我国黑铜产品国家标准各元素化学成分组成（YS/T 632—2007 黑铜）

牌号	化学成分（质量分数）/%							
	Cu，不小于	杂质含量，不大于						
		As	Sb	Bi	Pb	Sn	Ni	Zn
Cu 95.00	95	0.35	0.30	0.08	0.40	0.50	0.20	0.20
Cu 90.00	90	0.40	0.35	0.08	0.80	0.80	0.30	0.40
Cu 85.00	85	0.45	0.40	0.08	0.80	—	0.40	1.00
Cu 80.00	80	0.50	0.45	0.08	0.80	—	0.50	2.00

注：黑铜中金、银含量一般不作规定，但需按批进行分析，报出分析结果。如有特殊情况，需方可作限量规定。

表 6-19 我国某企业黑铜产品化学成分组成（质量分数）　（%）

成分	Cu	Sb	Bi	Pb	Ni	As	Sn	Zn
黑铜（铜合金）	≥80	0.35~0.45	0.12~0.20	1.5~1.8	0.46~0.50	0.36~0.48	0.7~1.5	1.5~2.00

"垃圾是放错地方的资源"。"十一五"以来，随着社会经济的高速发展，"垃圾围城""冶金废渣水体污染""重金属土壤污染事件"等现象屡有发生，国家在强化环境污染治理和环保督查的管理力度的同时，加快了《中华人民共和国

固体废物污染环境防治法》《中华人民共和国循环经济促进法》《国家危险废物名录》等相关法律法规、制度标准的修订与颁布，为各行业结构发展不完善，功能匹配不健全而造成资源利用过程的低效开发和环境污染等诸多问题解决提供了政策指导和发展助力。特别是在环保行业危废处置领域，资源化回收利用与无害化综合处置方式已成为彻底解决大宗冶金工业危固废物的有效途径，它不但有效消解了我国危险固体废物占比较大的冶金工业固废堆存和危害环境问题，也解决了冶金工业企业清洁生产和结构调整发展过程中的绿色冶金瓶颈难题；同时也进一步缓解了我国高速发展过程中对资源需求的紧张局面，为我国发展循环经济，实现可持续发展提供了资源储备和保障。

我国某危废处置环保企业，利用电镀行业含铜污泥、电子行业含铜废料及废线（电）路板、含铜废渣等危险废物，采用清洁的高温熔融热还原冶金新技术和先进的环保节能设备进行危废原料的资源化回收利用和无害化安全处置；在回收和富集铜、锑等有价金属的同时，解决了废弃物环境污染问题，达到了绿色环保与清洁节能目的。图 6-9 为该公司含铜危固废物处置的工艺流程图，表 6-20 为某企业主要含铜危固废物入炉原料的化学成分。

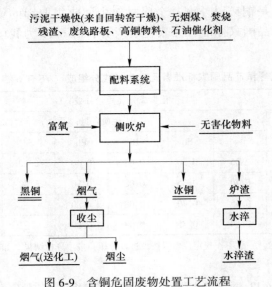

图 6-9 含铜危固废物处置工艺流程

表 6-20 我国某企业含铜危固废物入炉原料化学成分组成（质量分数）　（%）

成分	Cu	Zn	Sb	Ni	Sn	Bi	Pb	Fe	Cd	As
电镀污泥	28.31	1.92	0.13	1.78	1.55	1.27	0.66	1.01	0.74	0.018
废电路板	21.8	—	0.56	0.5	1.02	—	0.4	5.5	—	—
含铜杂料	24~60	1.75	0.31	0.25	0.2	—	0.82	30.5	0.0012	0.1

成分	Cu	Zn	Sb	Ni	Sn	Bi	Pb	Fe	Cd	As
铜渣	32.81	—	3.71	—	1.68	4.5	6.91	5.28		1.29
海绵铜渣	52.53	6.14	0.38	0.03	—	—	3.89	0.51	0.02	0.23

该企业对含铜危固废物的主要处置回收过程为：将采购到的高水分含铜污泥进行脱水干燥预处理，然后与经破碎后的废线路板、含铜废物、返料等物料进行混合配料，并添加反应过程所需熔剂（石灰、石英石等）进行压块制砖，自然干燥后送入环保熔炼炉进行高温熔融处置；同时加入环保熔炼炉的还有含铜杂料、铜冶炼熔炼渣，并配入碳粉，鼓入富氧空气，在 1300~1350℃ 的温度下进行还原熔融反应，产出黑铜（铜合金）、冰铜及熔炼渣。黑铜铸锭后外售或直接进行火法精炼后用于生产电解铜，电解精炼过程产生的黑铜泥（铜阳极泥）作为提取回收锑的重要原料来源。熔炼过程产生的烟气经收尘系统处理后可得到含锌较高的烟尘，作为副产品外售处理，进一步回收锌等有价金属；熔炼渣经联合选矿处理后，尾渣可用于水泥、建材产品的生产原料，回收的含铜渣可返回系统配料利用。该工艺过程中，铜的回收率达到96%以上，金银回收率大于98%，锑的富集回收率大于93%，锌富集率约为55%。表6-21为我国某环保处置企业黑铜产品主要价值元素成分组成，表6-22为我国某企业黑铜泥化学成分组成。

表 6-21　我国某环保处置企业黑铜产品主要成分组成

成分	$w(Cu)$ /%	$w(Sb)$ /%	$w(Au)$ /%	$w(Ag)$ /g·t^{-1}	$w(Pd)$ /g·t^{-1}	$w(Ni)$ /%	$w(As)$ /%	$w(Pb)$ /%	$w(Sn)$ /%	$w(Zn)$ /%
黑铜（铜合金）	87.04	0.36	3.04	201.3	0.99	0.49	0.31	0.055	0.07	0.012

表 6-22　我国某企业黑铜泥化学成分组成 （质量分数）　　　（%）

成分	Cu	Sb	Bi	As	Pb	Fe	Sn
黑铜泥	41.92	6.60	2.70	22.41	0.55	0.12	0.62

从含铜工业废弃物中综合回收有价金属已成为近年来我国跨行业再生金属领域的一个重要发展补充，对缓解和开发我国稀缺资源储备紧张形势，提升我国环境保护资源利用水平具有极大的促进和支撑作用。该类项目方案和工艺措施的实施在节能减排、实现有害物料的无害化处理及有价金属的综合回收、解决企业发展的环保制约瓶颈与问题、减少二次污染，以及创造良好的社会效益、经济效益等方面起到非常重大的推进作用，值得各行业大力推广与借鉴。

6.2.1.3　锡冶金过程中锑的富集与回收

锡精矿中除伴生有较高的锑金属外，还含有铜、铅、锌、铟、银、铋、砷、镉、钨、钽、铌等有价金属，特别是低品位复杂锡矿石中，杂质元素更多。在锡的冶金过程中，这些杂质元素与锑一起大部分进入中间冶炼过程，恶化或影响锡的冶金过程。我国一些锡冶金企业用锡精矿化学成分组成见表 6-23。

表 6-23　我国锡冶金企业用锡精矿化学成分（质量分数）　　　（%）

厂别	Sn	Pb	Cu	As	Sb	S
1	40~50	5~15	0.04~0.38	0.4~3.0	0.01~0.2	0.02~2.6
2	52.09	0.61		1.30	0.17	5.59
3	50.65	0.58	0.123	2.09	0.113	
4	56~64		0.02~0.30	0.2~0.8		
5	48~50	0.30	0.10	0.50		2~9
6	69.51~71.09	0.14~0.21		0.10~0.51		0.16~0.34
7	51.92	0.31	0.013	1.10	0.24	3.95
8	58.50~60.39	0.17~0.03	0.005~0.12	0.10~0.48	0.007	0.05~1.68

厂别	Bi	Fe	Zn	CaO	SiO$_2$	WO$_3$
1	0.01~0.16	16.3~25		0.10~0.33	0.04~4.20	
2		10.34	1.10	0.86	6.28	
3	0.079	13.90		0.991	3.31	
4	0.01~0.10	2.5~7.50		0.40~1.50	5.00~8.00	1.00~5.00
5	0.40	1.0~1.50		1.00~2.00	3.00	
6	0.13~0.37	1.0~1.5		0.30~0.70	0.70~3.29	1.40~1.90
7		8.91	0.46	2.83	8.11	
8	8.00~11.28	0.02~0.09	0.18~0.20	0.80~1.00	0.28~0.98	

　　锡冶金过程中，锑主要来源于锡精矿，在熔炼过程中 85% 以上的锑进入粗锡，10%~12% 富集于烟尘中，3%~5% 进入浮渣中，在后续的粗锡火法精炼过程中，被铝置换去除后大部分进入浮渣，可从系统中开路去除。早期，随着系统锑资源的不断循环积累，锡冶金企业为缓解精炼过程锑富集及除锑难的问题，在结合国内对锡锑基合金材料的市场需求前提下，充分利用粗锡伴生金属锑的优势，对含锑精炼浮渣采用反射炉熔炼、火法精炼工艺提纯后，得到三元基（如 Sn-Sb-Cu 等）巴氏合金母基材料，并可按国家标准，直接配制成所需牌号的巴氏合金产品，大大提高了资源综合利用价值。但近年来，随着锡矿资源的供应紧张及新材料行业的快速发展，巴氏合金材料的市场需求疲软，售价下滑，致使企业通过合金材料途径消解系统锑富集的方式受限，同时，大量的低品位多金属锡矿资源及锡杂料的开发利用也给系统锑积累带来压力。在粗锡的电解精炼过程中，大部分锑与稀贵金属进入阳极泥中，在后续的锡阳极泥处理过程中，进一步分布、富集于熔炼渣、烟尘或湿法浸出渣中，锡冶炼企业为缓解系统循环富集，可将无法简单处理的含锑废料出售或返给专业的铅、锡综合加工单位进行分离、提取。

表 6-24 为锡熔炼过程中各元素的大致走向与分配率，表 6-25 为国内锡冶金企业粗锡产品化学成分组成。

表 6-24　锡熔炼过程各元素的大致走向与分配率（质量分数）　　　（%）

名称	Sn	Sb	Pb	As	Cu	Bi	Zn	Fe	S
甲锡	57.62	66.06	60.63	25.64	41.05	21.35	1.23	0.62	10.52
乙锡	22.13	22.27	21.34	7.13	39.77	8.48	1.28	5.23	
粗锡小计	79.75	88.33	81.97	32.77	80.83	29.83	2.51	5.85	10.52
富渣	8.59	1.84	3.37	22.89	3.71	63.02	24.17	89.12	22.10
烟尘	7.15	6.23	7.64	16.14	7.77	3.66	51.20	0.25	8.56
洗涤尘	2.30	1.92	5.00	5.21	3.53	1.94	16.97	0.99	5.94
烟道尘	0.47	0.34	0.76	2.72	2.18	0.34	3.97	0.99	2.88
硬头	0.74	0.23	0.27	17.36	0.98	0.23	0.20	1.81	
损失	1	0.98	0.99	2.91	1	0.98	0.98	0.99	50
合计	100.00	100.00	100.00	100.00	100.00	100.00	100.00	100.00	100.00

表 6-25　国内锡冶金企业粗锡产品化学成分组成（质量分数）　　　（%）

厂别	Sn	Sb	Pb	As	Cu	Bi	S	Fe	备注
1	75~86	0.2~1.2	9~20	0.4~0.93	0.28~1.4	0.1~0.4	0.2~0.3	0.1~0.36	甲锡
2	92.99	0.31	2.20	0.84	0.175	0.02	0.12	1.24	焙砂
	63.73	11.00	3.25	9.44	0.73	0.047	0.23	4.02	返料
	77.97	2.95	4.00	7.85	0.485	0.032	0.215	2.71	烟尘
3	96	微	0.50	0.50	<0.30	0.20~0.50		1.2~2.0	甲锡
4	75~86	0.2~1.2	9~20	0.35~1.28	0.28~1.40	0.1~0.4		0.1~0.36	甲锡
5	92.85~96.01	0.50~0.76	1.62~2.39	0.45~1.68	0.60~0.70	0.10~0.13		0.498~0.70	甲锡
	69.69~78.78	0.31~1.50	1~1.60	1.11~6.38	0.24~0.40	0.07~0.09		7.55~11.20	乙锡
	83.50	12.54	1.33	0.25	1.75	0.10		0.068	高锑锡
6	98~99.12	0.01~0.02	0.33~1.20	0.15~0.25	0.07~1.18	0.17~0.39		0.03~0.12	甲锡
	88~92	0.02~0.10	0.80~2.30	0.70~2.70	0.06~0.60	0.18~0.70		3.25~7.60	乙锡

续表 6-25

厂别	Sn	Sb	Pb	As	Cu	Bi	S	Fe	备注
7	79~85			0.30	0.10	0.02		0.03	精矿
	92~97			0.344	0.30	0.03		0.03~0.10	炉渣及返料

锑元素因具有比锡、铁、铜等元素更正的化学电负性，会在锡焙烧砂或锡精矿的还原熔炼时，最终有 95% 左右的锑会进入粗锡中；同时，由于金属锑和三氧化二锑具有较低的沸点，在烟化炉还原硫化挥发过程中，富锑渣中 98% 的锑会随同锡一起挥发到烟尘中，再次返回到还原熔炼系统，造成粗锡直收率偏低，杂质成分增加，生产成本较高。锡锑的分离常采用电解和造渣法，其中电解法可处理含锑达 6.2% 的粗锡合金，由于含锑高，阳极泥附着在阳极板表面，形成致密层，槽电压高达 0.32~0.53V；对于含锑低于 1% 的锡锑合金可采用加铝造渣除锑，但生成的渣中锡含量很高，一般可达 68%~75%；对于锑含量高于 7% 的物料，因其形成 SbSn 金属互化物，采用传统工艺除锑时，将会使合金中的锡、铅几乎全部变为灰渣，无法有效分离。图 6-10 为我国锡冶炼企业常规处理含锑锡铝渣的工艺流程。

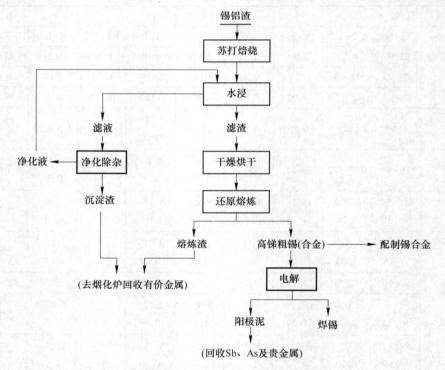

图 6-10   我国锡冶炼企业常规处理含锑锡铝渣工艺流程

该过程中，将含锑的锡铝渣进行单独熔炼处理，产出高锑粗锡（含 Sb 3.2% ~ 6.2%），并采用优化的电解控制条件，可产出含 Sb 在 0.0023% ~ 0.0029% 的阴极精锡合金产品；产品除铅外，其他杂质金属含量均达到精锡的要求，可用于配制精焊锡（GB/T 3131—2001）或简单精炼除铅后即为精锡商品。其中，阳极泥中 Sb 含量可达 23% ~ 28%，锡直收率 75% ~ 88%，电流效率 90% ~ 93%，冶炼回收率在 97% 以上。表 6-26 为国内外锡企业电解锡阳极泥化学成分组成。

表 6-26 国内外锡企业电解锡阳极泥化学成分（质量分数） （%）

编号	Sn	Sb	Pb	As	Cu	Bi	Fe	Ag	H_2O
1	37.0	0.82	12.02	0.75	1.20	10.50	0.91	—	21 ~ 24
2	15 ~ 25	5 ~ 15	11 ~ 17	4 ~ 12	0.3 ~ 5	6 ~ 13	—	1.1 ~ 1.8	
3	31.68	—	1.92	6.98	3.67	27.3	—	2.6	
4	30 ~ 45	12 ~ 15	18 ~ 20	2 ~ 4	1 ~ 2	0.01 ~ 0.08	2 ~ 3	1.7 ~ 3.4	
5	25 ~ 38	3 ~ 5.5	18 ~ 36	1 ~ 1.5	7 ~ 12	1.2 ~ 5	0.3 ~ 2	0.1 ~ 0.35	

近年来，随着冶金技术和工艺装备的快速发展，针对锡冶炼过程锑富集物料的回收利用开发出多种技术路线，如锡阳极泥真空蒸馏分离技术、全湿法锡烟尘锑分离技术、火法湿法联合处理技术等，对锡冶金过程的节能降耗、提产增效及开发锑资源价值起到非常重要的推动作用。图 6-11 为我国某企业真空回收处理锡阳极泥的工艺流程图，图 6-12 为我国某环保企业全湿法回收处理锡阳极泥的工艺流程图，表 6-27 为我国某锡冶炼企业含锑物料化学成分组成。

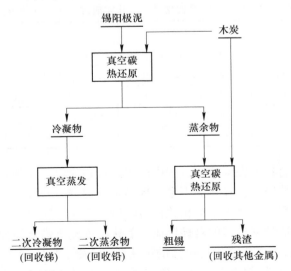

图 6-11 真空回收处理锡阳极泥工艺流程

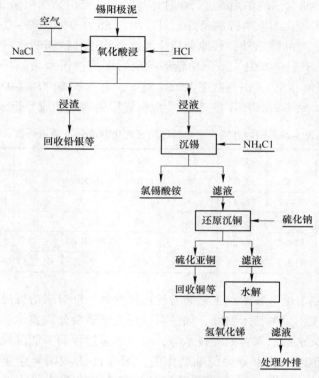

图 6-12 全湿法回收处理锡阳极泥工艺流程

表 6-27 某锡冶炼企业含锑物料化学成分组成 （质量分数） （%）

物料	Sn	Sb	Pb	As	Cu	Bi	Zn	Fe	Ag	Al$_2$O$_3$
阳极泥	47.13	15.68	0.33	0.089	12.99	0.088	0.088		0.058	—
富锑烟尘	10.72	58.53	2.44	2.42	0.7	2.41	5.26	2.05	0.068	—
铝渣	62.22	17.23	8.73	0.62	0.54	—		0.46	0.7925	7.2
高锑粗锡	95.1	5.8	1.36	0.08	0.11	0.02		0.015		
硫渣	65.3	0.31	6.87	1.16	15.6	0.21		6.87		

随着真空冶金技术在锡冶金过程中应用的日趋成熟，我国某锡企业为进一步解决锡冶炼系统传统工艺存在的不足，提高系统锑资源开发潜力，节能降耗，优化和完善工艺流程。近年来，与相关科研院所进行锑、锡综合回收技术的研究与合作开发，将火法精炼过程的富锑铝渣与氧化精炼硫渣进行搭配熔炼，形成高锑粗锡（粗合金锡），并将其进行单独的火法除砷、铁、铜后采用两段高低温真空蒸馏工艺，使锑以锑-铅合金方式分离出系统，达到锑锡完全分离的目的，也为锡系统锑资源后续价值开发提供较好的资源基础，促进了我国锡冶金行业的快速

发展。图6-13为该企业自主开发的锡锑合金连续真空分离工艺流程，表6-28为处理过程入炉原料及产出物料的主要成分组成。

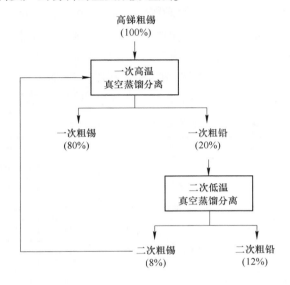

图 6-13 锡锑合金连续真空蒸馏分离工艺流程

表 6-28 锡锑合金连续真空分离过程各物料成分组成（质量分数） （%）

物料	Sn	Sb	Pb	As
高锑粗锡（原料）	75~80	8~12	5~8	0.3~0.5
一次粗锡	98	1.0	0.0028	0.0038
一次粗铅	25~30	25	≥30	0.87
二次粗锡	75	15.45	5	0.75
二次粗铅	0.94	40	55	1.11

该工艺过程采用连续两段真空蒸馏作业，一段为高温蒸馏，二段为低温蒸馏，使锑以形成较低熔点的锑-铅合金方式连续排料，同时在蒸馏塔上部设置了专用于砷蒸汽冷凝的冷却罩，以使砷蒸汽以黑砷形式单独冷凝下来，达到同时分离粗锡中砷的目的；过程中，锑的直接回收率为50%~60%。该技术方案能有效提高锡火法冶炼过程中杂质锑开路的效率，减轻其在流程中的循环量，降低锡精炼过程的铝渣产出量，改善锡冶炼安全生产环境，节约和降低生产成本60%以上；同时，流程简洁，设备操作简单，无"三废"产生，并可降低过程中发生砷化氢中毒的概率，符合清洁生产的要求。

6.2.1.4 汞冶金中的锑富集与回收

汞是十种常见有色金属之一，也是一种稀少的有色金属。我国汞资源丰富，储量约占世界的13%，位居第三位。在锑的众多共伴生矿物中，汞伴生矿床中的锑资源也是重要来源之一。由于汞金属的独特物理化学性质，致使其冶金提取工艺大多采用火法焙烧冶金技术，生产中常用的焙烧设备有高炉、回转窑、多膛炉、流态化焙烧炉、机械蒸馏炉等。在焙烧过程中，锑与汞元素一起氧化分解后几乎全部进入炉气，并在烟气干法重力除尘过程中与汞分离并沉降下来，得到的烟尘或汞烟经分离后，污泥可送往锑回收系统利用。表6-29为汞提取过程中的原料主要成分组成，表6-30为高炉炼汞过程中收集到烟尘的主要成分组成。

表 6-29　汞矿石主要元素组成 （质量分数）　　　　（%）

编号	Hg	Sb	Se	As	Fe	Ba	S
1	0.30	0.007	0.001	0.14	0.61	0.023	0.402
2	0.35		0.001		0.65	0.012	
3	0.28	0.0008	0.0008	0.22	0.55	0.012	0.026

编号	CaO	MgO	SiO_2	Fe_2O_3	CO_2	Al_2O_3	TiO_2
1	22.99	18.7	10.7	2.40	40.3		
2	21.31	14.63	26.5			1.25	0.05
3	20.26	13.53	33.94	0.46	28.2	0.32	

表 6-30　高炉炼汞主要烟尘成分组成 （质量分数）　　　　（%）

项目	Hg	Sb	Se	As	Te	S	Fe	CaF_2	SiO_2	Al_2O_3	MgO	CaO	TiO_2
沉降室烟尘	0.25	0.18	0.0013	0.12	0.0006	0.52	3.48	12.80	46.84	7.15	0.91	22.96	0.35
旋风器烟尘	0.31	0.42	0.0019	0.11	0.0005	1.03	2.15	11.21	37.43	6.10	0.94	35.44	0.28

汞烟是火法炼汞过程中生成的由小汞珠、细矿尘、砷锑氧化物、碳氢化合物、水分、硫化汞、硫酸汞等组成的疏松物质。汞烟的成分及其性质与焙烧的含汞物料成分和冶炼方法等因素有关。因此，各个汞冶炼厂的汞烟成分及性质差异很大。一般说来，汞烟是一种由金属汞及其硫化物、硫酸盐、砷、锑以及其他金属的氧化物、炭黑、矿尘和水分等组成的极其复杂的、细粒级的汞的混合物，颜色通常是由灰色至黑色，呈疏松状，含汞量变化较大，通常是20%~80%。由于汞烟含水分高，呈淤泥状，大部分汞滴被包裹在淤泥介质中。对汞烟的物相测定表明，汞绝大部分以金属汞状态存在，少量为汞的硫化物，较少量为汞的氧化物。表6-31为国内贵州某企业高炉汞烟的成分组成。

表 6-31　贵州某企业高炉汞烟成分组成 （质量分数）　　　　（%）

类别	Hg	Sb	As_2O_3	SiO_2	Al_2O_3	CaO
1	69.5	0.29	0.32	5.30	3.15	0.55

类别	Hg	Sb	As$_2$O$_3$	SiO$_2$	Al$_2$O$_3$	CaO
2	60.10	0.33	0.43	10.00	5.57	0.42
3	80.30	0.06	0.06	1.10	0.54	2.55
4	27.89	10.57	0.10	31.23	3.34	5.26

汞尜的处理，传统的方法是先用水洗去部分烟尘，而后放入汞尜机，添加适量的石灰，人工或机械混合搅拌和挤压，可以分离出大部分金属汞，残渣继续回炉冶炼处理。这种方法处理汞尜，劳动强度大，卫生条件差。目前，国内一些汞冶炼厂常采用重选方法处理汞尜，常用的核心设备有旋流器、摇床等，采用旋流器处理汞尜，是将汞尜加水浆化后，用砂泵送入水力旋流器，闭路循环，反复处理。贵州某企业在处理沸腾炉汞尜时，旋流器直径为 ϕ125mm，给矿浓度 5%~10%，进口压力 200~400kPa（2~4kg/cm^2），处理含汞约39%的汞尜时，回收的金属汞可高达99%；处理含汞 0.78%~2.55%的贫汞尜时，脱汞率也能达到81%~93%，旋流器溢流含汞 0.1%~0.5%。溢流经澄清沉淀和压滤脱水后，污泥可作为回收锑资源的原料进行单独冶炼处理。贵州某汞企业还曾研究采用旋流器+浮选组合的联合处理技术对汞尜进行回收，当旋流器溢流含汞 0.6%~1% 进入浮选时，采用硫氮九号作捕收剂，浮选回收率可达 98.93%，浮选尾矿含汞 0.012%。

近年来，随着科技的快速发展，金属汞及其化合物被广泛应用于化学、医药、冶金、电器仪器、军事及其他精密高新科技领域，汞主要被用于制造科学测量仪器（如气压计、温度计等）、电子电器产品、化学药物、催化剂、汞蒸气灯、电极、雷汞等。在汞的总用量中，金属汞约占30%，化合物状态的汞约占70%。表 6-32 为国内金属汞及其合金材料应用的主要行业分布，图 6-14 为国内金属汞及其合金材料应用的主要行业分布。

表 6-32 国内金属汞及其合金材料应用的主要行业分布

行业	产品及应用
电器仪器工业	制造温度计，气压计，血压计，水平仪器，飞机、轮船导航的回转器，交通信号的自动控制器，自动电开关，水银灯，水银真空泵，紫外线灯，水银整流器和振荡器，汞槽，汞盐干电池，蓄电池及物理仪器等
化学工业	用汞作电极电解食盐，生产高纯度的氯气和烧碱。在有机化学工业的蒸馏设备中，用汞代替作为加热介质或用于高温的恒温器
冶金及新材料工业	提取有色金属，如用混汞法提取金、银，从炼铝的烟尘中提取铊，也可提取金属铝。汞和铋、铅、铝、镉可以合成低熔点合金，用作制造精密铸件的铸模，镉基轴承合金等

行业	产品及应用
医疗卫生工业	汞铟合金为重要牙科材料
军事工业	钚原子反应堆的冷却剂
其他用途	汞及其化合物可用于杀虫剂、防腐剂，气态汞用于汞蒸气灯中及制造日光灯，用于制造液体镜面望远镜；汞的无机化合物可用作颜料、涂料等，用于绘画、化妆品和印刷业等方面

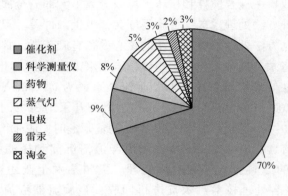

催化剂
科学测量仪
药物
蒸气灯
电极
雷汞
淘金

3% 2% 3%
5%
8%
9%
70%

图 6-14　国内金属汞的主要应用领域及占比

　　我国是汞的生产和使用大国，随着汞及其化合物材料的广泛应用，其与日常生活紧密相关的电子、电器产品废弃物危害和污染环境问题也越来越引起人们的重视，特别是荧光灯管和电池类物品。近年来虽然国家采取措施，采用低汞或无汞替代产品，并限制和规范了含汞日用品的生产、使用及回收过程，但因汞金属特殊条件下的特征性能及用途，致使汞的潜在污染危害不可避免，因此，开发和利用汞基废材料回收技术成为重要的有效解决途径。

　　以荧光灯为例，荧光灯管生产行业是我国第五大用汞行业，每年汞消费量78t，约占我国用汞总量的 7.5%；根据我国 2017 年 8 月签署生效的《水俣公约》（即汞公约）要求："到 2020 年，我国将淘汰含汞电池、荧光灯的生产和进出口，VCM（聚氯乙烯单体）生产行业实现单位产品使用量在 2010 年基础上降低50%；到 2032 年，关停所有原生汞矿开采"。据统计：2016 年我国荧光灯管的废弃量已达到 39.46 亿只（78.92 万吨，含汞量约 9.10t），2020 年达 22.30 亿只，2030 年将达到约 7.71 亿只。荧光灯产品中的主要有害物质包括汞、重金属铅、非金属物质砷以及管内大量荧光粉等，这些物质如果处置不当会严重污染土壤和水资源，并危害人类健康。人体接触荧光粉皮肤会变粗糙，而吸入荧光粉可能会引起"矽肿"。表 6-33 为我国某品牌双端直管荧光灯 T8（型号 YZ36RR26）灯管主要物质组成，表 6-34 为该型号荧光灯管荧光粉的化学物质组成。

表 6-33 YZ36RR26 型号荧光灯管的物质组成

项目	灯头	玻璃	荧光粉	汞	合计
质量/g	5.5943	79.8429	1.0697	0.058	86.5649
占比/%	6.463	92.234	1.236	0.067	100

表 6-34 YZ36RR26 型号荧光灯荧光粉中化学物质组成（质量分数） （%）

成分	含量	成分	含量
Sb_2O_3	0.64	ZrO_2	1.02
Al_2O_3	2.75	SiO_2	0.12
CaO	52.77	TeO_2	0.035
Na_2O	0.09	BaO	0.089
SO_2	0.026	HgO	0.13
P_2O_5	39.45	F	1.27
MnO	0.60	Cl	0.46
SrO	0.014	烧失量（950℃）	0.5

注：样品在 105℃下干燥 2h 后进行检测。

由表 6-34 可知，荧光粉中除含有较高的锑元素，还含有锆、锶以及钙、磷、铝、锰等多种常见的矿质元素，都是非常重要的工业原料。同时，灯头中含有的铜、铝、锡也是宝贵的二次资源，可以进行很好地回收利用。图 6-15 为我国常见的切端吹扫法废旧荧光灯回收工艺流程。

切端吹扫干法工艺首先把废旧荧光灯灯管放入上料槽中，经密闭切割灯头两端后，灯头经特制的粉碎器被粉碎成碎片，碎片通过振动气流床被加速和相互推进、摩擦，经电磁分离出铜、铝等金属材料；灯管中的荧光物质由高压空气进行吹飞收集，然后再通过真空加热装置进行脱汞，由抽风机作用和活性炭过滤处理，分离回收汞。该工艺可有效地将荧光粉、玻璃、金属等进行分类收集，过程产生的汞纯度可达 99.9% 以上；不但能回收利用珍贵的稀土材料资源，还能解决日益严重的重金属污染问题，有效减少城市垃圾对环境的危害，实现资源的良性循环。

6.2.2 低品位、复杂多金属伴生矿中锑的富集与回收

锑多与钨、金、汞或铅、锌共生，并与锡、铜、铋、砷、硫、铁、镍、钴、锰、镉、铂、钯、钌、硒等元素伴生。

近年来，由于国民经济的高速发展，全球对锑资源的需求不断增加，造成我国独特的优质、单一富锑矿资源在掠夺式开采方式下日渐枯竭，优质锑矿资源消

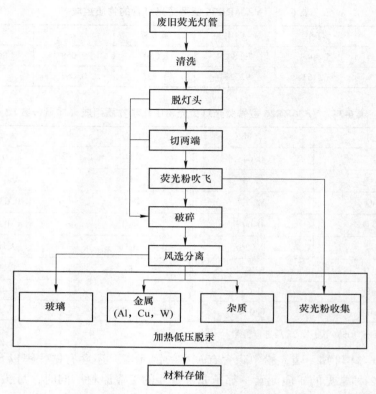

图 6-15 切端吹扫法回收废旧荧光灯工艺流程

耗殆尽,致使现存锑矿日益"贫、细、杂"化,含锑复杂多金属矿的开发利用被迫提上日程。我国有色金属矿物多为低品位伴生矿种,矿物种类繁多,各金属复杂共生成矿,矿物间的嵌布关系复杂多变,分离回收技术难度较大。目前,低品位、多金属复杂共伴生矿物主要包括复杂铜铅锌矿、脆硫铅锑矿、铅锌银多金属矿、高砷银铜多金属矿、金铜钴多金属矿、高砷复杂金矿及多金属硫化矿等矿物。

随着我国有色金属二次资源冶金综合回收技术的发展和选矿药剂开发的不断加速,针对复杂、难选、低品位、多金属有色矿物,在矿山矿物选矿阶段,多采用联合选矿技术进行富集与分离处理;在冶金回收阶段,通过全湿法流程或集成的火法分离富集–湿法清洁提纯技术,对各伴生金属进行分类回收和提取。

6.2.2.1 多金属铅锑精矿的锑资源回收

铅锑精矿是我国特有的多金属富锑资源,主要是由多元的复杂铅、锌、银、锑、锡等硫化矿采选而得。由于该种多金属复杂矿矿床类型新颖,矿石成分、结构、构造复杂,各矿物互相紧密镶嵌,且粒度分布细,矿石中主元素铜、铅、锌均以硫化物形式存在，可浮性相近，分离困难，因此，难以在较佳的经济条件下采用选矿的方法选出单一金属的合格精矿。目前，此类多金属复杂矿床的综合利用有两种工艺路线，一种是分选分炼，即通过选矿分别选出铅精矿、锌精矿、铜精矿，再分别处理提取铅、锌、铜并在其过程中进行锑及其他伴生元素的富集回收；这种工艺的难点是选矿，由于分选困难，不仅选矿回收率低，而且铅、锌、铜互含高，精矿质量差。另一种工艺路线是选冶联合工艺，先以最佳条件初选出混合精矿，然后再用冶金手段处理混合精矿，其优点是选矿回收率大幅度提高，选矿作业简单；此种工艺路线早年存在铜、铅、锌混合精矿的冶炼过程繁杂，金属直收率低，能耗及成本较大等诸多问题。但随着我国冶金技术研究和工装设备制造水平的不断提高，特别是新型高效节能冶金设备，如富氧侧吹炉、底吹炉、顶吹炉、高压反应釜等的工业化应用，使得该类制约行业资源综合回收发展的问题得到解决和突破，目前成为我国大中型有色金属冶炼企业进一步完善主流程工艺综合回收水平的强有力补充。

以我国某含锑铅锌银多金属复杂硫化矿为例：由于矿物中脆硫锑铅矿与闪锌矿等硫化物相互交代极为普遍，两者嵌布复杂、粒度细，相互包裹，共生关系紧密，形成高碳高硫脆硫锑铅矿，极难浮选分离；目前针对这种多金属难选矿物在选矿阶段，多采用对粗选锑铅-锌精矿的再优先浮选流程，形成混合多金属精矿，不进行更细、更完全的单金属分离控制。近年来，针对铅锑精矿，在回收其伴生的 Pb、Sb、Ag、In、Bi、Sn、Zn 有价元素基础上，国内常规处理技术一般采用传统的配料制团—烧结—鼓风炉还原熔炼-吹炼-精炼等火法冶炼工艺，从而得到精铅、精锑（或铅锑合金）及有价金属富集烟尘（渣）。但该工艺存在返料多、流程长、能耗高、铅锑分离困难，低浓度 SO_2 烟气污染严重、金属回收率低等缺点。图 6-16 为我国西藏某铅锌银锑多金属复杂矿的选矿流程，图 6-17 为我国某企业铅锑精矿传统常规火法处理工艺流程。

该工艺过程中，主要金属总回收率为：Pb 75%～80%，Sb 70%～74%，Ag 65%～70%。

目前，利用先进的火法冶金装备由中南大学研究开发的铅锑精矿一步法生产铅锑合金清洁节能工艺在工业中得到应用和推广。该工艺原理为：铅锑精矿在经过配料制粒等预处理后，加入熔炼反应炉渣池，并同时向熔体内吹入富氧空气；通过调节过程中富氧浓度、氧料比、熔炼温度和熔炼渣渣相组成等条件，使物料在高温和氧化气氛下发生强烈的氧化脱硫和造渣反应，直接氧化熔炼得到铅锑合金和富金属熔炼渣。此工艺极大地缩短了脆硫铅锑精矿的冶炼流程，且烟气中 SO_2 浓度高，可直接用于制酸；过程中产出的铅锑合金品位可达 94% 左右，产出率为 72%～88%，熔炼渣铅锑总含量为 1% 左右，可直接进行烟化回收处理，无需再进行还原熔炼。图 6-18 为一步法清洁节能生产铅锑合金工艺原则流程。

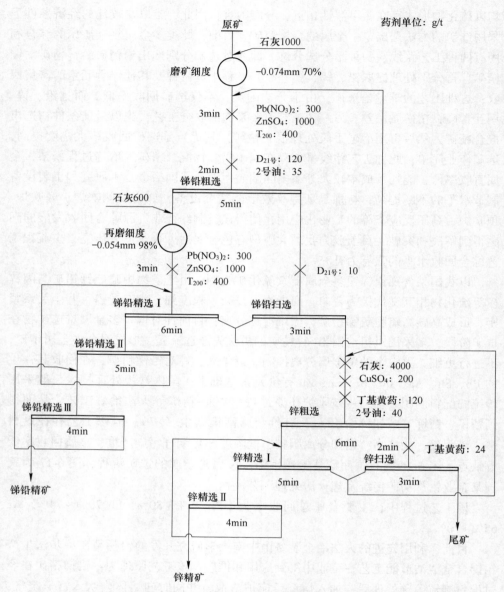

图 6-16 我国西藏某铅锌银锑多金属复杂矿选矿流程

另外，在湿法清洁冶金回收锑资源的技术开发中，某集团针对复杂的铅锑精矿采用加压碱浸技术进行锑的全湿法选择性浸出与高效分离，并实现锑产品资源的综合开发。该工艺过程为：将铅锑精矿采用含 NaS 的 NaOH 反应溶液进行预处理，然后转入密闭搅拌反应器内进行浸出，控制反应过程的温度、压力及反应时间等条件，反应结束后进行液固分离，然后得到硫化铅精矿和含硫代亚锑酸钠的

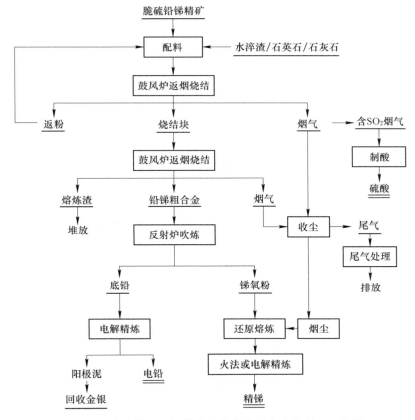

图 6-17 我国某企业铅锑精矿传统常规火法处理工艺流程

浸出液。硫化铅精矿含锑可降至 1% 以下，完全达到铅冶炼精矿标准要求，可直接进入铅火法冶炼流程进行处理；浸出液可直接采用电积方式产出金属锑，或经氧化后回收得到锑酸钠产品，废液经处理后可返回流程循环利用。该过程中锑的浸出率达到 94% 以上，铅、银、锌等有价金属的富集分离率大于 99%，实现了矿物中锑资源的源头分离和便捷高效利用。图 6-19 为处理复杂铅锑精矿的湿法加压碱浸工艺流程。

6.2.2.2 多金属含锑金精矿的锑资源回收

含锑金精矿是黄金提取的主要原料资源之一，也是我国锑二次资源的重要来源途径。含锑复杂金精矿因矿床矿化过程中，金易于锑、砷等特征元素共同迁移和富集的特性，造成矿石中金以显微甚至晶格金的形式被包裹或浸染于闪锌矿、磁黄铁矿、毒砂、黄铁矿、方铅矿、黄铜矿等硫化矿中，致使内部物相结构复杂、提取困难，而成为制约黄金行业原料供应的共性难题。目前，国内外针对该类矿物的处理方案主要分两个方面：一是改进浸出条件，采用酸、碱浸出体系、

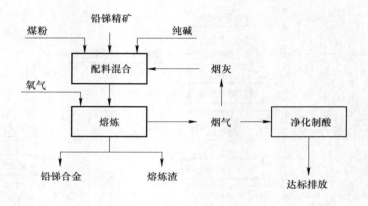

图 6-18　一步法清洁生产铅锑合金工艺原则流程

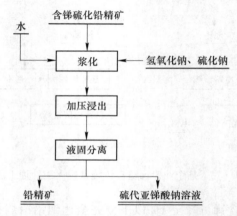

图 6-19　复杂铅锑精矿湿法加压碱浸工艺流程

加压浸出、矿浆电解等，但从技术性及工业经济性来看未获得本质突破；二是进行预氧化处理，采用焙烧氧化法、生物化学氧化法、加压氧化法等，这些方案和措施虽然在实验研究阶段均取得了理想效果，但多数工艺的原料针对性较强或者由于多种原因实践情况和影响因素未能有效工业化。以我国某黄金冶炼厂火法处理含锑金精矿为例，该企业采用火法造锍熔炼工艺对高锑含砷金精矿进行回收处理，过程中虽然实现了有害元素砷、锑与贵金属金、银的分离，以铁锍（FeS）的方式完成对贵金属的良好捕集，使元素硅、钙和部分铁以熔炼渣方式排出，并将锑、砷、铅、锌等金属元素富集于熔炼烟尘中，熔炼渣中金品位可控制在 0.5g/t 以下，为处理含杂金精矿开辟了一条新途径；但火法熔炼过程中会产生占加料量 3%~5% 的高锑烟尘，该烟尘主要为细微粒反应不完全的金精矿和低熔点易挥发元素的低价氧化物，如 As_2O_3、Sb_2O_3、SiO_2 等；虽然多采用返炉处理，因粉尘密度较小及成分组成受原料情况、生产工艺、操作参数等因素影响较大，便会在炉内未参加反应就被直接逸出，造成炉况恶化，影响其处理效果；如堆存中管理不善，则会因飞扬、渗漏造成环境危害与污染，同时伴随的稀贵金属不能得到有效回收，影响企业经济效益，一直以来成为行业综合处理过程中亟待解决的问题。表 6-35 为我国某企业火法处理含锑金精矿过程中回收到的含锑烟尘主要成分组成。

表 6-35 含锑金精矿火法处理富集烟尘主要化学成分组成

成分	$Au/g \cdot t^{-1}$	$Ag/g \cdot t^{-1}$	$w(Sb)/\%$	$w(As)/\%$	$w(Cu)/\%$	$w(Pb)/\%$	$w(Fe)/\%$	$w(Zn)/\%$	$w(Te)/\%$
含锑烟尘	13.70	5.8	31.38	9.95	0.55	1.36	5.70	1.06	0.27

近年来，随着我国冶金装备制造水平和质量的快速提高与技术进步，全湿法处理该类矿物并清洁提取锑资源的新技术在工业应用中得到成功应用和推广实施，该技术采用酸（碱）预处理和氧化（压）浸出相结合的工艺，从原料处理的源头先对金精矿中锑进行选择性脱除和分离，有效解决锑在湿法浸出过程中因生成的锑化合物会包裹在金颗粒表面，阻碍后续反应过程进行，并进而降低金的浸出提取率等技术难题。通常采用湿法冶金方法选择性分离锑的流程，主要分为碱性硫化钠体系和酸性氯化物体系两种。其中，碱性硫化钠体系是利用硫化锑易与硫化钠反应生产硫代亚锑酸钠而溶解进入溶液，该方法被广泛用来从辉锑矿、脆硫铅锑矿、硫砷铜矿和难处理金矿中脱除锑；酸性氯化物体系则是在盐酸溶液中加入 Cl_2、$FeCl_3$、$SbCl_5$ 和 H_2O_2 等氧化剂进行氧化浸出，使锑以 $SbCl_3$ 的形式进入浸出液而达到分离目的。图 6-20 为我国某企业采用碱法-氧压组合技术对含锑金精矿进行锑脱除工艺流程。

该过程中，含锑金精矿在碱性 NaS-NaOH 混合溶液中进行浸出，锑以硫代亚锑酸钠形式进入溶液，含锑浸出液再采用加压氧化方式使锑直接沉淀为焦锑酸钠产品，氧化后液经中和净化和浓缩结晶后产出硫代硫酸钠产品。预处理分锑后的金精矿渣经水洗压滤后可进行金、银等贵金属的提取。该技术在实施过程中不仅脱除了影响后续提金过程的锑，而且直接制备出纯度合格的立方晶型焦锑酸钠产品，实现了高效分离和直接锑品回收的双重目的；同时该过程中，锑的浸出率可达 97% 以上，溶液锑的沉淀分离率大于 99%，金的浸出率小于 1%，具有较好的生产成本和技术经济指标，无"三废"排放。表 6-36 为该企业含锑金精矿的主要化学成分组成，表 6-37 为锑脱除渣（浸出渣）的主要成分组成。

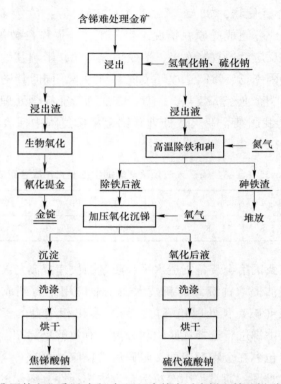

图 6-20　我国某企业采用碱法－氧压组合技术对含锑金精矿锑脱除工艺流程

表 6-36　我国某企业含锑金精矿主要化学成分组成（质量分数）

成分	Au /g·t^{-1}	Ag /g·t^{-1}	w(Sb) /%	w(As) /%	w(Cu) /%	w(Fe) /%	w(S) /%	w(SiO$_2$) /%	w(Al$_2$O$_3$) /%	w(CaO) /%
含锑金精矿	58.8	42.0	6.30	5.50	0.04	15.74	17.68	36.58	11.94	3.76

表 6-37　脱锑渣（浸出渣）主要化学成分组成（质量分数）

成分	Au /g·t^{-1}	Ag /g·t^{-1}	w(Sb) /%	w(As) /%	w(Cu) /%	w(Fe) /%	w(S) /%	w(SiO$_2$) /%	w(Al$_2$O$_3$) /%	w(CaO) /%
脱锑渣	64.5	46.2	0.23	5.96	0.05	17.11	18.68	38.87	13.03	4.08

6.2.3　再生锑领域锑的富集与回收

金属锑通常有三种获取途径：一是从含锑矿石中提取；二是从重有色金属冶炼的副产品中回收；三是从废旧蓄电池及其他含锑工业废料中获得。第三种途径实际上就是含锑资源的再生利用，一般称为再生锑。根据中国有色金属工业协会统计，世界再生锑年均产量为 5.5 万～6 万吨，主要集中在美国、德国、英国、法国、日本等工业发达国家，在这些发达国家，资源再生利用率已达到 80%以上，而我国只有 20%。随着科技的发展，再生锑领域将会在世界锑产品结构中占有越来越重要的地位。

随着我国工业的快速发展和人均消费量的增长，我国矿产资源需求将日趋紧张。由于发展前期锑金属回收再生还没有受到应有的重视，我国每年再生金属产量占金属新增重量不到 5%，因此，再生锑环节这一重要战略领域我国已落后世界水平较大，也造成部分锑资源的浪费。我国再生锑行业起步较晚，主要依托再生铅领域的发展而逐步壮大和完善，并与铅合金的应用及消费密切关联。图 6-21 为我国锑品消费结构分布，图 6-22 为世界锑品消费结构分布。

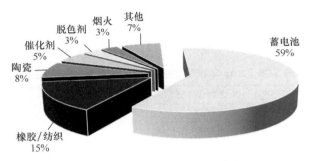

图 6-21　我国锑品消费结构分布

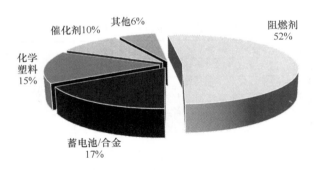

图 6-22　世界锑品消费结构分布

党的十八大以来，随着我国"十二五"规划的落实推进和全球对环境保护工作的不断重视，我国也加强了对环境污染的治理力度，并建立和完善发展了相关的法律法规和行业清洁生产规范与标准，特别是对再生铅领域规范要求与管理制度的出台，促使再生铅行业走向健康、环保、循环发展的科学轨道，这也带动和引领了再生锑行业进入新的发展阶段。在全球对锑资源用量大增的背景下，再生锑受到越来越多的关注。据某网数据统计，2012 年美国国内没有锑矿产出，但再生锑产量达 3100t。而我国有色金属再生以铜、铝、铅、锌四种为主,锑金属的再生没有受到重视,也造成了再生锑相关技术比经济发达国家落后和部分锑资源的浪费。目前,我国再生锑行业主要是从锑铅合金、再生铅精炼碱渣及含锑废催化剂中进行锑的再生回收,其原料主要来自电池行业的蓄电池。根据有关数据显示,我国每年产生的废铅酸蓄电池超过 600 万吨,再生铅产量超过 300 万吨;其中,80% 以上原料来自废旧铅酸蓄电池,少量来自电缆包皮、耐酸器皿衬里、印刷合金、铅锡焊料及轴承合金。与原生铅相比,再生铅原料含铅通常较高,且金属赋存状态较简单,铅多呈金属和合金状态,主要杂质有锑、锡、铜、铋等;其中铅含量通常大于 80%,锑作为合金元素,其含量通常在 3%~8%,其他杂质总量仅为 0.1%;以化合物形态存在的主要是呈膏泥状的氧化物(如 PbO 和 PbO_2)、硫酸盐(如 $PbSO_4$)和少量氯化物(如 $PbCl_2$)等。表 6-38 为 2015 年我国交通、通信领域蓄电池报废统计,表 6-39 为废旧铅酸蓄电池各成分组成分布,表 6-40 为废旧铅酸蓄电池中铅膏的主要化学成分组成。

表 6-38 2015 年我国交通、通信领域蓄电池报废统计

蓄电池分类	报废数量/亿只	单只质量/kg	总质量/万吨
汽车蓄电池	1.37	20	274
电动自行车蓄电池	1.60	14	224
摩托车蓄电池	1.81	2.2	39.82
通信用蓄电池	4977.6	32	159.28
合计/万吨		697.10	

表 6-39 废旧铅酸蓄电池各成分组成

成分名称	占比/%	备注
板栅	32	含铅 96%
铅膏	50.9	含铅 76%
塑壳	8	—
隔板	2	—
废电解液	7	10%~20% 硫酸
其他	0.1	磁性金属
总计	100	

表 6-40 废旧铅酸蓄电池中铅膏的主要化学成分组成 (%)

成分	Pb	S	Sb	As	Cu	Fe	Zn	SiO$_2$	MgO	CaO
质量分数	71.06	6.12	0.18	0.35	0.75	0.83	0.25	2.86	0.69	0.52

回收再生铅可节约能源,再生铅能耗仅为原生铅的 25.1%~35.4%,生产成本比原生铅低 38% 左右,每生产 1t 再生铅可节约标煤 659kg,减排固废物约

128t，节水 235t，减排二氧化硫 0.3t。目前，国内外再生铅回收处理方法主要有火法、湿法及联合法工艺，国内多采用火法清洁冶金技术生产再生铅，并进一步精炼除杂后作为基础工业产品——精炼铅使用，并根据原料来源渠道、成分组成、企业主工艺流程配置及产品方案灵活采用原生铅–再生铅模式、专业再生铅及合金模式、全湿法铅盐产品模式等。

以我国某大型铅冶金公司为例，该公司依托原有原生铅冶炼生产系统新建一条 10 万吨/a 再生铅回收生产线，采用废旧铅酸蓄电池及其他铅基合金材料为原料进行铅的再生回收与利用。该生产线引进先进的国外 CX 集成系统对废旧铅酸蓄电池进行拆解分离、破碎及分选预处理，并将分离后的含铅物料分为板栅和铅膏；板栅采用低温连续熔炼技术进行重熔，并调整合金成分后铸成极板供蓄电池厂回用，铅膏、含铅渣料、铅精矿、熔剂、补热燃料和生产系统回收的铅烟尘一起，经配料、制粒后投入氧气底吹熔炼炉进行富氧熔炼，分别产出一次粗铅和富铅渣。一次粗铅直接经火法除杂后送电解精炼，得到电铅产品。熔融态富铅渣采用"三联炉"工艺流程流入直接还原炉内进行还原熔炼，产出粗铅，炉渣通过溜槽直接送入烟化炉进行提锌，再经水淬处理后作为环保建材原料外售。该过程中产生的烟气经余热回收、除尘、净化后分别送制酸系统进行回收利用。废铅酸蓄电池中伴随的锑资源在处理过程中大部分以铅锑合金的形式进行再生利用，返回蓄电池制造行业使用，少部分锑随粗铅进入铅冶炼系统，在精炼渣及铅阳极泥中得到富集和回收。图 6-23 为该企业从废旧铅酸蓄电池中再生回收铅、锑全系统工艺流程，表 6-41 为该企业产出的再生铅产品执行标准。

表 6-41 该企业产出的再生铅产品执行标准

类别	牌号	《再生铅及铅合金锭》（GB/T 21181—2017）				
		主要成分/%				
		Pb	Sb	Ca	Sn	Al
再生铅	ZSPb 99.994	≥99.994	—	—	—	—
再生铅合金	ZSPb Sb1	—	1.5~3.5	0.1~0.25		0.01

类别	牌号	杂质含量，≤										
		Ag	Cu	Bi	As	Sb	Sn	Zn	Fe	Cd	Ni	总和
再生铅	ZSPb 99.994	0.0008	0.0004	0.0003	0.0002	0.0005	0.0003	0.0002	0.0002	—	—	0.006
再生铅合金	ZSPb Sb1	0.03	0.02	0.01	—	—	0.001	0.001	0.001	0.001	—	—

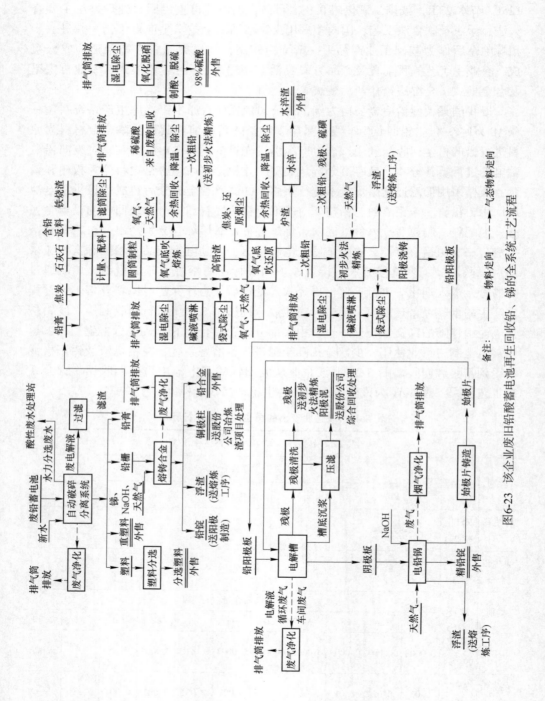

图6-23 该企业废旧铅酸蓄电池再生回收铅、锑的全系统工艺流程

该工艺处理回收过程中，铅回收率达到99%以上，板栅中回收利用有价元素锑、锡、砷、硫的回收利用率分别达到了98%、99%、96%、98%；硫利用率达到98%。

6.3 锑资源的综合利用

锑是一种不可再生的战略性物资，也是我国的优势矿产资源之一，广泛应用于各个领域，是现代工业发展不可或缺的重要原料。近年来，随着科学技术的发展，锑及其化合物在阻燃剂、合金材料、交通运输、机械制造和军工领域中均有重要应用，并且开始进入高科技领域，被誉为真正的"工业味精"。图6-24为锑矿资源综合利用及应用分布。

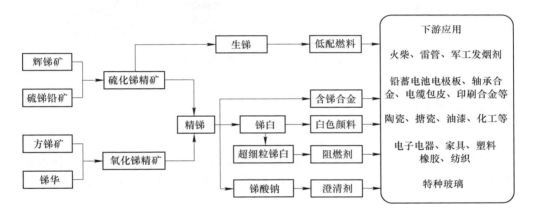

图6-24 锑矿资源综合利用及应用分布

锑金属由于其具有代用程度低和军需程度高、供应源单一等特点，被许多西方国家列为重要的战略物资；英国地调局在其2012年发布的《Risklist》中将锑矿归为高供应风险的矿产，供应风险指数高达9，仅次于稀土和钨矿排名第三，表明锑矿供应中断将会对英国的经济和生活造成一定的影响；欧盟的《欧盟关键矿产原材料》和日本的《稀有金属保障战略》都将锑作为重要的战略物资；美国亦将锑列入国防储备计划中。

随着工业的快速发展，目前，锑作为战略性物资已经被广泛应用于生产和生活众多领域，在国民经济中占有重要的地位。自20世纪30年代以来，随着氧化锑与卤系阻燃剂的协同阻燃效应被发现，锑系阻燃剂登上了锑应用历史的舞台，并且成为了目前锑的最大消费领域。图6-25为2012年锑资源社会消费结构及产品应用示意图。

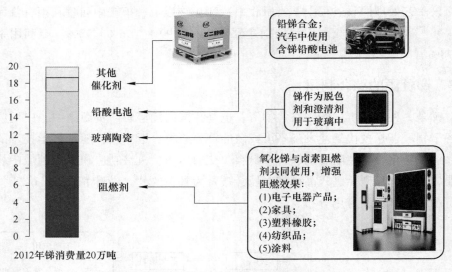

图 6-25   锑资源社会消费结构及产品应用示意图

6.3.1   国际锑资源的综合利用

6.3.1.1   国际锑资源供需格局

世界锑矿资源主要分布在环太平洋成矿带、地中海成矿带和中亚天山构造成矿带，具有明显的分带性。其中，环太平洋成矿带集中了世界锑资源总量的 77%。

锑在地壳中的含量很低，并且分布不均匀，丰度仅为 $(0.2 \sim 0.4) \times 10^{-6}$。根据相关数据显示：2020 年，全球锑矿储量达 190 万吨。我国锑矿储量占全球锑矿总产量的 52.29%，俄罗斯锑矿储量占全球锑矿总产量的 19.61%，塔吉克斯坦锑矿储量占全球锑矿总产量的 18.30%，缅甸锑矿储量占全球锑矿总产量的 3.92%，玻利维亚锑矿储量占全球锑矿总产量的 1.96%，澳大利亚锑矿储量占全球锑矿总产量的 1.31%，土耳其锑矿储量占全球锑矿总产量的 1.31%，越南锑矿储量占全球锑矿总产量的 0.20%。

目前，全世界有 15 个国家开采锑矿，世界矿产锑的年产量保持在 13 万吨左右，其中，中国矿产锑的产量最大，其次为俄罗斯、南非、塔吉克斯坦、玻利维亚和澳大利亚。世界矿产锑的产量虽然低于消费需求量，但加上再生锑，锑市场的供应在未来一定阶段内仍是较为充裕的。

近年来，世界锑的消费量在达到顶点以后，均呈现下降趋势，但总量变化不大，每年为 12 万~15 万吨锑金属，阻燃剂已成为锑的主要应用领域，约占世界锑总消耗的 70%，占 Sb_2O_3 消耗总量的 90%。目前，国际锑消费结构随着科技进步及产业向外转移等因素的共同影响发生了较大的变化，消费区域更加趋于集中，主要表现为：中国的锑消费量已占据全球一半以上，成为全球最大的锑消费国，美国和日本的消费占比有所降低，欧洲依然是锑的重要消费市场。其中，美国由金属锑消费变为氧化锑消费，占原生锑消费量的 70% 以上，阻燃剂领域因受污染环境和产业转移的限制及影响，耗锑量近年来呈下降趋势；日本的阻燃剂耗锑量，近 15 年间也增长了近 9 倍；同样，其他西方工业发达国家锑的消费结构也有较大变化，尤其是氧化锑在阻燃剂等新兴工业领域中的应用是工业化国家的主要方向。总体来讲，世界锑的消费中，蓄电池用量减少，金属锑需求下滑，而阻燃系列产品的耗锑增加，氧化锑消费需求仍呈现逐年增长态势。据不完全统计，美国、日本等经济发达国家的锑消费中，阻燃剂用锑量占 60%～70%，铅酸蓄电池用锑量占 10%～15%，化工占 10%，搪瓷、玻璃和塑料等占 10% 左右。

6.3.1.2 国际锑资源综合利用

世界锑的主要用户是美国、日本及西欧，其消耗总量约占世界总消耗量（中国和俄罗斯除外）的 70%。国际上原生锑的消费一般可分为冶金添加剂、阻燃剂和非冶金阻燃剂等方面用途。从废蓄电池和其他原料回收的再生锑基本上都以铅锑合金形式进行再循环应用，其中，在冶金应用方面，再生锑的供应量超过了原生锑；在阻燃剂及其他用途的供应量方面，几乎都使用原生锑。根据统计，目前在美国有 54% 的原生锑用于阻燃剂，26% 用于冶金添加剂，非冶金阻燃剂用量占 19%；在日本，阻燃剂用量达到 80%，催化剂 10%，而冶金用量只有 10%。

目前，世界锑品消费结构主要是阻燃剂，其次为蓄电池及合金材料。锑系阻燃剂是阻燃剂中的优秀品种，按照组成类别可分为溴系、氯系和无机系，广泛用于电气制品、汽车、建材、纺织等领域，特别是塑料用阻燃剂占锑系阻燃剂的 90% 以上，而且在逐年增加。据不完全统计，全世界 Sb_2O_3 的消耗量为 8.4 万～9.2 万吨/a，其中阻燃剂用量为 7.5 万~8.3 万吨/a，其余主要用于冶金添加剂及非阻燃剂，属于后者的如催化剂、玻璃澄清剂和塑料稳定剂等对 Sb_2O_3 的需求都在增加。近年来，由于世界电力、电子、建材等工业对工程塑料需求猛增，以及环境保护对有毒气体及粉尘排放提出严格控制，促进了多功能的锑系阻燃剂及协效体系的发展，并使锑系阻燃剂进入一个多功能、高效和低毒的开发期。多功能锑系阻燃剂不但具有阻燃性能、塑料加工和使用性能，而且兼备增光和抑烟的功能。阻燃和抑烟效力高的协效体系与无尘阻燃剂的开发也日益受到人们的重视，润湿型无尘阻燃剂可彻底地消除粉尘毒害，是未来的发展方向。

国际上除锑原产国外，欧洲、美国、日本等主要锑消费国家早已建成了较为完善的锑资源综合利用及再生循环体系。图 6-26 为美国 2013 年锑资源应用流程图。根据美国地质调查局（USGS）的数据，美国 1910 年再生锑的产量已达到 2520t，占国内锑供应的比例为 56%；1948 年达到 1.96 万吨，占国内锑供应的 45%；1949~1990 年期间，再生锑的平均产量保持在 2 万吨左右，达到稳定期。由于锑阻燃剂回收技术无法得到突破及低锑、无锑阻燃材料的研究开发，使得目前全球锑资源的回收利用主要侧重于废铅酸蓄电池和合金材料领域的再生；但随着 20 世纪 70 年代免维护蓄电池技术的发展和应用，蓄电池的锑含量从 5%~7% 下降到 1.75%~2.75% 甚至 0，从而更加减少了再生锑物质的来源。以美国为例，自 1975 年以来，应用于蓄电池领域的锑消费量也呈逐年下降趋势，2013 年锑在蓄电池中的消费量仅为 8400t，占消费量总量的 35%，与 1975 年相比分别下降了 41% 和 9%。

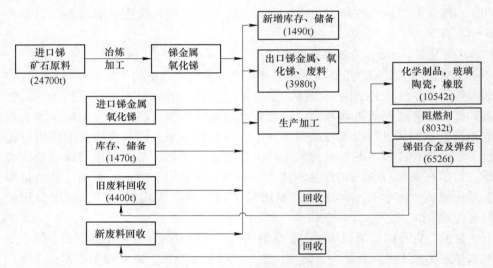

图 6-26　美国锑资源应用流程

锑是一种不可替代的战略金属消耗资源。近年来锑大量用于军事领域，加之汽车行业的蓬勃发展对用锑蓄电池的带动，导致锑的需求急剧增长。未来，随着科技的进步和世界各国经济的不断增强，国际上锑生产国出于对资源保护需求和战略发展考虑，将会增强对锑资源的综合利用和供需控制，这将迫使国际上锑消费国采取措施，减少和降低对锑资源的消耗和进口依赖。从某种意义上讲，将会导致锑回收利用产业走向衰退。

6.3.2　我国锑资源的综合利用

6.3.2.1　我国锑资源的发展现状及消费结构

目前，我国拥有锑保有资源储量的矿区共 158 个，主要分布在湖南、广西、贵州和云南、甘肃等省，其中已经设置采矿权的矿区 98 个，完全未设采矿权的矿区 60 个，湖南、西藏的矿区大部分已经被矿业权人占有。

近年来，中国锑消费量快速增长，已经成为全球最大的锑消费国，伴随着国内冶炼产能的不断扩大，我国对锑精矿的需求也越来越膨胀，锑精矿由过去的以出口为主转为需要大量进口。

我国锑资源出口量一直居于全球首位，而且出口以低端锑产品为主，高端锑产品主要依赖进口。正是基于中国长期稳定甚至过量的供应，西方发达国家几乎不开采锑矿，直接大量地从中国进口原生锑产品，而且价格偏低。2009 年，我国对锑矿开采实施总量控制管理，从源头上控制了锑矿资源，缓解了这一不良现象。目前，我国锑年产量维持在 10 万吨以下，预计 2025 年，随着再生锑和副产锑的增长，我国原生锑年产量仍将会维持在 10 万吨左右，以稳定和满足国内市场需求的增长。

目前，我国锑资源的应用和消费结构主要分布在阻燃剂、铅酸蓄电池（含锑合金材料）、催化剂、玻璃澄清剂及塑料稳定剂等方面，占比分别为 52%、17%、10%、15%，与发达国家相比还存在一定的偏差。近几年，随着我国工业的迅猛发展，我国锑资源消费结构也在快速发生应用优化与调整，阻燃剂的消费量急剧上升，蓄电池消费占比由 48% 下降到 17% 左右。除工程塑料对氧化锑的需求份额保持快速增长外，随着光伏市场急剧升温，国内玻璃企业积极扩大超白光伏玻璃的生产规模，成为拉动锑消费增长的重要因素，预计未来随着国家加快发展战略性新兴产业，我国锑的消费将进一步增长。

总体来讲，我国锑消费呈现快速增长态势，阻燃剂和铅酸蓄电池是主要的驱动力，阻燃剂在消费结构中的占比将持续增加，未来将对标欧美等发达国家水平。

6.3.2.2 我国锑资源综合利用现状

2019 年我国铜、铝、铅、锌等十种有色金属产量为 5842 万吨。锑通常与重有色金属矿物共生，在锑的矿产资源中，多金属硫化锑矿是最重要的锑矿资源之一，并具有举足轻重的地位，其综合价值较高，但往往比较难以开发利用。据地质部门勘探，这些矿物以铅锑多金属硫化矿较多，其中锑、铅以硫化物固溶体形态存在。该矿是一种多金属伴生锑矿且矿物成分复杂，伴生的有色金属多，嵌布程度高，分选困难，选矿的回收率不高，导致多种有价金属分离困难。由于受到地理环境、自然条件、技术水平等因素限制，开发利用难度很大。近年来，锑冶金技术虽有发展和突破，但较为缓慢，并不能够充分迎合现有我国多金属复杂锑资源的特征，因此，开发适合复杂含锑多金属共生矿的工业化清洁冶金技术是解决资源浪费、环境污染的重要方向。同时，我国在对重有色金属冶金过程中产出的铜铅阳极泥、白烟灰、黑铜泥、砷锑烟灰等含锑富集物的回收利用及资源再生领域也非常重视，各企业均建有不同程度的锑综合回收系统，回收能力和水平也在不断进步和提高，目前，国内二次锑资源的回收金属量已占全国金属锑产量的30%以上。

目前，我国是全球最大的锑产品生产和供应国。在锑产品的生产方面有着悠久的历史，20世纪90年代以前，我国的锑产品主要以锑的初级产品为主，分为精锑和高纯氧化锑两大系列，应用于汽车蓄电池、合金材料及搪瓷等方面，而电视、电脑、光学玻璃、阻燃剂等耗用锑的深加工锑品基本依赖进口。进入2000年以来，随着科技进步和合成工业的迅速发展，我国锑产品结构与品种也发生显著变化，氧化锑作为阻燃增效剂已广泛应用于塑料、橡胶、纺织、化纤、颜料、油漆、电子等行业，同时氧化锑还可用于生产石油钝化剂、有机合成行业的催化剂、高级玻璃生产的澄清剂等。目前，我国锑深加工产品主要有高纯三氧化二锑、超细三氧化二锑、催化型三氧化二锑、醋酸锑、乙二醇锑、锑酸钠（钾）、胶体五氧化二锑及高纯锑等，其中，一些产品已经取代了进口产品，而且还出口国外。但从整体来看，目前我国生产的锑品仍以中低端产品为主，国际竞争力不足，深加工高端产品所占比重不高，科技深加工水平与能力和世界先进领域相比还有很大差距。

近年来，随着科技的不断进步和装备制造水平的增强，我国科研院校与企业合作，在开发出等离子体法生产纳米级三氧化二锑的同时，还对湿法制备纳米三氧化二锑进行了研究和工业化应用，并对一些新型的锑合金、硫醇锑热稳定剂及硬脂酸锑等新材料合成工艺进行研究，一些单位还开展了 Sb_2S_4 作为高效抗挤压润滑添加剂的研究，并取得了一些进展。

再生锑是从锑铅合金中提取回收，主要来自蓄电池行业。目前，世界再生锑产量5万~6万吨，主要集中在美国、德国、英国等工业发达国家。在全球对锑资源用量大增的背景下，再生锑受到越来越多的关注。而我国有色金属再生以铜、铅、锌、铝四种金属为主，锑金属的再生没有受到重视，造成了再生锑相关技术比美国、日本等国家落后和部分锑资源的浪费。近年来，随着我国进一步落实节约资源和保护环境的基本国策，并实施循环经济发展战略，再生锑领域也越来越引起国家、行业、企业的重视，并随再生铅行业的快速发展得到巨大进步，目前，再生锑产量已达到国内原生锑耗量的20%左右。

6.3.3　我国锑资源综合利用的价值

锑是一种循环再生周期短并逐渐衰减的消耗性战略资源。由于金属锑及其化合物在各行业领域应用中所呈现出的独特特征和不可替代的作用特性，被人们冠以"真正的工业味精"的美名。近年来，随着科技的不断进步和各领域的飞速发展，锑及其化合物的特性也得到了充分的研究和挖掘，使锑资源在各行业中的价值和作用得到了极大的重视和认可，并达到全球各国一致认可的需重要保护的战略资源地位。

6.3.3.1　锑资源的战略地位

锑在国民经济发展中具有十分重要和关键的作用。据中国有色金属工业协会发布的相关统计数据表明，锑比稀土更加奇缺。

目前，国际上公认的作为战略物资的四个归类标准如下：

(1) 有限的供应来源；

(2) 产地位于政治上不稳定的地区；

(3) 代用程度低；

(4) 军需程度高。

目前，全球锑资源储量靠前的分别是中国、俄罗斯、玻利维亚；锑金属代用程度低，尤其是在一些比较专业的应用领域，几乎不可能被代用，除非大幅度降低产品标准。另外，金属锑在军事工业获得了非常广泛的应用，特别是在军工新材料领域及航空航天方面具有非常重要的、不可替代的特殊金属地位。因此，锑金属与钨、锡、稀土也均被众多西方国家列为战略储备资源。

锑比稀土更加稀缺，是现代工业的重要原料。锑性脆，在常温下是一种耐酸物质，其密度 $6.68g/cm^3$，熔点 $630.5℃$，沸点 $1750℃$。锑工业产品主要为精锑及锑的化合物，即 Sb_2O_3（锑白）、Sb_2S_3（生锑）。精锑含锑量为 99% 以上，主要用于生产锑铅合金。其中，大量用于蓄电池极板（一般含铅 2%~8%）、轴承（主要为铅锑锡合金）、印刷活字（含铅 64%~68%、锑 10%~24%、锡 2%~12%）、硬铅（一般含铅 74%~85%、锑 6%~15%）、不列颠合金（以锡为主，加入铜、锑、铅、铋等）、家庭用具合金、海底电缆包皮，军事工业上制造枪弹、炮弹的弹头；高纯度的锑用于电子工业制造半导体及热电装置。早在 1981 年，美国巴特尔研究报告就指出，锑金属和三氧化二锑至少有 100 多种有待发现的新用途。锑合金作为汽车蓄电池可提高合金强度和成型性；锑铅合金具有很强的防腐性能，在食品业中应用广泛；高纯锑是一种高级半导体；氧化锑是一种优质阻燃剂；目前，锑的应用已从以蓄电池为主转化为阻燃剂为主。美国的锑大量依赖进口，日本和欧盟等国的锑进口依赖程度为 100%，这些国家和地区均拥有大量的锑战略储备。

在我国有色金属行业，锑的优势矿产具有市场容量较小、总价值量不高、出口创汇收入意义不大的特征，但这些优势金属矿产资源的价值绝不仅仅体现在经济效益方面，而更重要的意义在于其战略价值；我国的这几种优势金属矿产，恰恰是美、日、欧的短缺矿产，是我国重要的反威胁、反制裁、反垄断及保障国防安全的重要物质基础。目前，应用战略资源开发出的国防及民用新材料，如新型结构材料、功能材料、能源材料以及生物材料等以性能卓越、用途广泛、打破国外高科技技术垄断，成为我国金属材料领域跨入世界先进水平的突破口，对提高我国传统工业的现代化进程和高新技术及其产业的发展，起到了重要的推动、支撑作用。另外，从某种角度讲，依托于战略资源的新材料研究开发和应用，是一个国家高科技水平发展的标志，也是一种综合国力的象征。在日益剧烈的以经济实力、国防实力和民族凝聚力为主要内容的世界综合国力竞争中，能否在高技术及其产业领域占有一席之地，已经成为竞争的焦点，成为维护国家主权和经济安全的命脉所在。因此，充分发挥我国特有的战略资源优势，通过实现产品创新和技术创新，在新材料制备、加工和应用等方面取得世界行业话语权和控制权，并保持国际领先地位具有重要的国家战略意义。

6.3.3.2　锑资源的社会经济价值

我国拥有形成大型超大型矿床的成矿条件。目前，世界上知名的大型锑矿床有 54 个，我国有 15 个。我国现已探明的锑矿区中，大型、超大型锑矿床储量占全国总储量的 81%，可见大型、超大型锑矿床对我国锑资源开发利用具有重大贡献且地位不可撼动。我国也是世界上开采利用锑矿最早的国家之一，根据全国潜力评价数据显示，我国锑资源遍布全国 18 个省、自治区，资源分布却相对集中，主要分布于湖南、广西、西藏、云南、贵州和甘肃 6 个省，其中湖南省和广西壮族自治区的资源储量较高。20 世纪末期，随着我国经济的高速发展，锑资源消耗支出过度，开采量和基础储量持续快速下降，全球绝对资源优势曾一度丧失；进入 21 世纪后，随着国内资源需求的日益增长及国家实施强有力的资源保护措施，实行有计划的统一管理，才基本遏制住锑资源地位流失和行业话语权逐步丧失的势头，并逐步回归到绿色开发及可持续发展的轨道上来。虽然近年来全球整体上锑资源供应充足，但已出现普遍价格上涨及资源紧缺的双重局面。从长远来看，总体上锑矿的供应将会收紧和减少，出现供不应求局面的可能性将指日可待。

近年来，随着国家对战略资源的重视和加强，启动并开展了全国地质大调查及实施西部大开发战略找矿政策，经过地质工作者的不懈努力，在我国西部新发现了一批大中型锑矿，给我国锑资源产业发展增添了新的希望。

总体来看，目前，我国锑资源进口量大于出口量，已经呈现明显的逆差趋势。未来几年，由于国内锑矿资源储量增长有限，我国冶炼企业对进口锑矿仍将保持较高的依赖度。在出口方面，随着中国锑生产成本不断上升，出口市场面临泰国、玻利维亚等国的激烈竞争，以及缅甸、印度、土耳其、塔吉克斯坦产能的快速扩张，我国锑及锑制品出口将面临更大的压力，出口数量难有大幅度增加，贸易逆差可能进一步加大，我国在国际市场的份额可能会继续降低。

6.3.3.3　锑资源的应用价值

锑及其化合物资源广泛应用于交通运输、阻燃剂、化工、玻璃、陶瓷、橡胶、塑料、机械制造和军事工业等领域。金属锑因性脆，很少单独使用；而含锑合金及锑化合物则用途十分广泛，锑在合金中的主要作用是增加硬度，常被称为金属或合金的硬化剂；锑及其化合物首先使用于耐磨合金、印刷铅字合金及军火工业。特别是锑氧化物在工业上有着更加广泛的用途，例如：锑白为搪瓷、陶瓷、橡胶、油漆、玻璃、纺织及化工工业的常用原料；超细粒锑白生产的阻燃剂，可增强产品的防火性能，并在阻燃材料制造中具有不可替代性，近年来广泛用于塑料、油漆、纺织、橡胶工业。此外，锑还作为高级玻璃澄清剂、催化剂、塑料稳定剂、钝化剂等使用，并在高科技领域应用也较为广泛。

我国既是世界上最早发现锑矿的国家也是最早利用锑资源的国家之一，实现了锑矿的进口和锑产品的出口，对全球锑生产和贸易起着至关重要的作用。目前，全球锑的消费主要在锑系阻燃剂领域，用量为9万吨左右。美国、日本、韩国和西欧是锑用量大户，消费总量占世界总量的50%以上，同时美国、日本还是氧化锑主要生产国，但主要依靠进口精锑原料维持生产。

目前，我国锑生产企业有近200家，其中冶炼加工企业100多家，主要集中在广西、湖南、贵州、云南等省，广西锑资源主要以大厂矿田的脆硫铅锑矿为主，同时还有部分硫化锑矿，如南丹茶山锑矿、隆林锑矿等。其他省份主要以硫化锑矿为主，如湖南锑资源主要以冷水江锡矿山矿田的硫化锑矿为主，同时还有渣滓溪锑矿、沅陵沃溪锑矿等。全国目前精锑（1号、2号）冶炼能力约15万吨，氧化锑冶炼加工能力约10万吨。

我国锑应用及消费主要方式有精锑、氧化锑、生锑和锑酸钠等，主要领域是蓄电池用铅锑合金、日用搪瓷制品用锑釉氧化锑、橡胶及纺织制品阻燃剂用氧化锑、涤纶聚酯和氟利昂催化剂用氧化锑、显像管澄清剂和脱色剂用锑酸钠以及烟火和火柴用硫化锑等，2019~2021年我国锑的主要消费结构占比如图6-27所示。

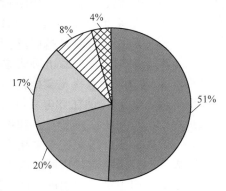

图 6-27　2019~2021 年我国锑的主要消费结构占比

我国锑应用及消费与世界发达国家略有不同，2002 年以前是以汽车工业所需蓄电池消耗金属锑为主，其次是搪瓷消耗 Sb_2O_3，阻燃剂领域用锑较少，仅占国内锑消耗量的 5%~6%。近年来，由于锑在阻燃剂领域的应用快速发展以及汽车和电动自行车产业的扩大对铅酸蓄电池需求推动了中国锑消费增长。

2019~2021 年，我国锑的主要消费结构为阻燃行业占 51%，聚酯催化占 20%，合金应用占 17%，超白玻璃占 8%，以及高科技及其他占 4%。从中国锑消费的主要行业来看，塑料和橡胶的阻燃应用是锑的主要消费领域，同时该领域的氧化锑消费量约占中国氧化锑总产量的 50%。"十四五"期间中国的锑消费增量将主要来自阻燃剂、铅酸蓄电池、聚酯工业、半导体和军工领域，分别增长预计为：29.7%、31%、28.4%和 62%。至 2025 年、2030 年和 2035 年中国的金属锑消费量将分别达到 7.9 万吨、9.4 万吨和 10.7 万吨。

6.4 我国锑资源开发的思考

6.4.1 当前我国锑资源开发面临的困境与问题

锑是我国实行保护性开采和冶炼的特种金属资源，虽然我国锑资源以储量丰富、矿体多、规模大、矿石质量好著称，但也存在资源分布明显不均的缺点，已查明资源储量主要分布于湖南、广西、西藏、云南、贵州和甘肃，6 省（区）查明资源储量合计占总资源储量的 85%以上。尽管多年来我国锑储量、产量和出口量占据世界首位，但近 30 年来，我国锑产量在多数情况下均远远超过消费需求，并因我国改革开放前期的无序过度开采、采富丢贫、粗放利用及锑品出口管制混乱、走私严重等现象造成大量锑资源迅速廉价流失，经济可采矿储量逐年极速下滑和减少，后备基地呈现明显不足，丧失了国际市场定价权的优势与影响，造成资源优势难以最大限度变成经济优势的尴尬局面，并威胁到我国未来资源的安全供应，给国家在国际锑行业的影响力带来难以弥补的巨大损失。

伴随着现代科技不断进步，锑的应用领域越来越广泛，特别是由于其具备出色的阻燃性能，而被广泛应用于电子电气、家居家电等诸多领域。目前全球锑系阻燃剂领域消费约占全球锑消耗量的 70%，其次是蓄电池与合金材料领域，其中具有工业意义的合金就达 200 种以上，同时锑在导电粉（膜）、导电浆料、丝绸金黄染料、磁性材料等高科技领域的应用也在不断开发和扩大。目前，国内外尚未找到能够完全替代锑品的其他资源，由此可见在未来相当长的一段时间内锑品的用量不会减少。现阶段，欧美等西方国家对锑资源的需求量依旧较高，却采取对内存储加工及储备政策，侧重于从原生锑生产国进行锑资源进口，而发展中国家基于对国内经济发展的需求，对锑资源的保护意识相对较弱，并在利益驱使下进行长期无序开采，导致优势资源的枯竭和权益丧失。

2019 年以来，全球疫情对锑市场的刺激，导致价格起降反复，屡创新高，中国锑行业尽管生产平稳，但整体运行十分艰难，亏损面不断扩大，严重威胁中国锑工业的基本生存与发展，应引起有关部门对该行业发展的高度关注。目前，我国锑资源实现可持续发展所面临的问题与困境主要表现在以下 6 个方面。

（1）现行资源保护政策不足，资源开发缺乏战略顶层设计，行业发展及产业链规划目标不清晰。

锑作为全球各国的战略金属和战略储备资源，受到越来越多的重视，随着我国经济和国力的快速发展和不断提升，以锑为代表的战略金属越来越成为我国乃至全球未来可持续发展和经济安全的重要问题。进入 2022 年，随着全球疫情进一步升温，新能源、新材料、新一代信息技术等战略性新兴产业的快速崛起，以及全球经济产业格局的新一轮重构，作为战略新兴产业支撑的稀有战略金属成为当今世界各国资源竞争的前沿领域。

我国对战略金属缺乏长期深入跟踪研究的机制，尚不能与体现市场经济原则的国际相关公约接轨，出口缺乏有效的调控和管理，难以有效保障国内战略金属产业的健康可持续发展。目前，我国已经颁布出台了多部目录清单，如《战略性新兴产业目录》（包括 7 门、34 大类、152 中类、470 小类、322 次小类，共 721 个产品），《战略性新兴产业主要领域》《战略性新兴产业主要技术领域目录》《战略性新兴产业重点细分目录》等。但支撑战略性新兴产业发展的战略金属矿产名录至今尚未提出，更没有列入上述产业目录之中。

（2）宏观调控影响不足，出口秩序有待进一步规范，行业产能淘汰升级进程缓慢。

（3）锑行业准入门槛较低，初级产品市场竞争激烈，科技投入不足。

我国经济发展中工业化进程起步较晚，受其影响，锑资源开发及锑产品深加工技术相对落后于发达国家，长期以大量基础产品或低附加值加工品出口为主，造成我国优势锑资源的国际市场价值与收益白白流失，并逐渐丧失锑资源的国际话语权地位，导致我国锑精矿的进口量不断增加且在未来很长一段时间将持续增加。

精锑、普通氧化锑等原料性产品的生产技术简单，只要有锑精矿原料就可以生产，因此在锑矿资源比较丰富的广西、湖南、贵州、云南等省区，锑生产企业发展很快。当前，我国锑品的冶炼能力已经达到 28 万吨/a，各种规模的生产企业多达 80 家，大大高于市场需求和原料供应量，导致实际开工率不到 40%，市场竞争非常激烈。

目前，我国锑的冶炼和加工现状很不理想，由于国内市场高端应用不活跃，行业科技投入严重不足，致使不少小冶炼厂回收率低、丢渣品位高、污染严重，仅只能生产最粗级的合金；而国家认可的冶炼加工企业除锑锭外就是 Sb_2O_3 和少量的高纯氧化锑、锑酸钠等，产品结构不合理，90% 以上产品均还停留在精锑、锑白等初级工业制品的制造阶段，产品几乎没有科技含量和技术附加值，造成国际市场竞争力差。同时，因为锑的许多深加工产品涉及化工、消防、军工、纺织、造纸、电子、医药等多学科领域，其中不少还是交叉领域，而绝大部分生产企业又无力研发，使之产业链短，资源消耗量大，且企业效益并不好，造成国内、国外两个市场的不均衡，严重制约了我国锑行业的可持续发展。

（4）产业竞争力持续下降，外贸政策的滞后性限制和制约了我国锑品深加工业的发展。

在锑品的全球贸易上，我国一直是出口大国，美、日、韩及欧盟等发达国家则是锑品消费大国，但这些国家一直采取贸易保护壁垒，严格限制国内锑品深加工产品的出口，造成我国和其他产锑国只能出口精锑和氧化锑初级产品，而这些发达国家通过加工得到的高附加值化工产品，再返销到国内，这样不但损害了我国锑行业企业的利益，同时也制约了我国锑品深加工业的发展。

未来，随着资源开采难度的增加，企业成本不断提高，受当前国际锑品市场价格影响，国内企业将更难以盈利，会导致许多中小企业濒临停产及破产状态，经营形势严峻，严重削弱了国内锑品的国际竞争力。

（5）科技创新不足，技术装备落后，造成我国在锑资源技术开发及新材料应用起步较晚。

在过去 30 多年里，我国科技部门对锑行业的资源科研开发投入非常少。除中南大学等高等院校利用其他科研经费坚持做一些研究外，一般科研院所及生产企业极少针对该品种的技术投入研发工作。目前，我国锑冶炼仍沿用鼓风炉挥发熔炼粗炼、反射炉精炼的传统工艺，技术装备水平始终没有得到有效提升，形成了锑行业整体装备技术水平偏低的局面。全行业面临着日益严格的环保和能耗的政策压力，更处于产业转型升级的迫切需求阶段。

（6）盲目、低成本投入，致使环保压力凸显，对生态环境造成破坏。

我国锑生产企业的规模普遍不大，锑价的反复变化也迫使企业千方百计降低生产成本，因此，锑生产企业大都忽视生态环境保护，不愿推进技术装备水平的提高，更不会积极投资环保设施建设，导致锑生产对生态环境的破坏十分严重。目前，不管是辉锑矿冶炼的含硫烟气，还是脆硫铅锑矿冶炼的低浓度含硫烟气均未得到有效治理，几乎完全排入大气，造成严重的环境污染。广西很多矿山开发也没有进行复垦，对自然生态的破坏也很严重。

6.4.2　我国锑资源发展的思考与建议

我国锑资源拥有 5 个（储量、生产、消费、锑精矿进口和锑品出口）世界第一，在全球锑市场中占有至关重要的地位。然而，全国矿产资源利用现状调查的最新成果表明，近年来我国锑矿消耗过大过快，大型矿山的消耗程度普遍偏高，国内锑矿保有资源储量逐年下降，导致对矿山生产的保障程度大幅下降，资源形势不容乐观。面对当前锑资源开发和应用的困难局面,我国锑产业要主动应对严峻挑战,把坚持"创新、协调、绿色、开放、共享"科学发展理念转化为有效的工作措施,建议从以下几个方面着手进行完善和发展。

(1)加强宏观调控,强化行业自律和制度建设,走可持续绿色发展道路。

锑是我国保护性开发的战略资源,针对目前国内锑行业现状,主管部门应进一步完善和加强锑行业准入规范,提高准入门槛,优化产业结构和产品深加工科技水平,优胜劣汰,利用市场发展规律加强行业宏观调控,促进矿产资源整合,可建立集约化可持续发展的资源开发模式,提高锑资源综合利用水平;同时严格规范锑品的出口秩序,控制出口量,增强体制和机制监管,严厉打击污染环境、非法走私等严重干扰我国锑市场健康发展的不良行为;提高锑产品出口标准与要求,推行"行业发展规划""负面清单"及建立完备的行业自律机制等有效措施和手段来实现产业市场规范化,提高国际竞争力。

(2)调整产业结构,完善锑产业链,增强国际锑行业的话语权和定价地位。

根据我国锑资源特点和锑行业发展现状,优化行业企业准入,推动和提升企业的锑资源开发应用水平,降低成本,节约资源,提高企业综合竞争力;同时调整和规划好产业结构与产业链布局,加强锑下游产品开发,鼓励产学研相结合的深加工产品科技研发与高效资源开发等方式,并出台相应的高科技资源开发企业优惠政策及资金支持,加快我国锑品深加工发展步伐,减少和限制初级锑品的出口配额,增强战略资源的保护意识,从而达到在升级产业结构和市场产品消费的同时,提高我国在锑行业的国际市场更大话语权与资源定价地位的目的。

(3)调整和完善锑品出口相关税收和政策,实施行业发展顶层设计及战略收储。

鉴于锑资源的战略性特征,长期以来,锑锭走私猖獗是行业毒瘤,严重阻碍锑工业的健康发展,迫切需要国家相关主管部门加强重视,并对锑行业发展进行战略顶层设计和具体规划,形成统一要求,并通过调整锑品出口相关政策,完善出口退税相关细则及充分利用工业互联网平台,建立国家+地方统一的锑资源应用与开发可追溯监控联网新机制。从源头加强监管,削弱走私行为的利益空间,从根本上消除走私的生存空间。同时,鉴于目前国内锑价已突破锑行业的整体生产成本的下限,建议国家实施战略收储锑锭,及时优化市场供需结构,稳定市场信心,并为锑产业的可持续发展创造有利条件。这些措施和政策将有利于促进我国锑产业进行结构性调整和产业升级,增强企业创新活力,对提高我国锑深加工产品的出口比重,提升国际市场竞争力都具有积极的意义。

(4)加强科技研发,创新推动锑资源综合利用,完善锑再生资源的回收,坚持科学发展观,走可持续发展之路。

对锑行业进行行业发展顶层设计与规划,进一步升级和完善锑行业准入门槛，认真执行锑行业清洁生产评价指标体系，推动锑采选、冶炼和锑白（Sb_2O_3）生产企业依法生产，提高资源利用率，减少和避免污染物的产生，保护和改善环境；积极开展锑冶炼废水深度处理技术研究；制定锑污染治理技术政策，加强矿山和冶炼企业重金属污染防治。

建议国家相关部门加大科技资金投入，重点支持锑再生冶炼技术及清洁生产先进技术研究，协同攻克清洁低碳高效炼锑的技术难关，争取在"十四五"期间实现锑冶炼技术的重大创新与突破，以改变我国锑行业工艺技术装备水平偏低的现状。

（5）战略整合锑矿资源，积极开展地质找矿工作，寻找锑替代品，亟须大力加强和提升锑资源保障能力建设。

随着人们环保意识的加强和科研进步，氧化锑替代品在不断地研发；随着国家对锑等战略资源保护的重视，国家整合锑矿可以保护逐步减少的锑矿资源；积极开展地质探找矿工作，寻找后备锑资源，以实现锑资源可持续发展。开展资源地储备工作，有利于国家对资源的中长期战略与调控，稳定较长时期内资源的供应。

由于锑在阻燃材料制造、军工领域应用的不可替代性，加之战略性新兴产业迅猛发展等因素的综合影响，致使在世界经济未有明显好转的大背景下，国际市场对锑需求依然强劲。因此，当前在多重因素交织的复杂形势下，我们应当充分准备和筹划发挥好锑矿最大资源国这一先天战略优势，为我国锑行业走向世界强国而努力奋斗。我们坚信，我国锑产业仍处于大有可为的重要战略机遇期，全行业要坚定走绿色、创新、高端发展之路，充分利用国家政策红利，我国锑产业必将砥砺前行、行稳致远。

7 锑工业的未来

7.1 锑工业的价值

锑是一种用途广泛的金属，被誉为"灭火防火的功臣、战略金属、金属硬化剂、荧光管和电子管的保护剂"。

(1) 灭火防火的功臣。锑是良好的灭火防火原料，它作为防火灭火剂能在高温中挫败火势、消灭火苗，吐出的白烟雾时能把空气隔绝，起到良好的灭火作用。第二次世界大战期间，美国为了生产军工器材的防火剂就使用了一万多吨氧化锑。美国并没有白花这笔投资，在那硝烟弥漫的岁月里，锑确实为美国保护了许多军工设施，减轻了许多损失。

(2) 战略金属。锑主要用于生产锑铅合金，大量用于蓄电池极板、轴承、印刷活字、硬铅、不列颠合金、家庭用具合金、海底电缆包皮、军事工业上制造半导体及热电装置。

(3) 金属硬化剂。锑性质坚硬，在印刷活字中加入适量的锑后，能使合金变硬、降低收缩率，使活字轮廓清晰分明。

(4) 荧光管和电子管的保护剂。鉴于锑不会被氧化，故在电视屏、荧光管、电子管、热水瓶等渗入一定的氢化锑之后，就能使之久晒而不变暗。

(5) 锑的其他功能。氧化锑还有很好的黏结性和遮覆铁胎的作用，并能呈白色的釉面，涂刷后的陶瓷不发脆、耐冲击。

如果说稀土是"高科技工业味精"，而锑则是真正的"工业味精"，应用十分广泛，锑多用作其他合金的组元，增加其韧性和强度。从消费行业看，阻燃剂仍然是锑的主要应用领域，约占世界锑总消耗的70%，虽然其毒性和烟量大，由于替代品技术还不够成熟，短期内锑在阻燃剂领域的用量不会减少，同时锑在导电粉（膜）、导电浆料、丝绸金黄染料、磁性材料等战略高科技领域的应用将不断开发和扩大，成为发达国家争相研究开发的热点，特别是日本，研究范围广，工作深入，取得了不少阶段性的重要成果。

锑在地壳中的丰度很低，仅为万分之一。随着锑应用技术不断提升，其在工业和军工领域需求不断增长，再加上其不可再生性，因此，被全球较多国家列为战略性资源。

随着经济持续增长，居民消费水平不断提高，新型城镇化建设进度加快，我国有色金属的消费量和社会积蓄量不断增加；伴随着"一带一路"经济发展的夯实，锑产业将发挥越来越大的作用，有望获得更大空间和话语权。

当前，我国正在大力发展循环经济，倡导建立资源节约型社会，以缓解人口、资源、环境对社会可持续发展带来的巨大压力。锑金属废料给环境带来潜在的危害，不科学回收利用将造成资源的巨大浪费。实现锑金属的资源化处置，不仅能保护人类赖以生存的生态环境，同时又能实现锑金属的重复使用，因此，锑金属资源化处置具有重要的现实意义，是资源再生利用的环境污染防治领域中的前沿课题，是构建资源循环型社会的重要内容。

近年来，随着社会需求和科技的快速提升，新材料行业发展迅猛，作为新材料产业链的基础支撑和重要来源，有色金属行业也在不断地发展壮大和增强突破，特别是"十三五"以来，我国已经开始由锑金属大国向有色强国转型迈进，并有所突破。锑具有成分复杂多变、可回收金属品位偏低、多含有重金属元素、常规冶金技术处理不彻底、成本较高、易造成二次环境危害等特点，是行业领域治理的重点和难点。

7.2 锑工业的需求

根据新思界产业研究中心发布的《2019~2023 年锑行业深度市场调研及投资策略建议报告》显示，2018 年，全球锑产量在 13 万吨左右。受国内及国际经济增速放缓、大宗商品价格普遍下滑、替代产品冲击等因素的影响，2008 年以来，我国锑产量从 18 万吨减少到 10 万吨左右，带动全球锑产量由 20 万吨降至 13 万吨左右，减产幅度较大。

2020 年，全球锑矿储量达 190 万吨，较 2019 年增加了 40 万吨，同比增长 26.67%。

2020 年，中国锑矿储量占全球锑矿总产量的 52.29%，占比最大。

2020 年，俄罗斯锑矿储量占全球锑矿总产量的 19.61%。

2020 年，塔吉克斯坦锑矿储量占全球锑矿总产量的 18.30%。

2020 年，缅甸锑矿储量占全球锑矿总产量的 3.92%。

2020 年，玻利维亚锑矿储量占全球锑矿总产量的 1.96%。

2020 年，澳大利亚锑矿储量占全球锑矿总产量的 1.31%。

2020 年，土耳其锑矿储量占全球锑矿总产量的 1.31%。

2020 年，越南锑矿储量占全球锑矿总产量的 0.20%。

2020 年，中国锑矿砂及其精矿进口数量为 42880.1t，较 2019 年减少了 19956.8t；出口数量为 2804.6t，较 2019 年增加了 610.9t。

2020 年，中国锑矿砂及其精矿进口金额为 11653.9 万美元，较 2019 年减少了 2646.9 万美元；出口金额为 574.4 万美元，较 2019 年增加了 72.5 万美元。

2020 年，中国锑矿产量为 80000t，较 2019 年减少了 9000t。

2020 年，俄罗斯锑矿产量为 30000t，与 2019 年持平。

2020 年，塔吉克斯坦锑矿产量为 28000t，与 2019 年持平。

2020 年，土耳其锑矿产量为 2000t，较 2019 年减少了 400t。

2020 年，越南锑矿产量为 300t，较 2019 年减少了 10t。

2020 年，澳大利亚锑矿产量为 2000t，较 2019 年减少了 30t。

2020 年，玻利维亚锑矿产量为 3000t，与 2019 年持平。

2020 年，缅甸锑矿产量为 6000t，与 2019 年持平。

在下游应用领域中，锑主要被应用于阻燃剂、合金、陶瓷、玻璃、颜料、半导体元件、医药、化工等领域中，其中，阻燃剂应用需求占比达到 60%，是锑最大下游应用市场。含有锑阻燃剂的塑料制品广泛应用于电子、汽车、仪器仪表、橡胶等领域，锑在阻燃剂领域发挥的作用越来越重要，其应用需求将保持稳定。随着技术不断进步，锑下游应用市场不断扩张，半导体元件、医药、化工领域对锑合金的需求快速增长。整体来看，我国锑市场消费需求较为稳定。

新思界行业分析人士表示，我国锑下游需求市场普遍发展较好，对锑的需求较为稳定，在锑产量增长有限的情况下，行业应加强供给侧改革，根据市场需求优化产品结构，以质量取代产量增加行业整体营收能力。

从 20 世纪 90 年代中期至今，我国锑产业从锑锭到普通氧化锑的产品升级已基本完成，产业的集中度有了很大的提高。在这个过程中，国外的氧化锑生产企业，因缺乏竞争优势，已退出这个市场，剩下为数不多的企业，则把氧化锑转到国内企业，自己只负责销售，或只生产附加值高的产品。在锑的产品中，高端产品锑的消费量占总消费量的 10%~15%，但产品的附加值比普通产品要高得多，目前这个市场仍然由国外企业控制。

在锑的高端产品中，聚酯工业使用的锑催化剂所占的比例最大，根据全世界的聚酯产量计算，锑催化剂的需求量达 1.2 万吨，每年增长率 3%~5%。截至 2020 年，国内聚酯工业总产能约为 6397.5 万吨。随着聚酯产量的快速增加，我国锑催化剂市场已具备一定的规模。我国有实力的氧化锑生产企业，选择合适的时机进行产品升级，以我国市场为基础，加快进军国外锑催化剂市场，将会取得显著的经济效益。

7.3　锑工业的未来

经过长期的大规模开采，我国的锑资源正在采用新的技术挖潜和利用。为了保障锑资源的可持续供应，我国严格规范锑的出口秩序，从"十二五"时期的锑开采总量控制，到"十四五"时期建立锑保护体系措施。我国对锑的资源化有效利用和积极保护，带动了海外许多国家锑矿床的勘查力度和矿山产能扩展。

可以预见，我国作为锑矿第一大资源国和冶金加工大国的地位不会改变，随着我国新能源结构的产业调整和新材料应用场景的发展，锑的新材料将在更多的战略领域和新技术领域得到推广和发展，国外资源的持续进口与锑资源循环利用，是满足我国锑工业未来需求的有效补充。

参 考 文 献

[1] 雷霆，朱从杰，张汉平．锑冶金［M］．北京：冶金工业出版社，2009：487.

[2] 陈国山．采矿概论［M］．北京：冶金工业出版社，2008：193.

[3] 王福鑫．地下金属矿山开采技术发展趋势探索［J］．世界有色金属，2018（16）：57~59.

[4] 郑钊，王林，许龙．地下金属矿山开采技术发展趋势探索［J］．世界有色金属，2019（4）：63-64.

[5] 潘谨．矿山平巷掘进机械化作业探索［J］．采矿技术，2015，15（1）：26-28.

[6] 曾永志，祝禄发．矿山平巷掘进现状及改进措施探讨［J］．采矿技术，2013，13（1）：19-21.

[7] 翟文斌．探采结合在锡矿山锑矿开采中的实践［J］．湖南有色金属，2015，31（2）：5-7,10.

[8] 王洋，易志清，祝禄发．尾矿似膏体胶结充填采矿法的研究与应用［J］．湖南有色金属，2013，29（1）：7-9，53.

[9] 潘谨，易志清．水压支柱护顶在矿柱回采中的应用［J］．采矿技术，2014，14（2）：16-17，95.

[10] 关少禹，程勃，马春德，等．竖分条光面一次扩界嗣后充填采矿法在沃溪矿区的应用［J］．黄金，2015，36（7）：32-35.

[11] 张伶年．急倾斜薄矿脉砌柱留矿法的研究与运用［J］．采矿技术，2010，10（1）：3-4，66.

[12] 张进．探究综合机械化在矿山开采中的应用［J］．世界有色金属，2019（13）：24-25.

[13] 孔超，彭文．综合机械化开采方法在铝土矿的应用研究［J］．世界有色金属，2019（11）：37-39.

[14] 吴延平．铝土矿山应用综合机械化开采工艺的可行性初探［J］．世界有色金属，2019（12）：33-34.

[15] 祁亚鑫．煤矿综采机械化开采技术及发展趋向略述［J］．当代化工研究，2020（2）：41-42.

[16] 汤海龙．智慧矿山信息系统通用技术规范解读及关键技术探讨［J］．煤炭科学技术，2018，46（S2）：157-160.

[17] 高鸿斌．计算机信息技术在金属矿山开采中的应用与发展研究［J］．世界有色属，2017（16）：33-34.

[18] 暴慧峰．探究智慧矿山建设架构体系及其关键技术［J］．当代化工研究，2019（11）：26-27.

[19] 李洪文．紫金山金铜矿智慧矿山建设实践［J］．工程建设，2019，51（8）：85-91.

[20] 滑舸．智慧矿山系统工程与关键技术探讨［J］．世界有色金属，2019（23）：27-28.

[21] 杨殿，熊章强．基于 DIMINE 软件的某锑矿开采沉陷预计［J］．采矿技术，2018，18（3）：16-18.

[22] 李雪宇．基于 GIS 的锡矿山锑矿区地质环境综合分析及数值模拟研究［D］．湘潭：湖南科技大学，2015.

[23] 雷广渊. 基于 InSAR 技术的锡矿山开采沉陷规律研究 [D]. 长沙：中南大学，2013.

[24] 汪卫红. 锑矿选矿工艺研究 [J]. 低碳世界，2013（12）：85-86.

[25] 陈厚德，胡雪芹. 锑选矿技术研究 [J]. 湖南有色金属，1995（1）：19-23.

[26] 曹烨，刘四清，刘玫华，等. 锑的选矿现状及发展趋势 [J]. 现代矿业，2010，26（1）：28-30，76.

[27] 韦登禄，梁尚明. 隆林锑矿选矿研究与生产实践 [J]. 有色金属（选矿部分），1992（5）：42-43.

[28] 魏宗武. 一种硫氧共生混合锑矿浮选回收方法 [P]. 中国专利：CN106269269A，2017-01-04.

[29] 龙松柏，袁圣祥. 锑金砷共生矿石分离方法 [P]. 中国专利：CN103316774A，2013-09-25.

[30] 宋发兴，万飞，赵向前，等. 吉林省某锑矿分离砷的研究 [J]. 吉林地质，2007（3）：78-83.

[31] 廖璐，李红立，任大鹏，等. 某含砷硫化锑矿石选矿试验研究 [J]. 湿法冶金，2017，36（5）：369-372.

[32] 欧乐明，冯其明. 含金锑砷多金属硫化矿浮选分离试验研究 [J]. 黄金，1995（2）：31-34.

[33] 裴得金，丁大森，刘兴华. 西藏华钰隆子铅锑锌多金属矿工艺优化 [J]. 现代矿业，2015，31（3）：35-38，46.

[34] 黎全. 大厂 100（105）号锡石多金属矿选矿关键技术研究及应用 [D]. 长沙：中南大学，2007.

[35] 张兴琼. 大厂 100 号矿体硫化矿浮选的合理工艺 [J]. 矿冶工程，2000（1）：26-28.

[36] 喻连香，董天颂，邹霓. 大厂 100 号特富矿选矿新工艺工业应用的研究 [J]. 广东有色金属学报，1999（2）：95-100.

[37] 石泽华，杨志洪，周力强，等. 一种低品位金锑钨共生原矿选矿分离的工艺 [P]. 中国专利：CN104874471A，2015-09-02.

[38] 黄云阶，刘敏，刘述平. 某金锑共生矿选矿试验研究 [J]. 矿产综合利用，2003（1）：7-10.

[39] 白秀梅. 青铜沟汞锑矿汞锑浮选分离试验研究 [J]. 有色金属（选矿部分），1998（4）：20-23.

[40] 蒋康生，袁再柏，尹华功，等. 一种细粒氧化锑矿的重力选矿方法 [P]. 中国专利：CN106391296B，2019-02-05.

[41] 郑剑洪，谷新建，陈代雄. 东安锑矿难选氧化锑矿选矿试验研究 [J]. 矿业工程研究，2009，24（2）：68-70.

[42] 陈代雄，杨建文，曾惠明. 某难选氧化锑矿选矿工艺的研究 [J]. 有色金属（选矿部分），2008（5）：20-24.

[43] 王传龙，刘志国，郭素红，等. 用于氧化锑矿浮选回收的复合调整剂和氧化锑矿浮选方法 [P]. 中国专利：CN108580052A，2018-09-28.

[44] 王毓华，王进明，盛忠杰，等. 一种低品位氧化锑矿浮选分离方法 [P]. 中国专利：

CN103223377A, 2013-07-31.

[45] 庞曼萍, 王蓓, 陈锐钊. 某高度氧化锑矿选矿工艺试验 [J]. 矿产综合利用, 1991 (2): 15-17.

[46] 王毓华, 王进明, 余世磊, 等. 一种低品位氧化锑矿硫化焙烧浮选工艺 [P]. 中国专利: CN103480496A, 2014-01-01.

[47] 孙照焱, 蒋康生, 尹华功, 等. XNDT-104 智能分选系统在闪星锑业的应用 [J]. 有色金属设计, 2019, 46 (3): 128-131.

[48] 彭尉, 何鹏宇. 某锑矿石的 X 射线智能预选试验与实践 [J]. 金属矿山, 2019 (9): 92-97.

[49] 印万忠, 吴尧, 韩跃新, 等. X 射线辐射分选原理及应用 [J]. 中国矿业, 2011, 20 (12): 88-92.

[50] 曾子骄. 锑粗选矿浆 pH 值预测控制 [D]. 长沙: 中南大学, 2014.

[51] 吴佳, 谢永芳, 阳春华, 等. 泡沫图像特征驱动的锑粗选加药控制策略 [J]. 控制理论与应用, 2015, 32 (12): 1599-1606.

[52] 徐德刚. 基于概率核极限学习机的锑粗选工况识别 [C]. 中国自动化学会控制理论专业委员会、中国系统工程学会. 第 35 届中国控制会议论文集. 中国自动化学会控制理论专业委员会、中国系统工程学会: 中国自动化学会控制理论专业委员会, 2016: 1186-1191.

[53] 卢元伟, 杨志洪, 刘容. 沃溪金锑钨尾矿回收金钨的探讨 [J]. 湖南有色金属, 2016, 32 (2): 18-21.

[54] 褚浩然, 王毓华, 曾繁森, 等. 逆流分选柱预富集细粒氧化锑尾矿的试验研究 [J]. 矿冶工程, 2019, 39 (2): 45-48, 52.

[55] 王金祥. 细菌氧化含金锑矿矿渣的试验研究 [J]. 黄金, 1996 (12): 38-40.

[56] 王德雨, 张正洁, 陈扬, 等. 一种从汞锑矿尾矿渣中湿法回收汞锑的方法 [P]. 中国专利: CN107988488A, 2018-05-04.

[57] 张欣, 杨爱江, 陶娟, 等. 锑矿浮选尾矿制备白炭黑的实验研究 [J]. 硅酸盐通报, 2014, 33 (5): 1214-1219.

[58] 刘卫忠, 刘伟辉. 用锑选渣全代砂岩生产优质水泥熟料的生产试验 [J]. 水泥, 2017 (5): 15-18.

[59] 张盘江, 刘彤, 宁良贵. 锑尾矿渣生产蒸压加气混凝土砌块的研究 [J]. 山东化工, 2014, 43 (4): 121-123.

[60] 邓红卫, 周科平, 王巧莉, 等. 一种利用金锑尾矿制取抗冻融地面透水砖的方法 [P]. 中国专利: CN105967753B, 2019-01-15.

[61] 刘彤. 聚丙烯废弃物/锑尾矿渣复合材料的研究 [J]. 塑料科技, 2016, 44 (11): 37-40.

[62] 卿仔轩. 我国锑工业现状及行业发展趋势 [J]. 湖南有色金属, 2012, 28 (2): 71-74.

[63] 万智勇. 我国锑环境污染问题现状 [J]. 资源节约与环保, 2014 (8): 150.

[64] 邓卫华, 戴永俊. 我国锑火法冶金技术现状及发展方向 [J]. 湖南有色金属, 2017, 33 (4): 20-23.

［65］袁博，范继涛，余良晖．我国锑资源形势分析及对策建议［J］．资源经济，2011（3）：47-49．

［66］孙蕾．中国锑工业污染现状及其控制技术研究［J］．环境工程技术学报，2012，2（1）：60-66．

［67］刘洪吉．中国锑业2016［J］．中国有色金属，2017（10）：46-49．

［68］李雪华．锑矿区沉积物生态风险评价及修复技术研究［D］．北京：北京林业大学，2013．

［69］段绍甫，宣宁，文献军．锑工业的可持续发展［J］．有色金属工业，2005（7）：9-13．

［70］唐玉彪，赵锦琪，罗靖．提高锑资源综合利用水平，实现锑工业可持续发展［J］．大众科技，2008（8）：96-97．

［71］孙延绵．努力实现锑业的可持续发展［J］．改革发展，2002（12）：21-23．

［72］王成彦，邱定蕃，江培海．国内锑冶金技术现状及进展［J］．有色金属（冶炼部分），2002（5）：6-10．

［73］陈厚德，胡雪芹．锑选矿技术研究［J］．湖南有色金属，1995，11（1）：19-23．

［74］李良斌，徐兴亮，陈晓晨．锑冶炼技术及研究进展与建议［J］．湖南有色金属，2015，31（3）：45-60．

［75］张夫华，黄小红．锡矿山锑矿深部采矿方法和工艺探讨［J］．采矿技术，2014，14（5）：7-9．

［76］周子离．我国锑业生产现状和治理整顿意见［J］．有色金属技术经济研究，1991（6）：26-29．

［77］王修，王建平，刘冲昊，等．我国锑资源形势分析及可持续发展策略［J］．中国矿业，2014，23（5）：9-13．